FreeRTOS 实时内核应用指南

[美] Richard Barry/ 著

黄　华 / 译

电子工业出版社

Publishing House of Electronics Industry

北京 · BEIJING

内 容 简 介

本书重点讨论了FreeRTOS的堆内存管理、任务管理、队列管理、软件定时器管理、中断管理、资源管理、事件组和任务通知等实时操作系统必须具备的功能和特性，总结了软件开发过程中的故障排除和效率提升的方法。本书结构清晰，讲解循序渐进，例程丰富。为便于读者直观理解，对任务的抢占式调度、同步等抽象概念，本书采用时序图来分析程序的执行顺序。本书介绍的知识和程序设计思路与其他实时操作系统是相通的，读者在此基础上可以实现触类旁通。

本书既可以作为工程技术人员，高等院校电子类、电气类、控制类等专业本科生、研究生学习FreeRTOS的教材，也可以作为学习其他实时操作系统的参考用书。

图书在版编目（CIP）数据

FreeRTOS实时内核应用指南/（美）理查德·巴里（Richard Barry）著；黄华译.－北京：电子工业出版社，2023.5

ISBN 978-7-121-45421-9

Ⅰ.①F… Ⅱ.①理… ②黄… Ⅲ.①微控制器－系统开发 Ⅳ.①TP368.1

中国国家版本馆CIP数据核字（2023）第066788号

责任编辑：满美希 文字编辑：徐 萍
印　　刷：三河市龙林印务有限公司
装　　订：三河市龙林印务有限公司
出版发行：电子工业出版社
　　　　　北京市海淀区万寿路173信箱　　邮编：100036
开　　本：720×1000　1/16　印张：17.75　字数：312千字
版　　次：2023年5月第1版
印　　次：2023年5月第1次印刷
定　　价：98.00元

凡所购买电子工业出版社图书有缺损问题，请向购买书店调换。若书店售缺，请与本社发行部联系，联系及邮购电话：（010）88254888，88258888。

质量投诉请发邮件至zlts@phei.com.cn，盗版侵权举报请发邮件至dbqq@phei.com.cn。

本书咨询联系方式：（010）88254590，manmx@phei.com.cn。

译者序 ————————————————————————

  FreeRTOS 是用于微控制器和小型微处理器的实时操作系统（RTOS），在 MIT 开源许可下免费使用，适用于嵌入式领域。FreeRTOS 目前支持 40 多种处理器架构，在嵌入式领域中大量应用，已经成为实时操作系统的事实标准。

  FreeRTOS 具有以下特性。

  1. 值得信赖的小巧和省电内核

  FreeRTOS 内核具有公认的健壮性、微小的体积（程序占用低至 9KB）和广泛的设备支持，还支持某些架构的无滴答省电模式。

  2. 加快进入市场的时间

  通过借鉴现成的详细预配置演示工程，启动新工程开发时不需要从零开始。FreeRTOS 在构建时强调了易用性，快速下载、编译，所以能够使产品更快地进入市场。

  3. 广泛的生态系统支持

  FreeRTOS 合作伙伴生态系统提供了广泛的选择，包括社区贡献、专业支持和集成的 IDE 与生产力工具。例如，ST 公司针对 STM32 系列 ARM 微控制器的开发平台 STM32CubeMX，已经集成了 FreeRTOS 内核软件包，使开发基于 STM32 系列微控制器 + FreeRTOS 的应用程序更加简便和高效。

  4. 长期的技术支持

  FreeRTOS 通过长期支持（LTS）版本确保功能的稳定性。FreeRTOS LTS 库每两年就会有安全更新和关键错误修复，由亚马逊网络服务（AWS）负责维护。

  由于 FreeRTOS 的以上特性，FreeRTOS 在基于微控制器和小型微处理器的嵌入式领域得到了广泛应用。例如，在物联网领域，因为对系统功耗有严格要求，所以通常选用低功耗微控制器；同时联网功能要求实现网络协议，采用 FreeRTOS + 网络组件更容易实现。在我们公司基于 ARM Cortex 系列处理器的单板计算机和基于 FPGA ZYNQ 系列的信号处理板等产品中也使用了 FreeRTOS。根据实际使用情况，我们认为 FreeRTOS 功能强大且易于使用，可以改变程序员的编程思路和模式，使应用程序更加健壮且开发效率更高。

  为了使更多的设计师了解和学习 FreeRTOS，并尽快在设计开发工作中应用，我们将 *Mastering the FreeRTOS Real Time Kernel a Hands-on Tutorial Guide*

一书翻译成中文。本书作者是亚马逊网络服务首席工程师、FreeRTOS 创始人理查德·巴里，所以本书具有权威性，是一本为初学者提供掌握 FreeRTOS 实时内核的上手教程指南。

本书英文版包括前言、第 1 章~第 12 章等，重点讨论了 FreeRTOS 的堆内存管理、任务管理、队列管理、软件定时器管理、中断管理、资源管理、事件组和任务通知等优秀的实时操作系统必须具备的功能和特性；为了有助于应用程序的开发和调试，本书也涉及了开发者支持和故障排除等内容，总结了提高设计开发效率的方法，介绍了多年来用户请求技术支持中排在前几位的问题及其解决方案。

本书结构清晰，知识讲解循序渐进，重点突出；对 FreeRTOS 内核提供的主要 API 函数，以表格形式详细说明其功能、参数和返回值，方便读者随时查阅；对任务的抢占式调度、任务与任务之间及任务与中断之间进行同步等重要且较抽象的概念，以时序图方式讲解执行顺序，便于读者直观理解。另外，本书的另一重要特色和优点是例程丰富，FreeRTOS 内核提供的主要功能几乎都用例程进行了演示，而且例程都有完整的注释。读者完全可以借助这些例程，首先读懂，然后利用 FreeRTOS 在 Windows 操作系统里的模拟器（FreeRTOS Windows Port）亲手操作实践，加深理解，从而快速地掌握FreeRTOS 实时内核。本书介绍的知识和应用程序设计思路，与其他实时操作系统是相通的，完全可以实现触类旁通，因此本书也可以作为学习其他实时操作系统的参考用书。

本书讲解的 FreeRTOS 内核基于 V8.xx，与内核 V9.xx 和 V10.xx 相比，内核的主要功能和知识点是相同的，并且 V9.xx 和 V10.xx 是向下兼容 V8.xx 的。掌握了 FreeRTOS 内核 V8.xx，再转向内核 V9.xx 和 V10.xx，不会有任何障碍。而且，本书在讲解内核函数时，还专门提到 V9.00 新增的对应函数或功能。中文版会以附录形式专门介绍FreeRTOS内核的新版本、新特性及V9和V10的亮点。另外，本书英文版第 3 章 3.11 节和第 10 章无具体内容，我们根据官网上的相关内容做了适当补充。

本书的翻译过程也是我的学习过程，由于中英文两种语言的差异和个人理解的偏差，以及嵌入式领域对专业术语的命名没有完全统一，中文版必定存在疏漏之处和不准确的描述，恳请读者批评和指正，非常感谢！联系邮箱：viofni@163.com。

本书在翻译过程中，得到了中电科蓉威电子技术有限公司各部门领导和同事的关心与帮助，特别是总经理张伟先生和开发部经理何斌先生一直给予我热情鼓励和大力支持。另外，网友"踏雪寻梅"在中文排版方面提供了协助。在此向他们深表谢意！

　　我们承担的四川省科研基金项目"基于 3S+C 技术的多源异构数据融合与应用研究"（立项编号：2021YFG0017）借鉴和参考了 FreeRTOS 内核，本书的出版得到了该基金项目的资助，谨向负责该基金项目的领导和同事致谢。

黄　华

中电科蓉威电子技术有限公司

2022 年 8 月

前　言 ─────────────────────────

小型嵌入式系统中的多任务

关于 FreeRTOS

FreeRTOS 是由实时工程师有限公司[①]独家拥有、开发和维护的实时内核。十几年来，为了向用户提供这套曾获大奖、达到商业等级而且完全免费的高质量软件，实时工程师有限公司一直与世界领先的芯片公司保持着密切合作。

对于采用微控制器或小型微处理器的深度嵌入式实时应用，FreeRTOS 非常合适。通常，这类应用对硬实时性和软实时性都规定了时间期限。

软实时性，突破期限不会使系统功能丧失。例如，对按键的响应速度太慢，可能使系统响应看起来令人讨厌，但不影响系统的正常使用。

硬实时性，突破期限将导致系统功能完全失效。例如，驾驶员的安全气囊对碰撞传感器输入反应太慢，其潜在的风险往往是致命的。

FreeRTOS 是一种实时内核或者实时调度器，在其基础上可以构建嵌入式应用程序，以满足系统的硬实时性要求。FreeRTOS 将应用程序组织成独立执行线程的集合，在只有一个核的处理器上，任何时候只能执行一个线程。内核通过检查编程人员分配给每个线程的优先级来决定应该执行哪个线程。在最简单的情况下，编程人员可以给需实现硬实时要求的线程分配较高的优先级，给需实现软实时要求的线程分配较低的优先级。这将确保硬实时线程总是先于软实时线程执行，但是优先级分配策略并不总是那么简单。

如果还没有完全理解前一段的概念，也不必担心。本书下面的章节将通过示例来详细解释，帮助读者理解如何使用实时内核，特别是如何使用FreeRTOS。

---

① 译者注：目前该公司的业务已转移至亚马逊网络服务（Amazon Web Services）公司。

价值观

FreeRTOS 在全球范围内取得的巨大成功来自其令人信服的价值观：FreeRTOS 是专业开发的，具有严格的质量控制、健壮性和技术支持，没有所有权含糊不清的知识产权。在商业应用中 FreeRTOS 是免费的，不需要暴露用户的专有源代码。用户可以使用 FreeRTOS 将产品推向市场，整个过程不需要和实时工程师有限公司沟通，当然也就没有支付费用的问题。如果用户想收到软件包的额外备份，或者用户的法律团队需要额外的书面保证或赔偿，也有简单低成本的商业化升级方案，用户可以在任何必要的时候选择走商业化路线。

关于术语的说明

FreeRTOS 中执行的线程称为"任务"。在嵌入式社区内部，虽然对于术语并没有达成共识，但我更倾向于使用"任务"而不是"线程"，因为线程在某些应用领域可能有特定的含义。

使用实时内核的理由

在不使用内核的情况下，有大量成熟技术用于写出好的嵌入式软件；如果开发的系统很简单，这些技术就会提供最合适的解决方案。在比较复杂的情况下，使用内核可能更合适，但是孰优孰劣的争议总是主观的。

如前所述，任务优先级有助于确保应用程序满足其处理期限要求，但是内核也会带来其他不太明显的优势。下面简要列出其中的部分优势。

• 对时间信息进行抽象

内核负责执行时间，同时也为应用程序提供与时间相关的 API 函数。这使得应用程序代码的结构更简单，整体代码量也更小。

• 可维护性 / 可扩展性

抽象化时间细节会减少模块之间的相互依赖性，并允许软件以可控和可预测的方式运行。此外，内核负责执行时间，因此应用程序的性能不易受到底层硬件变化的影响。

• 模块化

任务是独立的模块，每个模块都应该有明确的目的。

• 团队开发

任务还应该有明确定义的接口，使团队开发更容易进行。

• 更容易测试

如果任务是规划良好且具有明确接口的独立模块，则可以对任务开展隔离测试。

- 代码复用

更大的模块化和更少的相互依赖性使得代码能够以更小的代价进行复用。

- 提高效率

使用内核允许软件完全由事件驱动，因此轮询尚未发生的事件不会浪费处理时间，代码仅在有必须完成的事情时才会执行。

与提高效率相反的是，需要处理 RTOS 的滴答（tick）[①] 中断，并把执行从一个任务切换到另一个任务。然而，不使用 RTOS 的应用程序通常也会包含某种形式的滴答中断。

- 空闲时间

在启动调度器时，将自动创建空闲任务。在没有希望执行的应用程序任务时，空闲任务就会被执行。空闲任务可以用来测量备用处理能力，执行后台检查，或者仅仅是将处理器置于低功耗模式。

- 电源管理

通过使用 RTOS 获得的效率提升，可以使处理器在低功耗模式下运行更长的时间。

每当空闲任务运行时，将处理器置于低功耗模式，从而大大降低系统功耗。FreeRTOS 还有一种特殊的无滴答（tick-less）模式，该模式使处理器进入比其他方式更低的功耗模式，并在低功耗模式下运行更长的时间。

- 灵活的中断处理

通过将具体的处理分配给编程人员创建的任务或 FreeRTOS 守护任务，中断处理程序可以保持短小精悍。

- 混合处理需求

通过简单的设计模式就可以在应用程序中实现周期性、连续和事件驱动的混合处理。此外，通过选择适当的任务和中断优先级，可以满足系统的硬实时性和软实时性需求。

FreeRTOS 特性

FreeRTOS 具有以下标准特性。
- 任务的抢占式或协同式运行模式
- 非常灵活的任务优先级分配

---

① 译者注：tick 是 RTOS 中使用频率最高的词汇之一，目前还没有统一的中文译法，有人将其翻译成"时钟节拍"，也有人将其翻译成"心跳"，但编程人员通常更愿意直呼 tick。本书中文版将其翻译为"滴答"，对应时钟节拍的滴答声，读者将滴答与 tick 对应即可。

- 灵活、快速、轻量级的任务通知机制
- 队列
- 二进制信号量
- 计数信号量
- 互斥量
- 递归互斥量
- 软件定时器
- 事件组
- 滴答钩子函数
- 空闲钩子函数
- 栈溢出检查
- 跟踪记录
- 任务运行时统计数据收集
- 可选的商业许可和支持
- 完整的中断嵌套模型（针对某些架构）
- 适用于极端低功率应用的无滴答模式
- 适当的软件管理中断堆栈（此特性有助于节省 RAM）

许可证，以及 FreeRTOS、OpenRTOS 和 SafeRTOS 家族

OpenRTOS 是 FreeRTOS 的商业授权版本，由实时工程师有限公司授权的第三方组织提供。SafeRTOS 与 FreeRTOS 具有相同的使用模式，但 SafeRTOS 是根据要求符合各种国际公认的安全相关标准所需的实践、程序和流程开发的。

FreeRTOS 开放源码许可证旨在确保用户拥有以下权利：

FreeRTOS 可以用于商业应用。

FreeRTOS 本身仍然免费提供给所有用户。

FreeRTOS 用户保留其知识产权的所有权。

参见 FreeRTOS 官网，以获取最新的开源许可信息。

本书所包含的源文件和工程

获取本书所附的示例

本书配有电子资源，包含示例中所用的源代码、预配置的工程文件和完整的构建说明，读者可登录华信教育资源网（www.hxedu.com.cn）免费下载，还可以从 FreeRTOS 的官方网站下载电子资源的压缩文件（该压缩文件可能不含

最新版本的 FreeRTOS)。

　　本书包含的屏幕截图是在微软 Windows 环境下使用 FreeRTOS Windows 移植 ① 执行示例时拍摄的。使用 FreeRTOS Windows 移植的工程是预先配置好的，可以使用免费的 Visual Studio Express 版本进行构建。Visual Studio 开发软件可以从微软官网中下载。请注意，FreeRTOS Windows 移植虽然提供了一个便捷的评估、测试和开发平台，但并没有提供真正的实时行为。

---

① 　译者注：FreeRTOS 可以在多种处理器架构上运行，而在不同的处理器架构上运行就需要完成相应的移植工作。本书提供的示例运行在 Windows 的 FreeRTOS 仿真程序上，相当于在模拟器上运行。Windows 是通用操作系统，FreeRTOS 是嵌入式实时操作系统，说 FreeRTOS 移植到 Windows 上是不恰当的。但翻译时为与原文对应，将 FreeRTOS Windows port 直译为 FreeRTOS Windows 移植。

目　录

1.1 本章知识点及学习目标

FreeRTOS 以一个单独压缩文件包的形式发布，其中包含全部的官方 FreeRTOS 移植，以及大量预配置的演示程序。

学习目标

本章旨在通过以下方式帮助读者了解 FreeRTOS 的文件和目录：

- 提供 FreeRTOS 目录结构的顶层视图。
- 描述具体的 FreeRTOS 工程实际需要哪些文件。
- 介绍演示程序。
- 提供关于如何创建新工程的信息。

这里的描述只与官方的 FreeRTOS 发行版有关，本书附带示例使用的组织结构略有不同。

1.2 了解 FreeRTOS 发行版

定义：FreeRTOS 移植

可以用大约 20 种编译器来构建 FreeRTOS，并且可以在 30 多种[①] 处理器架构上运行 FreeRTOS。将每种支持的编译器和处理器组合认为是一种独立的 FreeRTOS 移植。

构建 FreeRTOS

可以认为 FreeRTOS 是一个库，该库为原本裸机运行的应用程序提供了多任务处理能力。

FreeRTOS 以一组 C 源文件的形式提供。有些源文件对所有的移植是通用的，而有些则是特定的。将这些源文件作为工程的一部分来编译，以使 FreeRTOS 的 API 函数可以在应用程序中使用。为了方便使用，每种官方的 FreeRTOS 移植都提供了演示程序。该演示程序是已经预先配置为能够正确构建的源文件，并且包含正确的头文件。

尽管有些演示程序相较于其他程序更陈旧，但是演示程序应该"开箱即

---

① 译者注：目前已支持 40 多种处理器架构，包括天津飞腾公司腾珑 E2000 处理器。

用"。自从演示程序发布以来，对构建工具的更改有时可能会导致问题出现。1.3节描述了演示程序。

FreeRTOSConfig.h

FreeRTOS 由名为 FreeRTOSConfig.h 的头文件配置。

FreeRTOSConfig.h 用来定制 FreeRTOS 在特定应用程序中的使用。例如，FreeRTOSConfig.h 包含 configUSE_PREEMPTION 等常量，其设置定义了是使用协同式还是抢占式调度算法[①]。由于 FreeRTOSConfig.h 包含应用程序的特定定义，因此应该被放置于正在构建的应用程序的目录中，而不是放在包含 FreeRTOS 源代码的目录中。

每种 FreeRTOS 移植都会提供演示程序，而每个演示程序都包含 FreeRTOSConfig.h 文件，因此没有必要从头开始创建 FreeRTOSConfig.h 文件。

替代方法是，建议从为 FreeRTOS 移植提供的演示程序中使用的 FreeRTOSConfig.h 头文件开始，然后进行修改。

FreeRTOS 官方发行版

FreeRTOS 以一个单独压缩文件包的形式发布。该压缩文件包具有全部 FreeRTOS 移植的源代码，以及所有 FreeRTOS 演示程序的工程文件；还包含 FreeRTOS+ 生态系统组件的选集，以及 FreeRTOS+ 生态系统演示程序的选集。

不要被 FreeRTOS 发行版中的文件数量所吓到！任何应用程序都只需要很少的文件。

FreeRTOS 发行版的顶层目录

FreeRTOS 发行版的第一级和第二级目录如图 1-1 所示，图中对这些目录进行了描述。

```
FreeRTOS
 | ├ –Source      包含 FreeRTOS 源文件的目录
 | └ –Demo        包含预先配置和移植相关的 FreeRTOS 演示工程
FreeRTOS–Plus
 ├ –Source        包含一些 FreeRTOS+ 生态系统组件源代码的目录
 └ –Demo          包含 FreeRTOS+ 生态系统组件演示工程的目录
```

图 1-1　FreeRTOS 发行版的第一级和第二级目录

该压缩文件包只含有一份 FreeRTOS 源文件；所有的 FreeRTOS 演示工程，以及所有的 FreeRTOS+ 演示工程，都可以在 FreeRTOS/Source 目录下找到对应的 FreeRTOS 源文件，而且如果目录结构发生改变，则可能无法构建。

---

① 调度算法在 3.12 节中讨论。

对全部移植通用的 FreeRTOS 源文件

FreeRTOS 的核心源代码只包含在两个 C 文件中，这两个文件是全部 FreeRTOS 移植所通用的。这两个文件是 tasks.c 和 list.c，直接位于 FreeRTOS/ Source 目录下，除这两个文件外，还有一些源文件也位于同一目录下，如图 1-2 所示。

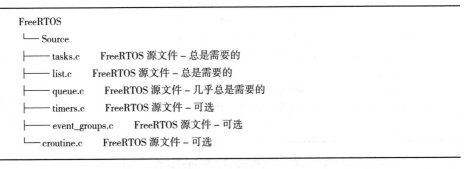

图1-2　FreeRTOS 目录树中核心的 FreeRTOS 源文件

- queue.c

queue.c 同时提供了队列和信号量服务，在本书后面会有介绍。queue.c 几乎总是需要的。

- timers.c

timers.c 提供了软件定时器功能，在本书后面会有介绍。只有在实际使用软件定时器的情况下，才需要在构建中包含该文件。

- event_groups.c

event_groups.c 提供了事件组功能，在本书后面会有介绍。只有在实际使用事件组的情况下，才需要在构建中包含该文件。

- croutine.c

croutine.c 实现了 FreeRTOS 的协同例程功能。只有在实际使用协同例程的情况下，才需要在构建中包含该文件。协同例程的目的是用于非常小的微控制器上，现在已经很少使用了，因此没有像 FreeRTOS 的其他功能那样进行相同程度的维护。协同例程在本书中没有介绍。

人们认识到，文件名可能会导致名称空间冲突，因为许多工程已经包含了具有相同名称的文件。然而，我们认为现在改变文件名会有问题，因为这样做将破坏与成千上万使用 FreeRTOS 的工程、自动化工具和 IDE 插件的兼容性。

与移植相关的 FreeRTOS 源文件

与 FreeRTOS 移植相关的源文件包含在 FreeRTOS/Source/portable 目录下。可移植目录是按层次排列的，首先是编译器，然后是处理器架构。FreeRTOS

目录树中与移植相关的源文件如图 1-3 所示。

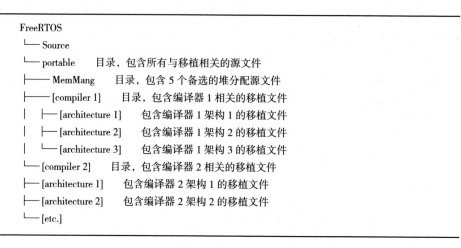

图 1-3　FreeRTOS 目录树中与移植相关的源文件

如果使用编译器 compiler 在架构为 architecture 的处理器上运行 FreeRTOS，那么除核心的 FreeRTOS 源文件外，还必须构建位于 FreeRTOS/Source/portable/[compiler]/[architecture] 目录下的文件。

正如第 2 章"堆内存管理"所描述的那样，FreeRTOS 也认为堆内存分配是可移植层的一部分。使用低于 FreeRTOS V9.0.0 版本的工程必须包含堆内存管理器。从 FreeRTOS V9.0.0 开始，只有在将 FreeRTOSConfig.h 中的 configSUPPORT_DYNAMIC_ALLOCATION 设置为 1，或者 configSUPPORT_DYNAMIC_ALLOCATION 未被定义时，才需要堆内存管理器。

FreeRTOS 提供了 5 种堆分配方案。这 5 种方案按 heap_1 ～ heap_5 命名，分别由源文件 heap_1.c ～ heap_5.c 实现。堆分配方案的示例包含在 FreeRTOS/Source/portable/MemMang 目录下。如果已经将 FreeRTOS 配置为使用动态内存分配，那么就必须在工程中构建这 5 个源文件中的某一个，除非应用程序有别的替代实现方案。

包括路径

FreeRTOS 需要在编译器的包含路径中包含 3 个目录。这 3 个目录如下所示。

（1）核心的 FreeRTOS 头文件的路径，通常为 FreeRTOS/Source/include。

（2）与 FreeRTOS 移植相关的源文件的路径。如前面所介绍的，这个目录是 FreeRTOS/Source/portable/[compiler]/[architecture]。

（3）FreeRTOSConfig.h 头文件的路径。

头文件

使用 FreeRTOS API 函数的源文件必须包含 FreeRTOS.h，后面的头文件包含用到的 API 函数的原型——tasks.h、queue.h、semphr.h、timers.h 或 event_groups.h。

1.3　演示程序

每种 FreeRTOS 移植至少有一个演示程序，尽管有些演示程序比较陈旧，编译时应该不会产生任何错误或警告；但是自从演示程序发布以来，构建工具的改变有时可能会导致问题出现。

对 Linux 用户的说明：FreeRTOS 是在 Windows 主机上开发和测试的。当演示工程在 Linux 主机上构建时，偶尔会导致构建错误。构建错误几乎总是与引用文件名时使用的字母大小写有关，或者与文件路径中使用的斜线字符的方向有关。

演示程序有以下几个目的：

• 提供一个工作和预配置工程的例子，包括正确的文件，以及正确的编译器选项设置。

• 允许以最少的设置或预备知识开展"开箱即用"实验。

• 作为如何使用 FreeRTOS API 函数的示例。

• 作为基础，据此可以创建真正的应用程序。

每个演示工程都位于 FreeRTOS/Demo 目录下的一个独特的子目录中。子目录的名称表示该演示工程所对应的移植。

在 FreeRTOS.org 网站上也有网页对每个演示程序进行了描述。该网页包括以下信息：

• 如何在 FreeRTOS 目录结构中找到演示工程文件。

• 工程配置为使用哪种硬件。

• 如何设置运行演示程序的硬件。

• 如何构建演示工程。

• 期待演示工程如何运行。

所有的演示工程都创建了通用演示任务的一个子集，其实现包含在 FreeRTOS/Demo/Common/Minimal 目录中。普通演示任务的存在纯粹是为了展示如何使用 FreeRTOS API 函数——任务并没有实现任何特定的有用功能。

较新的演示工程也可以建立初学者的"点灯"工程。"点灯"工程是非常基本的，通常情况下，只会创建两个任务和一个队列。

每个演示工程都包含名为 main.c 的文件，其中包含 main（）函数，所有演示应用程序的任务都是在 main（）函数里创建的。请参阅各个 main.c 文件中的注释，了解该演示工程的具体信息。

FreeRTOS/Demo 目录层次结构如图 1-4 所示。

```
FreeRTOS
└── Demo          包含所有演示工程的目录
├── [Demo x]      包含构建演示 'x' 的工程文件
├── [Demo y]      包含构建演示 'y' 的工程文件
├── [Demo z]      包含构建演示 'z' 的工程文件
└── Common        包含所有演示程序所生成的文件
```

图 1-4　FreeRTOS/Demo 目录层次结构

1.4　创建 FreeRTOS 工程

修改提供的演示工程

　　每种 FreeRTOS 移植至少都有一个预先配置好的演示程序，构建时应该不会出现错误或警告。建议通过修改这些现成的工程来创建新的工程，这将使工程包含正确的文件，并安装正确的中断处理程序和设置正确的编译器选项。

　　要从现成的演示工程开始一个新的应用程序，步骤如下：

　　（1）打开提供的演示工程，并确保该工程能够按预期的方式构建和执行。

　　（2）删除定义演示任务的源文件。位于 Demo/Common 目录下的文件都可以从工程中删除。

　　（3）删除 main( )函数里的全部函数调用，除了 API 函数 prvSetupHardware( )和 vTaskStartScheduler（ ）之外，如清单 1-1 所示。

清单 1-1　新的 main（）函数模板

```
int main ( void )
{
    /* 执行必要的硬件设置。*/
    prvSetupHardware ( );
    /* ———— 可以在此创建应用任务 ———— */
    /* 开始运行创建的任务。*/
    vTaskStartScheduler ( );
    /* 只有在没有足够的堆来启动调度器的情况下，程序才会执行到此处。*/
    for (; ; );
    return 0;
}
```

（4）检查这个仍在构建中的工程。

按照这些步骤将创建一个包含正确的 FreeRTOS 源文件的工程，但没有定义任何功能。

从零开始创建新工程

如前所述，建议从现成的演示工程开始创建新工程。如果不希望这样做，则可以使用以下步骤创建新工程：

（1）使用选择的工具链，创建一个新工程，该工程尚未包含任何 FreeRTOS 的源文件。

（2）确保新工程可以被构建，可以下载到目标硬件并执行。

（3）确认已经有了一个工作工程后，将表 1-1 中详细介绍的 FreeRTOS 源文件添加到该工程中。

（4）从提供的用于移植的演示工程中，将 FreeRTOSConfig.h 头文件复制到该工程目录中。

（5）将以下目录添加到工程将要搜索的路径中以定位头文件。

• FreeRTOS/Source/include

• FreeRTOS/Source/portable/[compiler]/[architecture]（其中 [compiler] 和 [architecture] 对于选定的移植要恰当）

• 包含 FreeRTOSConfig.h 头文件的目录。

（6）从相关演示工程中复制编译器设置。

（7）安装可能需要的 FreeRTOS 中断处理程序。在 FreeRTOS 官网上搜索那些和移植有关的描述网页，并参考为移植提供的演示工程。

表 1-1　工程中要包含的 FreeRTOS 源文件

文　　件	位　　置
tasks.c	FreeRTOS/Source
queue.c	FreeRTOS/Source
list.c	FreeRTOS/Source
timers.c	FreeRTOS/Source
event_groups.c	FreeRTOS/Source
全部 C 和汇编文件	FreeRTOS/Source/portable/[compiler]/[architecture]
heap_n.c	FreeRTOS/Source/portable/MemMang，其中 n 为 1、2、3、4 或 5。该文件从 FreeRTOS V9.0.0 版本开始成为可选项

使用版本比 V9.0.0 更老的 FreeRTOS 的工程必须建立一个 heap_n.c 文件。

如前所述，从 FreeRTOS V9.0.0 版本开始，只有在将 FreeRTOSConfig.h 中的 configSUPPORT_DYNAMIC_ALLOCATION 设置为 1，或者 configSUPPORT_DYNAMIC_ALLOCATION 未被定义时，才需要 heap_n.c 文件。更多信息请参考第 2 章"堆内存管理"。

1.5　数据类型和编码风格指南

数据类型

每种 FreeRTOS 移植都有一个独特的 portmacro.h 头文件，其中包含两个与移植相关的数据类型定义：TickType_t 和 BaseType_t。对这些数据类型的详细描述如表 1-2 所示。

表 1-2　FreeRTOS 使用的与移植相关的数据类型

宏或类型定义	实 际 类 型
TickType_t	FreeRTOS 配置的一个周期性中断，称为滴答（tick）中断。 自 FreeRTOS 应用程序启动以来发生的滴答中断次数称为滴答计数。滴答计数用来测量时间。 两个滴答中断之间的时间称为滴答周期。指定时间为滴答周期的倍数。 TickType_t 是用于保存滴答计数值的数据类型，并指定时间。 TickType_t 可以是无符号的 16 位类型，也可以是无符号的 32 位类型，取决于 FreeRTOSConfig.h 中 configUSE_16_BIT_TICKS 的设置。 如果将 configUSE_16_BIT_TICKS 设置为 1，则 TickType_t 定义为 uint16_t。 如果将 configUSE_16_BIT_TICKS 设置为 0，则 TickType_t 定义为 uint32_t。 使用 16 位类型可以大大提高 8 位和 16 位架构的效率，但严重限制了可以指定的最大阻塞周期。在 32 位架构上没有理由使用 16 位类型
BaseType_t	该类型总是定义为架构中最有效的数据类型。在通常情况下，32 位架构的数据类型是 32 位，16 位架构的数据类型是 16 位，8 位架构的数据类型是 8 位。 BaseType_t 一般用于取值范围非常有限的返回类型，以及 pdTRUE/pdFALSE 类型的布尔值

一些编译器将所有非限定的 char 变量作为无符号型处理，而其他编译器则将其作为有符号型处理。出于这个原因，FreeRTOS 源代码明确地限定了 char 变量的使用，用 signed 或 unsigned，除非 char 变量用来存放一个 ASCII 字符，或者 char 的指针用来指向一个字符串。

从来不使用普通的 int 类型。

变量名称

变量以其类型为前缀：c 代表 char，s 代表 int16_t（short），l 代表 int32_t（long），

x 代表 BaseType_t 及其他非标准类型（结构体、任务句柄、队列句柄等）。

如果变量是无符号型，则其前缀是 u；如果变量是指针，则其前缀是 p。例如，一个类型为 uint8_t 的变量将以 uc 作为前缀，而一个类型为 char 的指针变量将以 pc 作为前缀。

函数名称

函数的前缀是函数返回的类型和其中含有定义函数的文件。例如：

- vTaskPrioritySet（）返回 void，并在 task.c 中定义。
- xQueueReceive（）返回类型为 BaseType_t 的变量，并在 queue.c 中定义。
- pvTimerGetTimerID（）返回指向 void 的指针，并在 timers.c 中定义。

文件范围（私有）函数的前缀为 prv。

格式化

总是将一个制表符设置为等于 4 个空格。

宏名称

大多数宏用大写字母书写，并以小写字母为前缀表示宏在哪里定义。宏前缀的例子如表 1-3 所示。

表 1-3　宏前缀

前　　缀	宏定义的位置
port（例如，portMAX_DELAY）	portable.h 或 portmacro.h
task（例如，taskENTER_CRITICAL（））	task.h
pd（例如，pdTRUE）	projdefs.h
config（例如，configUSE_PREEMPTION）	FreeRTOSConfig.h
err（例如，errQUEUE_FULL）	projdefs.h

请注意，信号量 API 函数几乎完全是作为一组宏来编写的，但遵循的是函数命名惯例，而不是宏命名惯例。

常见的宏定义如表 1-4 所示，这些宏在整个 FreeRTOS 源代码中都有使用。

表 1-4　常见的宏定义

宏	值
pdTRUE	1
pdFALSE	0
pdPASS	1
pdFAIL	0

强制类型转换的理由

FreeRTOS 源代码可以用多种编译器进行编译,所有这些编译器在产生警告的方式和时间上会有所不同。尤其是不同的编译器希望以不同的方式进行类型转换,因此 FreeRTOS 源代码中包含了比一般情况下更多的类型转换。

第 2 章
堆内存管理

从 FreeRTOS V9.0.0 版本开始，可以完全静态分配 FreeRTOS 应用程序，不再需要包含堆内存管理器。

2.1 本章知识点及学习目标

预备知识

FreeRTOS 以一套 C 语言源文件的方式提供，因此成为一名合格的 C 程序员是使用 FreeRTOS 的先决条件。本章假设读者熟悉以下概念：

- 一个 C 工程是如何构建的，包括不同的编译和链接阶段。
- 栈和堆是什么。
- 标准 C 语言库的 malloc（ ）函数和 free（ ）函数。

动态内存分配及其与 FreeRTOS 的相关性

从 FreeRTOS V9.0.0 版本开始，可以在编译时静态分配内核对象，也可以在运行时动态分配内核对象。

本书后续章节将介绍任务、队列、信号量和事件组等内核对象。为了使 FreeRTOS 易于使用，这些内核对象不是在编译时静态分配的，而是在运行时动态分配的；FreeRTOS 在每次创建内核对象时分配 RAM，在每次删除内核对象时释放 RAM。这种策略减少了系统设计和规划的工作量，简化了 API，并最大限度地减少了 RAM 的占用。

本章主要讨论动态内存分配。动态内存分配是 C 语言编程的概念，而不是 FreeRTOS 或多任务系统所特有的概念。动态内存分配与 FreeRTOS 有关，这是因为内核对象是动态分配的，而通用编译器所提供的动态内存分配方案并不总是适合于实时应用的。

可以使用标准 C 语言库的 malloc（ ）函数和 free（ ）函数来分配内存，但由于以下原因，这些函数可能并不合适，或者说不恰当：

- 在小型嵌入式系统中，malloc（ ）函数和 free（ ）函数并不总是可用的。
- 实现的 malloc（ ）函数和 free（ ）函数可能相对较大，占用了宝贵的代码空间。
- malloc（ ）函数和 free（ ）函数很少是线程安全的。
- malloc（ ）函数和 free（ ）函数不是确定的，执行函数所需时间会因为不同的调用而有差异。

- malloc（）函数和 free（）函数可能会出现内存碎片化[①]的情况。
- malloc（）函数和 free（）函数会使链接器配置复杂化。
- 如果允许堆空间增长到其他变量使用的内存中，则 malloc（）函数和 free（）函数就会成为难以调试的错误的来源。

动态内存分配选项

FreeRTOS 的早期版本使用了内存池分配方案，即在编译时预先分配不同大小的内存池，然后由内存分配函数返回。虽然这是在实时系统中采用的常见方案，但已经证实该方案是大量请求技术支持的来源，主要是因为不能有效地使用 RAM 从而使其适用于真正的小型嵌入式系统，所以该方案被抛弃了。

FreeRTOS 现在将内存分配视为可移植层部分（而不是核心代码库部分）。这是因为认识到不同的嵌入式系统有不同的动态内存分配和时间要求，所以单一的动态内存分配算法只适用于应用程序的某些部分。另外，从核心代码库中删除动态内存分配，使得编程人员能够在适当的时候采用自己的特定实现方案。

当 FreeRTOS 需要 RAM 时，不是调用 malloc（）函数，而是调用 pvPortMalloc（）函数；当释放 RAM 时，不是调用 free（）函数，而是调用 vPortFree（）函数。pvPortMalloc（）函数与标准 C 语言库的 malloc（）函数的原型相同，vPortFree（）函数与标准 C 语言库的 free（）函数的原型相同。

pvPortMalloc（）和 vPortFree（）是公共函数，所以也可以在应用程序代码中调用。

FreeRTOS 提供了 5 个 pvPortMalloc（）和 vPortFree（）的实现案例，本章详细介绍这些案例。FreeRTOS 应用程序可以选用其中的一个实现案例，或者使用编程人员自己的实现方案。

这 5 个案例分别定义在 heap_1.c、heap_2.c、heap_3.c、heap_4.c 和 heap_5.c 源文件中，全部位于 FreeRTOS/Source/portable/MemMang 目录下。

学习目标

本章旨在让读者充分了解以下知识：
- FreeRTOS 何时分配 RAM。
- FreeRTOS 提供的 5 个内存分配方案案例。
- 每一种内存分配方案应如何选择。

2.2 内存分配方案示例

本节讨论 5 种内存分配方案。

---

① 如果堆内的空闲 RAM 分散成彼此独立的小块，就认为堆碎片化了。如果堆已经碎片化而且堆内没有足够大的空闲块来容纳某个内存块，那么试图分配该内存块就会出错，即使堆内所有独立空闲块的总大小比不能被分配的某个内存块的大小大许多倍。

heap_1

对于小型专用嵌入式系统来说，在启动调度器之前仅仅创建任务和其他内核对象很常见。在这种情况下，只在应用程序开始执行实时功能之前内核才动态分配内存，并且内存在应用程序的生命周期内保持分配状态。这就意味着该选定的分配方案不需要考虑比较复杂的内存分配问题，如确定性和碎片化，而只需考虑代码大小和简单性等属性。

heap_1.c 实现了基本的 pvPortMalloc（）函数，并且没有实现 vPortFree（）函数。那些从不删除任务或其他内核对象的应用程序有可能使用 heap_1。

一些商业关键系统和安全关键系统会禁止使用动态内存分配，也有可能使用 heap_1。关键系统通常禁止使用动态内存分配，这是因为存在非确定性、内存碎片化和内存分配失败等不确定性——但是 heap_1 总是确定性的，而且不会引起内存碎片化。

heap_1 分配方案在调用 pvPortMalloc（）函数时，将简单的数组细分为更小的块。该数组被称为 FreeRTOS 堆。

数组的总大小（以字节为单位）由 FreeRTOSConfig.h 的 configTOTAL_HEAP_SIZE 定义。以这种方式定义一个大的数组可能使应用程序看起来消耗了大量的 RAM——甚至在为数组分配内存之前。

每个创建的任务都需要一个任务控制块（TCB）和一个从堆中分配的栈。图 2-1 演示了每次创建任务时都会从 heap_1 数组中分配 RAM。

- 图 2-1（A）显示了在创建任务之前的数组——整个数组是空闲的。
- 图 2-1（B）显示了创建 1 个任务后的数组。
- 图 2-1（C）显示了创建 3 个任务后的数组。

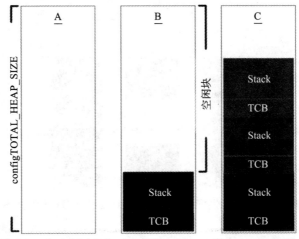

图 2-1　每次创建任务时都会从 heap_1 数组中分配 RAM

heap_2

在 FreeRTOS 发行版中保留了 heap_2，以便向后兼容，但不建议在新设计中使用。可以考虑使用 heap_4 代替 heap_2，因为 heap_4 提供了增强的功能。

heap_2.c 的工作原理也是对一个大小定义为 configTOTAL_HEAP_SIZE 的数组进行细分。heap_2 使用最佳匹配算法来分配内存，与 heap_1 不同的是，heap_2 允许释放内存。同样数组也是静态声明的，所以会使应用程序看起来消耗了大量的 RAM。

最佳匹配算法确保 pvPortMalloc（）函数使用与请求的字节数大小最接近的空闲内存块。例如，考虑以下情况：

- 堆中包含 3 个自由内存块，分别为 5 字节、25 字节和 100 字节。
- 为请求 20 字节的 RAM，调用 pvPortMalloc（）函数。

适合所请求字节数的最小空闲 RAM 块是 25 字节的内存块，所以 pvPortMalloc（）函数将 25 字节的内存块分割成一个 20 字节的内存块和一个 5 字节的内存块[①]，然后返回一个指向 20 字节内存块的指针。新的 5 字节内存块仍可用于未来对 pvPortMalloc（）函数的调用。

与 heap_4 不同，heap_2 不会将相邻的空闲块合并成一个较大的块，所以更容易受到碎片化影响。然而，如果分配的块和随后释放的块的大小总是相同，那么碎片化就不是问题。heap_2 适用于反复创建和删除任务的应用程序，前提是分配给已创建任务的栈大小不会发生变化。图 2-2 所示为在创建和删除任务时，从 heap_2 数组分配和释放 RAM。

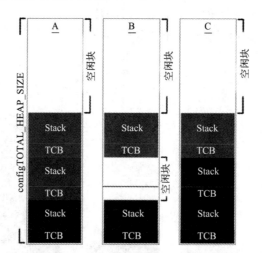

图 2-2　在创建和删除任务时，从 heap_2 数组分配和释放 RAM

---

① 这是简化描述，因为 heap_2 存储的是堆区域内的块大小信息，所以两个拆分块的总和实际上会小于 25。

图 2-2 演示了创建、删除任务，然后再次创建任务时，最佳匹配算法如何工作。

图 2-2（A）显示了创建 3 个任务后的数组。数组顶部有一个大的空闲块。

图 2-2（B）显示了删除其中一个任务后的数组。数组顶部的大块空闲块仍然存在。现在还有两个较小的空闲块，就是之前分配给被删除任务的 TCB 和栈。

图 2-2（C）显示了创建另一个任务后的情况。创建任务引起两次调用 pvPortMalloc（）函数，一次是分配新的 TCB，另一次是分配任务栈。任务是使用 xTaskCreate（）API 函数创建的，正如 3.4 节所述。对 pvPortMalloc（）函数的调用发生在 xTaskCreate（）API 函数内部。

每个 TCB 的大小都是完全相同的，所以最佳匹配算法可以保证之前分配给删除任务的 TCB 的 RAM 块重新用来分配给新任务的 TCB。

分配给新任务的栈的大小与分配给之前删除任务的栈的大小是相同的，所以最佳匹配算法保证了之前分配给删除任务的栈的 RAM 块重新用于分配给新任务的栈。

数组顶部较大的未分配块保持不动。

heap_2 不是确定的，但比大多数标准库实现的 malloc（）函数和 free（）函数更快。

heap_3

heap_3.c 使用标准库的 malloc（）函数和 free（）函数，所以堆的大小是由链接器配置定义的，configTOTAL_HEAP_SIZE 的设置对其没有影响。

heap_3 通过暂停 FreeRTOS 调度器使得 malloc（）函数和 free（）函数线程安全。线程安全和调度器暂停在第 7 章 "资源管理" 中会详细介绍。

heap_4

与 heap_1 和 heap_2 一样，heap_4 的工作原理也是将数组细分为更小的块。与 heap_1 和 heap_2 相同，数组也是静态声明的，其大小用 configTOTAL_HEAP_SIZE 定义，因此会使应用程序看起来消耗了大量的 RAM，甚至是在为数组实际分配内存之前。

heap_4 使用首次匹配算法来分配内存。与 heap_2 不同，heap_4 将相邻的空闲内存块合并（凝聚）成一个较大的内存块，从而将内存碎片化的风险降到最低。

首次匹配算法确保 pvPortMalloc（）函数使用第一个空闲内存块，该内存块足够大，可以容纳请求的字节数。例如，考虑下面这种情况：

• 堆中包含 3 个空闲内存块，按照内存块在数组中出现的顺序，分别是 5 字节、200 字节和 100 字节。

• 调用 pvPortMalloc（）函数，请求 20 字节的 RAM。

第一个能容纳请求字节数的空闲 RAM 块有 200 字节，所以 pvPortMalloc（）函数将 200 字节的块分割成一个 20 字节的块和一个 180 字节的块[①]，然后返回一个指向 20 字节块的指针。新的 180 字节的块仍可用于未来对 pvPortMalloc（）函数的调用。

heap_4 将相邻的空闲块合并（凝聚）成一个较大的块，最大限度地降低了碎片化风险，使其适合于反复分配和释放不同大小的 RAM 块的应用。

图 2-3 演示了分配和释放内存时，带有内存凝聚的 heap_4 首次匹配算法如何工作。

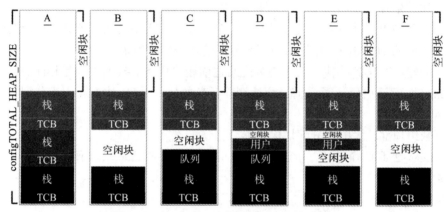

图 2-3　从 heap_4 数组分配和释放 RAM

图 2-3（A）显示了创建 3 个任务后的数组。数组顶部有一个大空闲块。

图 2-3（B）显示了删除其中一个任务后的数组。数组顶部的大空闲块仍然存在。还有一个空闲块，这里有为已删除任务之前分配的 TCB 和栈。请注意，与演示 heap_2 时不同的是，TCB 删除时释放的内存，以及栈删除时释放的内存，并没有作为两个独立的空闲块保留下来，而是合并成一个更大的单独空闲块。

图 2-3（C）显示了创建 FreeRTOS 队列后的情况。队列使用 xQueueCreate（）API 函数创建，具体内容在 4.3 节中描述。xQueueCreate（）函数调用 pvPortMalloc（）函数来分配队列使用的 RAM。由于 heap_4 使用的是首次匹配算法，pvPortMalloc（）函数将从第一个空闲 RAM 块中分配 RAM，该空闲 RAM 块足够大、可以容纳队列，实际上是任务删除时释放的 RAM。然而，队列并没有消耗掉空闲块中所有的 RAM，因此该块被一分为二，未使用的部分仍可用于未来对 pvPortMalloc（）函数的调用。

---

① 这是简化描述，因为 heap_4 存储的是堆区域内的块大小信息，所以两个拆分块的总和实际上会小于 200 字节。

图 2-3（D）显示了应用代码直接调用 pvPortMalloc（）函数，而不是间接调用 FreeRTOS API 函数的情况。用户分配的块足够小，可以放入第一个空闲块，也就是分配给队列的内存和分配给后面 TCB 的内存之间的块。

删除任务时释放的内存现在已经被分成了 3 个独立的块，第一块存放队列，第二块存放用户分配的内存，第三块保持空闲。

图 2-3（E）显示了删除队列后的情况，自动释放了分配给删除队列的内存。现在用户分配块的两边都有空闲内存。

图 2-3（F）显示了释放用户分配内存后的情况。用户分配块使用过的内存已经和两边的空闲内存合并起来，形成一个更大的单独空闲块。

heap_4 不具备确定性，但比大多数标准库实现的 malloc（）函数和 free（）函数更快。

为 heap_4 使用的数组设置起始地址

有时编程人员有必要将 heap_4 使用的数组放在特定的内存地址中。例如，FreeRTOS 任务使用的栈是从堆中分配的，所以可能需要确保堆处于快速的内部内存，而不是慢速的外部内存。

默认情况下，heap_4 使用的数组是在 heap_4.c 源文件中声明的，其起始地址是由链接器自动设置的。但是，如果将 FreeRTOSConfig.h 中的 configAPPLICATION_ALLOCATED_HEAP 编译配置常量设置为 1，那么这个数组必须由使用 FreeRTOS 的应用程序来声明。如果数组是作为应用程序的一部分来声明的，那么编程人员就可以设置其起始地址。

如果将 FreeRTOSConfig.h 中的 configAPPLICATION_ALLOCATED_HEAP 设置为 1，那么名为 ucHeap 的 uint8_t 类型数组必须在应用程序的源文件中声明，其大小由 configTOTAL_HEAP_SIZE 定义。

将变量放置在特定的内存地址所需的语法取决于使用的编译器，所以请参考相关的编译器文档。下面是两个编译器的例子：

• 清单 2-1 显示了使用 GCC 语法声明 heap_4 将使用的数组，并将数组放入名为 my_heap 的内存区。

• 清单 2-2 显示了使用 IAR 语法声明 happ_4 将使用的数组，并将数组放置在绝对内存地址 0x20000000 处。

清单 2-1　使用 GCC 语法声明 heap_4 将使用的数组，
并将数组放入名为 my_heap 的内存区

```
uint8_t Heap [ configTOTAL_HEAP_SIZE ]__attribute__( section ( "my_heap" ) );
```

清单 2-2　使用 IAR 语法声明 heap_4 将使用的数组，

并将数组放置在绝对内存地址 0x20000000 处

```
uint8_t ucHeap[ configTOTAL_HEAP_SIZE ] @ 0x20000000;
```

heap_5

heap_5 用于分配和释放内存的算法与 heap_4 相同。与 heap_4 不同的是，heap_5 并不局限于从单个静态声明的数组中分配内存；heap_5 可以从多个独立内存空间中分配内存。当 FreeRTOS 运行的系统所提供的 RAM 在系统的内存映射中没有出现单独连续块时，heap_5 就很有用。

在写作本书时，heap_5 是唯一的在调用 pvPortMalloc（）函数之前必须明确初始化的内存分配方案。heap_5 使用 vPortDefineHeapRegions（）API 函数初始化。当使用 heap_5 时，在创建内核对象（任务、队列、信号量等）之前，必须调用 vPortDefineHeapRegions（）API 函数。

下面详细介绍 vPortDefineHeapRegions（）API 函数。

vPortDefineHeapRegions（）API 函数用于指定每个独立内存区域的起始地址和大小，这些区域共同构成了 heap_5 使用的总内存。vPortDefineHeapRegions（）API 函数的原型如清单 2-3 所示。

清单 2-3　vPortDefineHeapRegions（）API 函数的原型

```
void vPortDefineHeapRegions ( const HeapRegion_t * const pxHeaRegions );
```

每个独立内存区域由 HeapRegion_t 类型的结构体描述。所有可用内存区域的描述以 HeapRegion_t 结构体的数组形式传递给 vPortDefineHeapRegions（）API 函数。HeapRegion_t 结构体如清单 2-4 所示。

清单 2-4　HeapRegion_t 结构体

```
typedef struct HeapRegion
{
    /* 内存块的起始地址，该内存块将成为堆的一部分。*/
    uint8_t *pucStartAddress;
    /* 内存块的大小，以字节为单位。*/
    size_t xSizeInBytes;

} HeapRegion_t;
```

vPortDefineHeapRegions（）API 函数的参数 / 返回值及其说明如表 2-1 所示。

表 2-1　vPortDefineHeapRegions（）API 函数的参数 / 返回值及其说明

参数名称 / 返回值	说　　明
pxHeapRegions	指向 HeapRegion_t 结构体数组的指针。数组中的每个结构体描述了一个内存区域的起始地址和长度，当使用 heap_5 时，该区域将成为堆的一部分。 数组中的 HeapRegion_t 结构体必须按起始地址排序；描述具有最低起始地址的内存区域的 HeapRegion_t 结构体必须是数组的第一个结构体，描述具有最高起始地址的内存区域的 HeapRegion_t 结构体必须是数组的最后一个结构体。 数组的结束由一个 HeapRegion_t 结构体标记，该结构体的 pucStartAddress 成员设置为 NULL

举例来说，假设有图 2-4（A）所示的内存映射图，其中包含 3 个独立的 RAM 块：RAM1、RAM2 和 RAM3。假设可执行代码放置在只读存储器中，这个情况没有显示出来。

清单 2-5 显示了由 HeapRegion_t 结构体组成的数组，这些结构体共同描述了 3 个 RAM 块的全部内容。

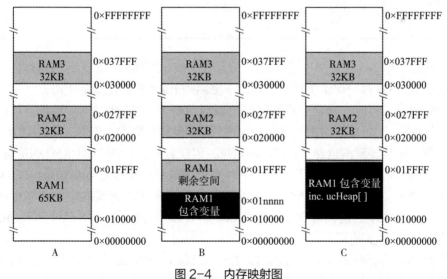

图 2-4　内存映射图

清单 2-5   由 HeapRegion_t 结构体组成的数组，

这些结构体共同描述了 3 个 RAM 块的全部内容

```
/* 定义 3 个 RAM 块的起始地址和大小。*/
#define RAM1_START_ADDRESS    ( ( uint8_t * ) 0x00010000 )
#define RAM1_SIZE             ( 65 * 1024 )
#define RAM2_START_ADDRESS    ( ( uint8_t * ) 0x00020000 )
#define RAM2_SIZE             ( 32 * 1024 )
#define RAM3_START_ADDRESS    ( ( uint8_t * ) 0x00030000 )
#define RAM3_SIZE             ( 32 * 1024 )
/* 创建 HeapRegion_t 类型的数组，3 个 RAM 块各有一个索引，数组以 NULL 地址结束。
HeapRegion_t 结构体必须按起始地址顺序出现，具有最低起始地址的结构体首先出现。*/
const HeapRegion_t xHeapRegions [ ] =
{
    { RAM1_START_ADDRESS, RAM1_SIZE },
    { RAM2_START_ADDRESS, RAM2_SIZE },
    { RAM3_START_ADDRESS, RAM3_SIZE },
    { NULL,                  0         } /* 标记数组的结束。*/
} ;
int main ( void )
{
    /* 初始化 heap_5。*/
    vPortDefineHeapRegions ( xHeapRegions );
    /* 此处添加应用程序代码。*/
}
```

虽然清单 2-5 正确描述了 RAM，但并没有演示可用的例子，因为这里已经把所有的 RAM 都分配给了堆，没有留下空闲的 RAM 供其他变量使用。

在构建工程时，构建过程的链接阶段会给每个变量分配 RAM 地址。可供链接器使用的 RAM 通常由链接器配置文件（如链接器脚本）描述。图 2-4（B）中，假设链接器脚本包含了 RAM1 的信息，但没有包含 RAM2 和 RAM3 的信息。因此，链接器将变量放在了 RAM1 中，只留下 RAM1 中地址 0x0001nnnn 以上的部分供 heap_5 使用。0x0001nnnn 的实际值取决于正在链接的应用程序中所有变量的总大小。链接器没有使用 RAM2 和 RAM3，使得整个 RAM2 和 RAM3 全部可供 heap_5 使用。

如果使用清单 2-5 所示的代码，分配给 heap_5 的地址在 0x0001nnnn 以下的 RAM 将与存放变量的 RAM 重叠。为了避免发生这种情况，xHeapRegions[ ] 数组的第一个 HeapRegion_t 结构体可以使用起始地址 0x0001nnnn，而不是起始地址 0x00010000。然而，这不是我们推荐的解决方案，理由如下：

（1）起始地址可能不容易确定。

（2）在未来的构建中，链接器使用的 RAM 大小可能会改变，因此需要更新 HeapRegion_t 结构体使用的起始地址。

（3）如果链接器使用的 RAM 和 heap_5 使用的 RAM 重叠，则构建工具将不知道，因此不会警告编程人员。

清单 2-6 演示了一个更加方便和更易维护的例子，该例子声明了名为 ucHeap 的数组。ucHeap 是普通变量，所以成为链接器分配到 RAM1 数据的一部分。xHeapRegions[ ] 数组的第一个 HeapRegion_t 结构体描述了 ucHeap 的起始地址和大小，所以 ucHeap 成为 heap_5 管理的一部分内存。ucHeap 的大小可以增加，直至链接器使用的 RAM 消耗掉全部 RAM1，如图 2-4（C）所示。

清单 2-6　由 HeapRegion_t 结构体组成的数组，

描述了全部 RAM2 和 RAM3，但只描述了部分 RAM1

```
/* 定义链接器未使用的两个 RAM 区域的起始地址和大小。*/
#define RAM2_START_ADDRESS    ( ( uint8_t * ) 0x00020000 )
#define RAM2_SIZE             ( 32 * 1024 )
#define RAM3_ADDRESS          ( ( uint8_t * ) 0x00030000 )
#define RAM3_SIZE             ( 32 * 1024 )
/* 声明数组，该数组将成为 heap_5 使用的堆的一部分。该数组将被链接器放在 RAM1
中。*/
#define RAM1_HEAP_SIZE ( 30 * 1024 )
static uint8_t ucHeap [ RAM1_HEAP_SIZE];
/* 创建 HeapRegion_t 结构体数组。在清单 2-5 中，第一个条目描述了 RAM1 的全部，
所以 heap_5 将使用全部 RAM1；而这次第一个条目只描述了 ucHeap 数组，所以 heap_5 将
只使用 RAM1 中包含 ucHeap 数组的部分。HeapRegion_t 结构体仍然必须按照起始地址顺序
出现，具有最低起始地址的结构体首先出现。*/
const HeapRegion_t xHeapRegion[ ] =
{
    { ucHeap,               RAM1_HEAP_SIZE },
    { RAM2_START_ADDRESS,   RAM2_SIZE },
    { RAM3_START_ADDRESS,   RAM3_SIZE },
    { NULL,                 0          } /* 标记数组的结束。*/
};
```

清单 2-6 所演示技术的优点如下：

（1）不需要使用硬编码的起始地址。

（2）HeapRegion_t 结构体使用的地址将由链接器自动设置，因此即使未来构建工程时链接器使用的 RAM 大小发生了变化，也将始终正确。

（3）分配给 heap_5 的 RAM 不可能与链接器放入 RAM1 的数据重叠。

（4）如果 ucHeap 太大，则应用程序将无法链接。

2.3 与堆相关的实用函数

本节介绍 3 个与堆相关的实用函数。

xPortGetFreeHeapSize（）API 函数

调用 xPortGetFreeHeapSize（）API 函数时，该函数返回堆中可用字节数，所以可以用来优化堆的大小。例如，如果在创建全部内核对象后 xPortGet-FreeHeapSize（）API 函数返回 2000，那么 configTOTAL_HEAP_SIZE 的值就可以减少 2000。

使用 heap_3 时，xPortGetFreeHeapSize（）API 函数不可用。xPortGetFreeHeapSize（）API 函数的原型如清单 2-7 所示。

清单 2-7 xPortGetFreeHeapSize（）API 函数的原型

```
size_t xPortGetFreeHeapSize ( void );
```

xPortGetFreeHeapSize（）API 函数的返回值及其说明如表 2-2 所示。

表 2-2 xPortGetFreeHeapSize（）API 函数的返回值及其说明

参数名称 / 返回值	说　明
返回值	调用 xPortGetFreeHeapSize（）API 函数时，返回堆中未被分配的字节数

xPortGetMinimumEverFreeHeapSize（）API 函数

xPortGetMinimumEverFreeHeapSize（）API 函数返回自从 FreeRTOS 应用程序开始执行以来，堆中曾经存在的未分配字节的最小数量。

xPortGetMinimumEverFreeHeapSize（）API 函数的返回值是一个指示，表明应用程序曾经在多大程度上接近用完堆空间。例如，如果 xPortGetMinimum EverFreeHeapSize（）API 函数返回 200，那么表明自从应用程序开始执行以来的某个时间，应用程序离耗尽堆空间只有 200 字节。

仅在使用 heap_4 或 heap_5 时，xPortGetMinimumEverFreeHeapSize（）API 函数才可用。xPortGetMinimumEverFreeHeapSize（）API 函数的原型如清单 2-8 所示。

清单 2-8 xPortGetMinimumEverFreeHeapSize（）API 函数的原型

```
size_t xPortGetMinimumEverFreeHeapSize ( void );
```

xPortGetMinimumEverFreeHeapSize（ ）API 函数的返回值及其说明如表 2–3 所示。

表 2–3　xPortGetMinimumEverFreeHeapSize（ ）API 函数的返回值及其说明

参数名称 / 返回值	说　明
返回值	FreeRTOS 自从应用程序开始执行以来，堆中曾经存在的未分配字节的最小数量

malloc 失败的钩子函数

pvPortMalloc（ ）函数既可以在应用程序代码中直接调用，也可以在 FreeRTOS 源文件每次创建内核对象时调用。内核对象的例子包括任务、队列、信号量和事件组——所有这些内核对象都将在本书后面章节中讨论。

就像标准库中的 malloc（ ）函数一样，如果由于请求大小的 RAM 块不存在，pvPortMalloc（ ）函数不能返回一个 RAM 块，那么就返回 NULL；如果由于编程人员正在创建内核对象而调用 pvPortMalloc（ ）函数，而且对该函数的调用返回 NULL，那么该内核对象也不会被创建。

所有堆分配方案的示例都可以配置成如果调用 pvPortMalloc（ ）函数时返回 NULL，就调用钩子（或回调）函数。

如果将 FreeRTOSConfig.h 中的 configUSE_MALLOC_FAILED_HOOK 设置为 1，那么应用程序必须提供 malloc 失败的钩子函数。malloc 失败的钩子函数的名称和原型如清单 2–9 所示，该函数可以按任意适合于应用程序的方式实现。

清单 2-9　malloc 失败的钩子函数的名称和原型

```
void vApplicationMallocFailedHook ( void );
```

第3章
任务管理

3.1　本章知识点及学习目标

学习目标

本章旨在让读者充分了解以下知识：
- 在应用程序中，FreeRTOS 如何为每个任务分配处理时间。
- 在任意指定时间，FreeRTOS 如何选择要执行的任务。
- 每个任务的相对优先级如何影响系统行为。
- 任务可能存在的状态。

读者还应该对以下知识有很好的了解：
- 如何实现任务。
- 如何创建任务的一个或多个实例。
- 如何使用任务参数。
- 如何改变已创建任务的优先级。
- 如何删除任务。
- 如何使用任务实现周期性处理（软件定时器将在后面章节中讨论）。
- 空闲任务何时执行，以及如何使用空闲任务。

本章介绍的概念是基础，有助于读者理解怎样使用 FreeRTOS，以及 FreeRTOS 应用程序如何运行。因此本章是本书中内容最详细的一章。

3.2　任务函数

任务以 C 语言函数的形式实现。唯一特别的地方是其函数原型，必须返回 void，并带 void 指针参数。任务的函数原型如清单 3–1 所示。

清单 3-1　任务的函数原型

```
void ATaskFunction ( void *pvParameters );
```

任务本身就是小程序，有入口点，通常会在无限循环中永远运行，并且不会退出。任务函数的典型结构如清单 3-2 所示。

清单 3-2　任务函数的典型结构

```
void ATaskFunction（ void *pvParameters ）
{
/* 可以像普通函数一样声明变量。用本示例函数创建的每个任务实例都有自己的
lVariableExample 变量副本。如果将变量声明为静态变量，情况就有变化——在这种情况下，
变量只存在一个副本，而这个副本将被创建的每个任务实例共享（添加到变量名的前缀在 1.5
节 "数据类型和编码风格指南" 中介绍过 ）。*/
int32_t lVariableExample = 0;

    /* 任务通常以无限循环的方式实现。*/
    for（;;）
    {
        /* 实现任务功能的代码放在此处。*/
    }

    /* 如果任务的执行脱离了上述循环，那么在结束任务功能之前必须将其删除。传递给
vTaskDelete（ ) API 函数的 NULL 参数表示要删除的任务是调用任务（本任务）。API 函数
的命名规范在 1.5 节中介绍过，使用比 V9.0.0 版本更老的 FreeRTOS 的工程必须创建一个
heap_n.c 文件。
    从 FreeRTOS V9.0.0 版本开始，只有在将 FreeRTOSConfig.h 中的 configSUPPORT_DYNAMIC_
ALLOCATION 设置为 1，或者 configSUPPORT_DYNAMIC_ALLOCATION 没有定义时，才需
要 heap_n.c 文件。
    请参阅第 2 章 "堆内存管理" 获取更多信息。*/
    vTaskDelete（ NULL ）;
}
```

　　FreeRTOS 任务不能以任何方式从其实现函数中返回，所以不能包含 return 语句，也不允许在函数结束后执行。如果不再需要某个任务，就应该明确地删除该任务。这种情况在清单 3-2 中有演示。

　　可以使用单独的任务函数创建任意数量的任务——创建的每个任务都是独立的执行实例，有自己的栈，有自己在任务本身中定义的自动(栈)变量的副本。

3.3　顶层任务状态

　　应用程序可以由许多任务组成。如果运行应用程序的处理器只有一个核心，那么在任何时间都只能执行一个任务。这意味着任务可能处于两种状态中的一种，要么运行要么非运行。首先考虑这种简化模型——但请记住，这个模型有些过度简化。本章的后半部分将说明非运行状态实际上包含了多种子状态。任务的状态和转换如图 3-1 所示。

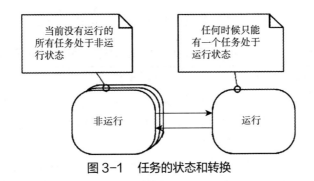

图 3-1　任务的状态和转换

当任务处于运行状态时，处理器在执行该任务的代码；当任务处于非运行状态时，该任务处于休眠状态，其状态已被保存，并做好准备在调度器决定此任务下一次应该进入运行状态时，此任务就恢复执行。当恢复执行时，任务从上次离开运行状态前即将执行的指令处开始执行。

把任务从非运行状态转换到运行状态称为"切换进来"或"交换进来"；对应的是，把任务从运行状态转换到非运行状态称为"切换出去"或"交换出去"。FreeRTOS 调度器是唯一可以切换任务进来和出去的实体。

3.4　创建任务

本节介绍创建任务的 API 函数，并通过例子演示创建任务所需步骤和任务参数的使用。

xTaskCreate（）API 函数

FreeRTOS V9.0.0 版本还包括 xTaskCreateStatic（）API 函数，该函数可以在编译时静态地分配创建任务所需的内存。

使用 FreeRTOS 的 xTaskCreate（）API 函数创建任务。该函数可能是所有 API 函数中最复杂的一个，所以"很不幸"首先与其见面；但是又必须最先掌握任务，因为任务是多任务系统中最基本的组成部分。本书配套的所有例子都使用了 xTaskCreate（）API 函数，因此有大量可供参考的例子。

xTaskCreate（）API 函数的原型如清单 3-3 所示。

清单 3-3　xTaskCreate（）API 函数的原型

```
BaseType_t xTaskCreate ( TaskFunction_t pvTaskCode,
                const char * const pcName,
                uint16_t usStackDepth,
                void *pvParameters,
                UBaseType_t uxPriority,
                TaskHandle_t *pxCreatedTask );
```

xTaskCreate（）API 函数的参数名称和返回值及其说明如表 3-1 所示。

表 3-1　xTaskCreate（）API 函数的参数名称和返回值及其说明

参数名称 / 返回值	说　　明
pvTaskCode	任务仅仅是 C 语言函数，永远不会退出，因此通常作为一个无限循环来实现。pvTaskCode 参数是指向实现任务功能的函数的指针（实际上就是任务函数名称）
pcName	任务的描述性名称，该名称不是 FreeRTOS 要使用的，纯粹只是调试辅助工具。用人类可读的名字来识别任务比试图用其句柄来识别要容易得多。 　　应用程序定义的常量 configMAX_TASK_NAME_LEN 规定了任务名称的最大长度——包括 NULL 终止符。如果使用比这个最大长度还长的字符串，将导致该字符串被默认截断
usStackDepth	每个任务都有自己独特的栈，创建任务时内核会将其分配给任务。usStackDepth 值告诉内核要把栈开多大。 　　该值指定栈能够容纳的字数，而不是字节数。例如，如果栈宽为 32 位，usStackDepth 传入 100，那么将分配 400 字节的栈空间（100×4 字节）。栈深度乘以栈宽度，不能超过 uint16_t 类型的变量包含的最大值。 　　空闲任务使用的栈大小由应用程序定义的常量 configMINIMAL_STACK_SIZE[①]指定。在所用处理器架构上运行的 FreeRTOS 演示程序中，分配给该常量的值是任务的最小建议值。如果任务使用大量的栈空间，那么必须分配一个更大的值。 　　没有简单的方法来确定任务所需的栈空间。可以计算，但大多数用户会简单地分配他们认为合理的数值，然后通过 FreeRTOS 提供的功能来保证分配的空间确实是足够的，并且内存没有被不必要地浪费。12.3 节 "栈溢出" 包含如何查询任务实际使用的最大栈空间的信息
pvParameters	任务函数接收的参数类型是指向 void 的指针（void*）。分配给 pvParameters 的值就是传递到任务中的值。本书的一些例子演示了如何使用该参数
uxPriority	定义任务执行的优先级。优先级可从 0（最低优先级）到(configMAX_PRIORITIES – 1)，后者是最高优先级。configMAX_PRIORITIES 是用户定义的常量，将在 3.5 节中介绍。 　　传递大于（configMAX_PRIORITIES – 1）的值给 uxPriority，将导致分配给任务的优先级被默认设置为最大合法值

---

①　这是 FreeRTOS 源代码使用 configMINIMAL_STACK_SIZE 设置的唯一方式，尽管该常量也在演示程序内部使用，以帮助演示程序在多种处理器架构上移植。

参数名称 / 返回值	说　明
pxCreatedTask	pxCreatedTask 可以用于传递正在创建的任务的句柄。该句柄可用于 API 调用中引用该任务，例如，改变任务优先级或删除任务。 　如果应用程序不用任务句柄，则可以将 pxCreatedTask 设置为 NULL
返回值	有两种可能的返回值： 1. pdPASS 表明任务已经被成功创建。 2. pdFAIL 表明任务还没有被创建，因为没有充足的堆内存供 FreeRTOS 分配足够 RAM 来容纳任务的数据结构和栈。 第 2 章提供了更多关于堆内存管理的信息

下面通过例子演示 xTaskCreate（）API 函数的使用。

例 3-1　创建任务

本例演示了创建两个简单任务所需的步骤，然后开始执行任务。这两个任务只是周期性地打印字符串，使用粗糙的空循环实现周期延时。两个任务都是以相同的优先级创建的，除打印的字符串外，其他都是相同的。例 3-1 使用的第一个任务如清单 3-4 所示，第二个任务如清单 3-5 所示。

清单 3-4　例 3-1 使用的第一个任务

```c
void vTask1 ( void *pvParameters )
{
const char *pcTaskName = "Task1 is running\r\n";
volatile uint32_t ul; /* 采用 volatile 确保 ul 不会被优化掉。*/

    /* 和大多数任务一样，本任务在无限循环中实现。*/
    for ( ; ; )
    {
        /* 打印任务的名称。*/
        vPrintString ( pcTaskName );

        /* 延时。*/
        for ( ul = 0; ul < mainDELAY_LOOP_COUNT ; ul++ )
        {
            /* 本循环只是实现一个非常粗糙的延时，其他什么都没做。后面的例子将用适
            当的延时 / 睡眠函数来代替这个粗糙的循环。*/
        }
    }
}
```

清单 3-5 例 3-1 使用的第二个任务

```
void vTask2 ( void *pvParameters )
{
const char *pcTaskName = "Task2 is running\r\n";
volatile uint32_t ul; /* 采用 volatile 确保 ul 不会被优化掉。*/

    /* 和大多数任务一样，本任务在无限循环中实现。*/
    for ( ; ; )
    {
        /* 打印任务的名称。*/
        vPrintString ( pcTaskName );

        /* 延时。*/
        for ( ul = 0 ; ul < mainDELAY_LOOP_COUNT ; ul++ )
        {
            /* 本循环只是实现一个非常粗糙的延时，其他什么都没做。后面的例子将用适
            当的延时 / 睡眠函数来代替这个粗糙的循环。*/
        }
    }
}
```

main（）函数在启动调度器之前创建任务，具体实现如清单 3-6 所示。

清单 3-6 启动例 3-1 的任务

```
int main（ void ）
{
  /* 创建两个任务中的一个。请注意，实际的应用程序应检查调用 xTaskCreate（）函数
  的返回值，确保任务已被成功创建。*/
  xTaskCreate (vTask1, /* 实现任务的函数指针。*/
          "Task1", /* 任务的文本名称，只是为了方便调试。*/
          1000,    /* 栈深度——小型微控制器使用的栈会比这个少得多。*/
          NULL,    /* 本例不使用任务参数。*/
          1,       /* 本任务将以优先级 1 运行。*/
          NULL ); /* 本例不使用任务句柄。*/

  /* 采用完全相同的方式和优先级创建另一个任务。*/
  xTaskCreate ( vTask2, "Task2", 1000, NULL, 1, NULL );

  /* 启动调度器，任务开始执行。*/
  vTaskStartScheduler (  );

  /* 如果一切正常，那么 main（）函数将永远不会运行到此处，因为调度器将一直运行
  任务。如果 main（）函数确实运行到此处，那么很可能是由于堆内存不足，无法创建空闲
  任务。第 2 章提供了更多关于堆内存管理的信息。*/
  for ( ; ; );
}
```

执行例 3-1 时会产生的输出如图 3-2 所示。

图 3-2　执行例 3-1 时产生的输出 [①]

图 3-2 显示了两个任务似乎在同时执行，但是由于两个任务都在相同的处理器核上执行，所以这种情况是不可能的。实际上两个任务都在快速地进入和退出运行状态。两个任务都以相同的优先级运行，因此在相同的处理器核上共享时间。两个任务的实际执行模式如图 3-3 所示。

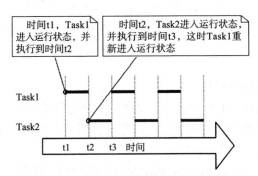

图 3-3　例 3-1 中两个任务的实际执行模式

图 3-3 底部的箭头显示了从时间 t1 开始的时间进展。黑实线显示了某个时间段正在执行的任务，例如，Task1 正在时间 t1 和时间 t2 之间执行。

任何时候只有一个任务能够处于运行状态，所以当一个任务进入运行状态

---

① 屏幕截图显示了每个任务在下一个任务执行之前准确地打印其消息一次。这是使用 FreeRTOS Windows 模拟器产生的人工场景。Windows 模拟器不是实时性的，而且向 Windows 控制台写入信息需要相对较长的时间并会引起一连串的 Windows 系统调用。在真实的嵌入式目标上执行同样的代码，使用快速和非阻塞打印函数，可能导致每个任务多次打印其字符串，然后才被切换出去以便让其他任务运行。

（任务被切换进来）时，另一个任务就会进入非运行状态（任务被切换出去）。

例 3-1 在启动调度器之前，在 main（）函数中创建了两个任务，也可以在任务中创建另外的任务。例如，可以在 Task1 中创建 Task2，如清单 3-7 所示。

清单 3-7　调度器启动后在任务中创建另外的任务

```
void vTask1 ( void *pvParameters )
{
const char *pcTaskName = "Task1 is running/r/n" ;
volatile uint32_t ul ; /* 采用 volatile 确保 ul 不会被优化掉。*/
  /* 如果本任务代码在执行，那么调度器一定已经启动。在进入无限循环前，创建另一
个任务。*/
  xTaskCreate ( vTask2, "Task2", 1000, NULL, 1, NULL );

  for ( ; ; )
  {
      /* 打印本任务的名称。*/
      vPrintString ( pcTaskName );

      /* 延时。*/
      for ( ul = 0 ; ul < mainDELAY_LOOP_COUNT ; ul++ )
      {

      }
  }
}
```

例 3-2　使用任务参数

例 3-1 创建的两个任务几乎完全相同，唯一区别是打印出来的字符串不同。通过创建一个任务的两个实例，可以消除这种重复。然后使用任务参数向每个任务传递要打印的字符串。

清单 3-8 显示了例 3-2 中用于创建两个任务的单一任务函数(vTaskFunction)的代码。

这个函数取代了例 3-1 使用的两个任务函数（vTask1 和 vTask2）。

请注意任务参数如何被转换为 char *，以获得任务要打印的字符串。

即使现在只有一个任务实现函数（vTaskFunction），也可以创建该任务的多个实例。创建的每个任务实例将在 FreeRTOS 调度器的控制下独立执行。

清单 3-9 显示了如何使用 xTaskCreate（）函数的 pvParameters 参数将文本字符串传递到任务中。

清单 3-8 例 3-2 中用于创建两个任务的单一任务函数

```
void vTaskFunction ( void *pvParameters )
{
char *pcTaskName;
volatile uint32_t ul; /* 采用 volatile 确保 ul 不会被优化掉。*/
    /* 通过参数传入要打印的字符串，将其转换为字符指针。*/
    pcTaskName = ( char * ) pvParameters;

    /* 和大多数任务一样，本任务在无限循环中实现。*/
    for ( ; ; )
    {
        /* 打印本任务的名称。*/
        vPrintString ( pcTaskName );

        /* 延时。*/
        for ( ul = 0; ul < mainDELAY_LOOP_COUNT; ul++ )
        {

        }
    }
}
```

清单 3-9 例 3-2 的 main () 函数

```
/* 定义将作为任务参数传入的字符串。将字符串定义为常量，不在栈中，确保任务执
行时仍然保持有效。*/
static const char *pcTextForTask1 = "Task1 is running \r\n";
static const char *pcTextForTask2 = "Task2 is running \r\n";

int main ( void )
{
    /* 创建两个任务中的一个。*/
    xTaskCreate ( vTaskFunction, /* 指向实现任务功能的函数的指针。*/
            "Task1",        /* 任务的文本名称，仅仅是为了方便调试。*/
            1000,           /* 栈深度，小型微控制器使用的栈会比这个少得多。*/
            (void*)pcTextForTask1, /* 使用任务参数将要打印的文本传递给任务。*/
            1,              /* 本任务将以优先级 1 运行。*/
            NULL );         /* 本例不使用任务句柄。*/

    /* 以完全相同的方式创建另一个任务。注意，这次是使用相同的任务实现（vTaskFunction）
创建另外的任务，只是参数中传递的值不同。所以创建了相同任务的两个实例。*/
    xTaskCreate ( vTaskFunction, "Task2", 1000, (void*) pcTextForTask2, 1, NULL );

    /* 启动调度器，任务开始执行。*/
    vTaskStartScheduler ( );

    /* 如果一切正常，那么 main ( ) 函数将永远不会运行到此处，因为调度器将一直运行
任务。如果 main( )函数确实运行到此处，那么很可能是堆内存不足，无法创建空闲任务。
第 2 章提供了更多关于堆内存管理的信息。*/
    for( ; ; );
}
```

例 3-2 产生的输出与图 3-2 中例 3-1 产生的输出完全一样。

3.5 任务优先级

xTaskCreate()API 函数的 uxPriority 参数为正在创建的任务分配初始优先级。启动调度器后，可以使用 vTaskPrioritySet()API 函数改变任务的优先级。

可以使用的最大优先级数是由 FreeRTOSConfig.h 中应用程序定义的 configMAX_PRIORITIES 编译时配置常量设置的。低数值的优先级表示低优先级的任务，优先级 0 是最低优先级；因此可用的优先级范围是 0 ~（configMAX_PRIORITIES – 1）。

无论多少数量的任务都可以共享相同的优先级——这样就确保了设计的最大灵活性。

FreeRTOS 调度器可以从两种方法中选择一种来决定哪个任务要进入运行状态。configMAX_PRIORITIES 可以设置的最大值取决于选择的方法。

通用方法

通用方法用 C 语言实现，适用于 FreeRTOS 在所有处理器架构上的移植。

使用通用方法时，FreeRTOS 并不限制 configMAX_PRIORITIES 的最大设置值。然而还是建议将 configMAX_PRIORITIES 的值保持在必要的最小值，这是因为其值越大，消耗的 RAM 就越多，最坏情况下的执行时间也就越长。

若将 FreeRTOSConfig.h 中的 configUSE_PORT_OPTIMISED_TASK_SELECTION 设置为 0，或者没有定义 configUSE_PORT_OPTIMISED_TASK_SELECTION，或者通用方法是为正在使用的 FreeRTOS 移植提供的唯一方法，就会使用通用方法。

架构优化方法

架构优化方法使用少量汇编代码，而且比通用方法快。configMAX_PRIORITIES 的设置不影响最坏情况下的执行时间。

如果使用架构优化方法，那么 configMAX_PRIORITIES 不能大于 32。与通用方法一样，建议将 configMAX_PRIORITIES 保持在必要的最小值，因为其值越大，消耗的 RAM 就越多。

若将 FreeRTOSConfig.h 中的 configUSE_PORT_OPTIMISED_TASK_SELECTION 设置为 1，就会用到架构优化方法。注意，并非所有的 FreeRTOS 移植都提供了架构优化方法。

FreeRTOS 调度器将始终确保能够运行的最高优先级任务是被选中进入运行状态的任务。当有多个相同优先级的任务能够运行时，调度器将依次把每个任务切换进入或退出运行状态。

3.6　时间测量和滴答中断

3.12 节"调度算法"将描述称为"时间片"的可选特性。到目前为止，所介绍的例子中已经使用了时间片，时间片也是例子产生的输出中观察到的行为。在这些例子中，以相同的优先级创建两个任务，而且两个任务总是能够运行。因此每个任务执行一个"时间片"，在时间片开始时进入运行状态，在时间片结束时退出运行状态。图 3-3 中，t1 和 t2 之间的时间等于一个时间片。

为了能够选择下一个要运行的任务，调度器本身必须在每个时间片结束时执行①。为此使用了一个周期性中断，称为"滴答中断"。时间片的长度实际上是由滴答中断频率设置的，由 FreeRTOSConfig.h 中应用程序定义的 configTICK_RATE_HZ 编译时配置常数设置。例如，将 configTICK_RATE_HZ 设置为 100，时间片就是 10 毫秒。两个滴答中断之间的时间称为"滴答周期"。一个时间片等于一个滴答周期。

可以将图 3-3 扩展为显示调度器本身的执行顺序。如图 3-4 所示，其中最上面的横线显示了调度器的执行时间，箭头显示了从任务到滴答中断，然后从滴答中断回到不同任务的执行顺序。

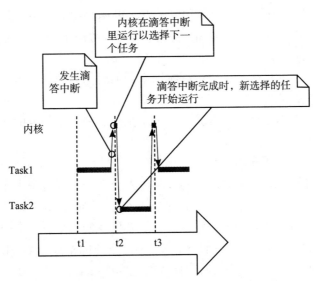

图 3-4　扩展执行顺序以显示滴答中断的执行情况

configTICK_RATE_HZ 的最佳值取决于正在开发的应用程序，虽然典型值

---

① 需要注意的是，时间片结束处不是调度器唯一可以选择新任务运行的位置，而且正如本书将要讨论的那样，当前执行的任务进入阻塞状态后，或者中断将优先级更高的任务移动到就绪状态时，调度器也将立即选择一个新任务运行。

是 100。

　　FreeRTOS API 函数调用总是以滴答周期的倍数来指定时间的，通常被简单地称为"滴答"。pdMS_TO_TICKS（）宏把以毫秒为单位的时间转换为以滴答为单位的时间。可用的分辨率取决于定义的滴答频率，如果滴答频率高于 1kHz（即 configTICK_RATE_HZ 大于 1000），则不能使用 pdMS_TO_TICKS（）宏。清单 3-10 显示了使用 pdMS_TO_TICKS（）宏将 200 毫秒转换为以滴答为单位的等效时间。

清单 3-10　使用 pdMS_TO_TICKS（）宏将 200 毫秒转换为以滴答为单位的等效时间

```
/* pdMS_TO_TICKS（）宏以毫秒为唯一参数，并计算出以滴答为单位的等效时间。本
例显示了将 xTimeInTicks 设置为相当于 200 毫秒的滴答周期数。*/
TickType_t xTimeInTicks = pdMS_TO_TICKS ( 200 );
```

　　请注意，不建议应用程序直接以滴答为单位指定时间，而是使用 pdMS_TO_TICKS（）宏以毫秒为单位指定时间，这样可以确保应用程序指定的时间不会因为滴答频率的改变而改变。

　　"滴答计数"值是调度器启动以来发生的滴答中断总数（如果滴答计数还没有溢出）。用户应用程序在指定延时内不必考虑溢出，因为时间一致性由 FreeRTOS 内部管理。

　　3.12 节"调度算法"将描述影响调度器何时选择新任务运行及何时执行滴答中断的配置常数。

　　下面通过例 3-3 优先级实验，讨论两个任务中一个任务的优先级发生变化后出现的情况。

例 3-3　优先级实验

　　调度器将始终确保能够运行的最高优先级任务是被选中进入运行状态的任务。在我们目前的示例中，创建的两个任务有相同的优先级，所以两个任务依次进入和退出运行状态。本例将探讨例 3-2 创建的两个任务中一个任务的优先级发生变化的情况。这次要创建的第一个任务的优先级为 1，第二个任务的优先级为 2。以不同优先级创建两个任务的代码如清单 3-11 所示。实现两个任务的函数没有改变，仍然只是周期性地打印字符串，使用空循环产生延时。

　　执行例 3-3 时产生的输出如图 3-5 所示。

　　调度器总是选择能够运行的最高优先级的任务。Task2 的优先级高于 Task1，总是能够运行，因此 Task2 是唯一进入运行状态的任务。由于 Task1 从未进入运行状态，所以没有打印相应字符串。可以说 Task1 被 Task2 "饿死"在处理时间上。

清单 3-11 以不同优先级创建两个任务

```
/* 定义将作为任务参数传入的字符串。将这些字符串定义为常量，不在栈中，以确保
任务执行时保持有效。*/
static const char *pcTextForTask1 = " Task1 is running\r\n";
static const char *pcTextForTask2 = " Task2 is running\r\n";

int main ( void )
{
    /* 创建第一个任务，优先级为 1。优先级是倒数第二个参数。*/
    xTaskCreate ( vTaskFunction, "Task1", 1000, (void*) pcTextForTask1, 1, NULL );

    /* 创建第二个任务，优先级为 2，高于优先级 1，优先级是倒数第二个参数。*/
    xTaskCreate ( vTaskFunction, "Task2", 1000, (void*) pcTextForTask2, 2, NULL ) ;

    /* 启动调度器，任务开始执行。*/
    vTaskStartScheduler ( ) ;

    /* 不会运行到此处。*/
    return 0;
}
```

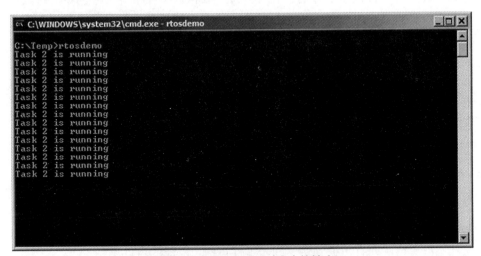

图 3-5 执行例 3-3 时产生的输出

Task2 总是能够运行的，因为永远不需要等待什么——Task2 要么在空循环中循环，要么在向终端打印字符串。

例 3-3 中一个任务的优先级高于另一个时的执行模式如图 3-6 所示。

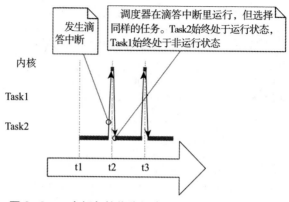

图 3-6　一个任务的优先级高于另一个时的执行模式

3.7　扩展"非运行"状态

到目前为止，创建的任务一直都有处理要执行，从来没有等待过什么——因为这些任务从来没有什么需要等待的，所以总是能够进入运行状态。这种类型的"连续处理"任务的用途有限，因为只能以最低的优先级创建这些任务。如果这些任务以其他优先级运行，就会阻止低优先级的任务运行。

为了使任务有用，必须将任务重新编写成事件驱动的任务。事件驱动的任务只有在触发事件发生后才有工作（处理）要执行，在事件发生前不能进入运行状态。调度器总是选择能够运行的最高优先级的任务。高优先级的任务不能运行意味着调度器不能选择这些任务，调度器反而必须选择优先级较低的能够运行的任务。因此，使用事件驱动的任务意味着可以使用不同的优先级创建任务，最高优先级的任务将全部低优先级的任务"饿死"在处理时间上的情况不会出现。

阻塞状态

将正在等待事件的任务称为处于"阻塞"状态，这是"非运行"状态的子状态。

任务可以进入阻塞状态以等待如下所述的不同类型的两种事件：

（1）时间性（与时间相关）事件，该事件要么是延时到期了，要么是达到了绝对时间。例如，任务可能会进入阻塞状态以等待 10 毫秒的延时。

（2）同步事件，事件来源于另一个任务或中断。例如，任务可能会进入阻塞状态以等待队列有数据到达。同步事件包括了广泛的事件类型。

FreeRTOS 队列、二进制信号量、计数信号量、互斥量、递归互斥量、事件组和直接到任务通知都可以用来创建同步事件。所有这些特性都将在本书后面章节中讨论。

任务可能用指定超时时间的方式阻塞在同步事件上，可以有效地同时阻塞

在两种类型的事件上。例如，任务可以选择最多 10 毫秒的时间去等待队列有
数据到达。如果在 10 毫秒内数据到达，或者 10 毫秒后数据没有到达，则任务
都将离开阻塞状态。

暂停状态

"暂停"也是"非运行"的子状态。处于暂停状态的任务对调度器来说是
不可用的。进入暂停状态的唯一方法是调用 vTaskSuspend（）API 函数，退出
的唯一方法是调用 vTaskResume（）或 xTaskResumeFromISR（）API 函数。大
多数应用程序不用暂停状态。

就绪状态

处于非运行状态但未被阻塞或暂停的任务被认为是处于就绪状态。这些任
务能够运行，并且已经"准备好"运行，但是目前不在运行状态。

任务的状态转换图

图 3-7 对之前的过度简化状态图进行了扩展，以包含本节描述的所有非运
行子状态，从而形成完整的任务状态机。到目前为止，例子中创建的任务还没
有使用阻塞或者暂停状态，只是在就绪状态和运行状态之间进行了转换——图
3-7 中的粗箭头线做了强调。

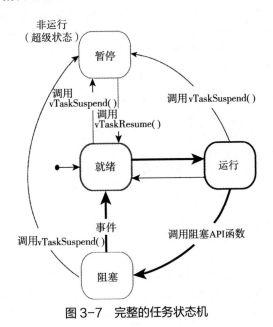

图 3-7　完整的任务状态机

下面通过例 3-4 调用 vTaskDelay（）API 函数代替空循环延时实现高效率的
延时。

例3-4　使用阻塞状态产生延时

到目前为止，所有例子中创建的任务都是"周期性"的，任务延时一段时间并打印出该任务的字符串，然后再延时一次，如此循环反复。用空循环非常粗糙地实现了延时，任务有效地轮询了递增的循环计数器，直到其达到固定值。例3-3清楚地展示了这种方法的缺点。高优先级的任务在执行空循环时一直处于运行状态，将低优先级的任务"饿死"在处理时间上。

任何形式的轮询都有几个缺点，其中最主要的是低效率。轮询期间，任务并没有真正的工作要做，但仍然占用了最多的处理时间，因此浪费了处理器周期。例3-4通过调用 vTaskDelay（）API 函数代替轮询空循环来纠正这种行为，该 API 函数的原型如清单 3-12 所示。调用 vTaskDelay（）API 函数代替空循环延时的示例任务源代码如清单 3-13 所示。注意，vTaskDelay（）API 函数只有在将 FreeRTOSConfig.h 中的 INCLUDE_vTaskDelay 设置为 1 时才可用。

清单 3-12　vTaskDelay（）API 函数的原型

```
void vTaskDelay ( TickType_t xTicksToDelay );
```

清单 3-13　调用 vTaskDelay（）API 函数代替空循环延时的示例任务源代码

```
void vTaskFunction ( void *pvParameters )
{
char *pcTaskName;
const TickType_t xDelay250ms = pdMS_TO_TICKS ( 250 );

    /* 通过参数传入要打印的字符串，将其转换为字符指针。*/
    pcTaskName = ( char * ) pvParameters;
    /* 正如大多数任务一样，本任务在无限循环中实现。*/
    for ( ; ; )
    {
        /* 打印出本任务的名称。*/
        vPrintString ( pcTaskName );

        /* 延时。这次调用 vTaskDelay（）API 函数，将任务置于阻塞状态，直到
        延时到期。参数以"滴答"为单位取时间，使用 pdMS_TO_TICKS（）宏（其中声明
        了 xDelay250ms 常量）把 250 毫秒转换为以滴答为单位的等效时间。*/

        vTaskDelay ( xDelay250ms );
    }
}
```

vTaskDelay（）API 函数将调用任务置于阻塞状态，直到滴答中断次数达到某个固定数。任务处于阻塞状态时，不占用任何处理时间，所以任务有实际工作要做时才会占用处理时间。

vTaskDelay（）API 函数的参数及其说明如表 3-2 所示。

表 3-2　xTaskDelay（）API 函数的参数及其说明

参 数 名 称	说　　明
xTicksToDelay	将调用任务转换到就绪状态前保持在阻塞状态的滴答中断次数。 　　例如，如果任务在滴答计数为 10000 时调用 vTaskDelay(100)，那么任务将立即进入阻塞状态，并保持阻塞状态，直到滴答计数达到 10100。 　　使用 pdMS_TO_TICKS（）宏，可以把以毫秒为单位的时间转换为以滴答为单位的时间。例如，调用 vTaskDelay(pdMS_TO_TICKS(100)) 将使调用任务保持在阻塞状态 100 毫秒

尽管仍然以不同的优先级创建了两个任务，但现在两个任务都将运行。执行例 3-4 时产生的输出如图 3-8 所示，任务的预期行为得到了证实。

图 3-8　执行例 3-4 时产生的输出

图 3-9 所示的执行顺序解释了为什么两个任务都会运行（尽管是以不同的优先级创建的任务）。为了简单起见，省略了调度器本身的执行。

调度器启动时自动创建空闲任务，确保始终至少有一个任务能够运行（至少有一个任务处于就绪状态）。3.8 节"空闲任务和空闲任务钩子"将详细讨论空闲任务。

只是两个任务的实现发生了变化，而不是其功能发生了变化。将图 3-9 与图 3-4 进行比较，可以清楚地看到，任务功能是以更有效的方式实现的。

图 3-4 显示了任务使用空循环来产生延时的执行模式——总是能够运行，结果是在任务之间占用了百分之百的可用处理器时间。图 3-9 显示了任务在整个延时期间进入阻塞状态时的执行模式，只有在任务真正有工作需要执行时（本例只是打印消息）才占用处理器时间，因此只占用了小部分的可用处理时间。

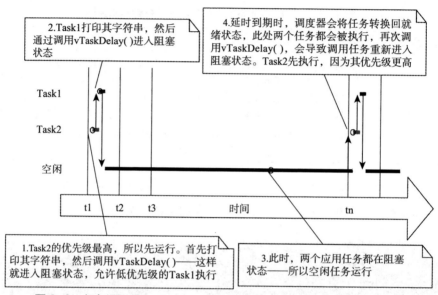

2.Task1打印其字符串，然后通过调用vTaskDelay()进入阻塞状态

4.延时到期时，调度器会将任务转换回就绪状态，此处两个任务都会被执行，再次调用vTaskDelay()，会导致调用任务重新进入阻塞状态。Task2先执行，因为其优先级更高

Task1

Task2

空闲

t1　　t2　　t3　　　　　时间　　　　　tn

1.Task2的优先级最高，所以先运行。首先打印其字符串，然后调用vTaskDelay()——这样就进入阻塞状态，允许低优先级的Task1执行

3.此时，两个应用任务都在阻塞状态——所以空闲任务运行

图 3-9　任务调用 vTaskDelay（）API 函数代替空循环时的执行顺序

在图 3-9 所示的场景中，每次任务离开阻塞状态时，都会执行少量的滴答时间，然后再重新进入阻塞状态。大多数的时候，没有能够运行的应用任务（没有处于就绪状态的应用任务），所以就没有可以选择进入运行状态的应用任务。在这种情况下，空闲任务就会运行。分配给空闲任务的处理时间是衡量系统空闲处理能力的一个指标。使用 RTOS 可以大大增强空闲处理能力，只需要应用程序完全由事件驱动即可。

图 3-10 中的粗箭头线显示了例 3-4 中任务所进行的状态转换，现在每个任务都要经过阻塞状态，然后再回到就绪状态。

下面介绍与延时相关的另一个 API 函数，即 vTaskDelayUntil（）API 函数。

vTaskDelayUntil（）API 函数

vTaskDelayUntil（）与 vTaskDelay（）类似。如例 3-4 所示，vTaskDelay（）API 函数的参数指定了调用该函数的任务与这个调用任务再次从阻塞状态转换出来之间应该发生的滴答中断次数。任务在阻塞状态停留的时间长度由 vTaskDelay（）API 函数的参数指定，但任务离开阻塞状态的时间是相对于调用 vTaskDelay（）API 函数的时间而言的。

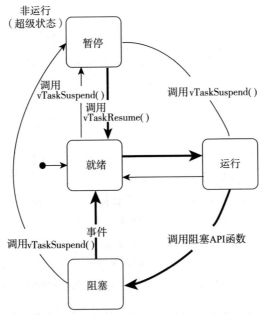

图 3-10　粗箭头线表示例 3-4 中任务所进行的状态转换

vTaskDelayUntil（）API 函数的参数则指定了调用任务从阻塞状态进入就绪状态的准确滴答计数值。当需要固定的执行周期（希望任务以固定的频率周期性地执行）时，应该使用这个函数；因为调用任务解除阻塞的时间是绝对的，而不是相对于函数调用时间（vTaskDelay（）函数就是这种情况）。vTaskDelayUntil（）API 函数的原型如清单 3-14 所示。

清单 3-14　vTaskDelayUntil（）API 函数的原型

```
void vTaskDelayUntil ( TickType_t * pxPreviousWakeTime,TickType_t xTimeIncrement );
```

vTaskDelayUntil（）API 函数的参数及其说明如表 3-3 所示。

表 3-3　vTaskDelayUntil（）API 函数的参数及其说明

参 数 名 称	说　　明
pxPreviousWakeTime	本参数的命名是假设调用 vTaskDelayUntil（）API 函数实现以固定频率周期性地执行任务。在这种情况下，pxPreviousWakeTime 保留了任务最后一次离开阻塞状态（被"唤醒"）的时间。将这个时间作为参考点来计算任务下一次离开阻塞状态的时间。　pxPreviousWakeTime 指向的变量在 vTaskDelayUntil（）API 函数中自动更新；通常不会被应用程序代码修改，但首次使用之前必须被初始化为当前的滴答计数。清单 3-15 演示了如何进行初始化

参 数 名 称	说　　明
xTimeIncrement	本参数的命名也是假设调用 vTaskDelayUntil（）API 函数实现周期性地执行任务，并且具有固定的频率，频率由 TimeIncrement 设置。xTimeIncrement 的单位是"滴答"。可以使用 pdMS_TO_TICKS（）宏把以毫秒为单位的时间转换为以滴答为单位的时间

下面通过例 3-5 介绍 vTaskDelayUntil（）API 函数的使用，通过修改例 3-4 的任务函数，使两个任务的运行频率固定。

例 3-5　将示例任务转换为使用 vTaskDelayUntil（）API 函数

例 3-4 创建的两个任务是周期性任务，但使用 vTaskDelay（）API 函数并不能保证两个任务的运行频率固定，因为任务离开阻塞状态的时间是相对于调用 vTaskDelay（）API 函数的时间。将任务修改为使用 vTaskDelayUntil（）API 函数而不是 vTaskDelay（）API 函数可以解决这个潜在的问题，如清单 3-15 所示。

清单 3-15　使用 vTaskDelayUntil（）API 函数实现的示例任务

```
void vTaskFunction ( void *pvParameters )
{
char *pcTaskName ;
TickType_t  xLastWakeTime ;

    /* 通过参数传入要打印的字符串，将其转换为字符指针。*/
pcTaskName =（ char * ）pvParameters ;

    /* 需要用当前的滴答计数初始化 xLastWakeTime 变量，注意，仅在此时明确写入该
    变量。之后，xLastWakeTime 会在 vTaskDelayUntil（）API 函数中自动更新。*/
xLastWakeTime = xTaskGetTickCount（）;

/* 和大多数任务一样，本任务在无限循环中实现。*/
for（;;）
{
    /* 打印本任务的名称。*/
    vPrintString（ pcTaskName ）;

    /* 本任务应该能够精确地每 250 毫秒执行一次。正如 vTaskDelay（）API 函数一样，
    时间用滴答计量，使用 pdMS_TO_TICKS（）宏将毫秒数转换成滴答数。xLastWakeTime
    在 vTaskDelayUntil（）API 函数中自动更新，所以没有被任务明确更新。*/
    vTaskDelayUntil（ &xLastWakeTime, pdMS_TO_TICKS（250））;
}
}
```

例 3-5 产生的输出与图 3-8 中执行例 3-4 时产生的输出完全一样。

下面通过例 3-6，将轮询任务和阻塞任务结合起来对比使用，然后分析任

务的执行顺序，加深读者对连续处理任务和周期性任务运行模式差异的理解。

例 3-6　结合阻塞和非阻塞任务

之前的例子已经单独研究了轮询任务和阻塞任务的行为。本例通过演示将两种方案结合起来的执行顺序，再次证实了所述的预期系统行为，具体情况如下：

（1）以优先级 1 创建两个任务。两个任务除了连续打印字符串外，没有其他作用。两个任务从不进行可能导致任务进入阻塞状态的 API 函数调用，因此始终处于就绪或运行状态。这种性质的任务被称为"连续处理"任务，因为任务总有工作要做（在这种情况下，尽管是相当琐碎且无意义的工作）。连续处理任务的源代码如清单 3-16 所示。

（2）创建第三个任务，优先级为 2，所以高于其他两个任务。第三个任务也只是打印字符串，但这次是周期性的，所以使用 vTaskDelayUntil（）API 函数在每次循环打印之间将任务自己置于阻塞状态。周期性任务的源代码如清单 3-17 所示。

清单 3-16　例 3-6 使用的连续处理任务

```
void vContinuousProcessingTask ( void *pvParameters )
{
char *pcTaskName;
    /* 通过参数传入要打印的字符串，将其转换为字符指针。*/
    pcTaskName = ( char * ) pvParameters;
    /* 和大多数任务一样，本任务在无限循环中实现。*/
    for ( ; ; )
    {
        /* 打印本任务的名称。本任务重复执行，没有阻塞和延时。*/
        vPrintString ( pcTaskName );
    }
}
```

清单 3-17　例 3-6 使用的周期性任务

```
void vPeriodicTask ( void *pvParameters )
{
TickType_t xLastWakeTime;
const TickType_t xDelay3ms = pdMS_TO_TICKS ( 3 );
    /* 需要用当前的滴答计数初始化 xLastWakeTime 变量，注意，仅在此时明确写入该
    变量。之后，xLastWakeTime 会由 vTaskDelayUntil（）API 函数自动管理。*/
    xLastWakeTime = xTaskGetTickCount ( );
```

```
/* 和大多数任务一样，本任务在无限循环中实现。*/
for ( ;; )
{
    /* 打印本任务的名称。*/
    vPrintString ( "Periodic task is running\r\n" );
    /* 任务应该能够精确地每 3 毫秒执行一次——参见本函数中 xDelay3ms 的声明。*/
    vTaskDelayUntil ( &xLastWakeTime, xDelay3ms );
}
}
```

图 3-11 显示了执行例 3-6 时产生的输出，图 3-12 显示了例 3-6 的执行顺序并对观察到的行为给出了解释，据此可以看到连续处理任务和周期性任务运行模式的差异。

图 3-11　执行例 3-6 时产生的输出

3.8　空闲任务和空闲任务钩子

例 3-4 创建的任务大部分时间处于阻塞状态。在这种状态下，任务不能运行，所以不能被调度器选择。

必须始终至少有一个任务可以进入运行状态[①]。为了确保这种情况，调用 vTaskStartScheduler ( ) API 函数时，调度器会自动创建空闲任务。该空闲任务仅仅位于循环之中，几乎没做什么；所以就像最初例子中的任务一样，空闲任务总是能够运行。

---

① 即使使用 FreeRTOS 的特殊低功耗特性也是如此，在这种情况下，如果应用程序创建的任务都无法执行，那么执行 FreeRTOS 的微控制器将被置于低功耗模式。

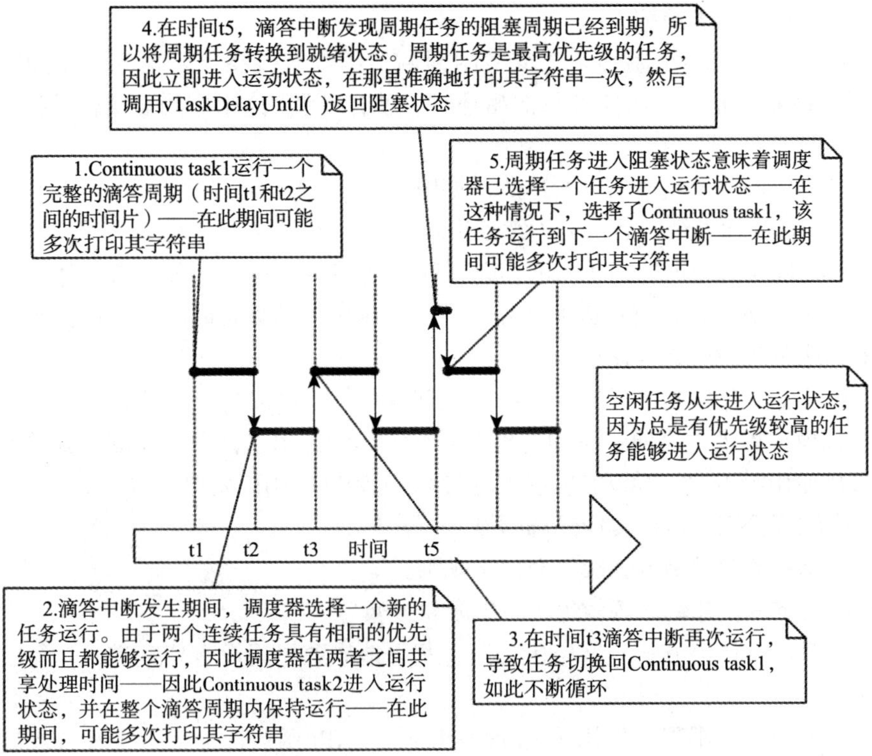

4.在时间t5，滴答中断发现周期任务的阻塞周期已经到期，所以将周期任务转换到就绪状态。周期任务是最高优先级的任务，因此立即进入运动状态，在那里准确地打印其字符串一次，然后调用vTaskDelayUntil( )返回阻塞状态

1.Continuous task1运行一个完整的滴答周期（时间t1和t2之间的时间片）——在此期间可能多次打印其字符串

5.周期任务进入阻塞状态意味着调度器已选择一个任务进入运行状态——在这种情况下，选择了Continuous task1，该任务运行到下一个滴答中断——在此期间可能多次打印其字符串

空闲任务从未进入运行状态，因为总是有优先级较高的任务能够进入运行状态

t1　t2　t3　时间　t5

2.滴答中断发生期间，调度器选择一个新的任务运行。由于两个连续任务具有相同的优先级而且都能够运行，因此调度器在两者之间共享处理时间——因此Continuous task2进入运行状态，并在整个滴答周期内保持运行——在此期间，可能多次打印其字符串

3.在时间t3滴答中断再次运行，导致任务切换回Continuous task1，如此不断循环

图 3-12　例 3-6 的执行顺序

空闲任务具有尽可能低的优先级（优先级为 0），确保永远不会阻止优先级更高的应用任务进入运行状态——尽管无法阻止编程人员使用与空闲任务相同的优先级创建任务，而且如果是有意而为之，还因此共享空闲任务的优先级。可以使用 FreeRTOSConfig.h 中的 configIDLE_SHOULD_YIELD 编译时配置常量阻止空闲任务消耗处理时间，可以把处理时间更有效地分配给应用任务。configIDLE_SHOULD_YIELD 将在 3.12 节"调度算法"中描述。

空闲任务以最低优先级运行，可以确保优先级较高的任务进入就绪状态时，调度器立即将空闲任务从运行状态转换出来。这种情况可以在"图 3-9 任务调用 vTaskDelay（ ）API 函数代替空循环时的执行顺序"中时间 tn 处看到，Task2 离开阻塞状态的瞬间，空闲任务立即被转换出来，以便让 Task2 执行。如此一来就可以说 Task2 抢占了空闲任务。抢占是自动发生的，而且被抢占的任务并不知情。

注意：如果应用程序使用 vTaskDelete（ ）API 函数，那么必须确保空闲任务不被"饿死"在处理时间上。这是因为任务被删除后，空闲任务负责清理内核资源。

空闲任务钩子函数

可以通过使用空闲钩子（或空闲回调）函数直接在空闲任务中添加应用程序的相关功能。空闲任务每次循环时，就自动调用空闲钩子（或空闲回调）函数。

空闲任务钩子包括如下所述的常见用途：

• 执行低优先级、后台或连续处理功能。

• 测量空闲处理能力（只有全部较高优先级的应用任务都没有工作要处理时，空闲任务才会运行；因此测量分配给空闲任务的处理时间，可以清楚地表明有多少处理时间是空闲的）。

• 只要没有需要执行的应用程序处理事项，就可以将处理器置入低功耗模式。该模式提供了简便且自动的省电方法（尽管使用这种方法能够达到的省电效果比使用第 10 章"低功耗支持"描述的无滴答空闲模式要差些）。

空闲任务钩子函数实现的局限性

空闲任务钩子函数必须符合以下规则：

（1）空闲任务钩子函数绝对不能阻塞或暂停。

注意：以任何方式阻塞空闲任务，都可能导致出现没有任务进入运行状态的情况。

（2）如果应用程序使用了 vTaskDelete（ ）API 函数，那么必须在合理的时间段内将空闲任务钩子返回给调用者。这是因为任务被删除后，空闲任务负责清理内核资源。如果空闲任务永久地留在空闲钩子函数中，那么这种清理工作就无法进行。

清单 3–18 显示了空闲任务钩子函数必须具有的函数名称和原型。

清单 3-18　空闲任务钩子函数的函数名称和原型

```
void vApplicationIdleHook ( void );
```

下面通过例 3–7 介绍一个非常简单的空闲任务钩子函数的定义，以及该空闲任务钩子函数的调用情况。

例 3-7　定义空闲任务钩子函数

例 3–4 使用阻塞型 vTaskDelay（ ）API 函数调用，当空闲任务执行时，由于两个应用任务都处于阻塞状态，因此产生了大量的空闲时间。例 3–7 通过增加空闲钩子函数来利用这段空闲时间，其源代码如清单 3–19 所示。

注意，FreeRTOSConfig.h 中，必须将 configUSE_IDLE_HOOK 设置为 1，才能调用空闲钩子函数。

清单 3-19　一个非常简单的空闲钩子函数

```
/* 声明一个变量，将被钩子函数递增。*/
volatile uint32_t ulIdleCycleCount = 0UL;
/* 空闲钩子函数用 vApplicationIdleHook（ ）函数实现，不需要参数，并返回 void。*/
void vApplicationIdleHook ( void )
{
    /* 本钩子函数除了递增计数器外，什么也不做。*/
    ulIdleCycleCount++;
}
```

对实现任务功能的函数稍加修改，打印 ulIdleCycleCount 的值，示例任务的源代码如清单 3-20 所示。

清单 3-20　示例任务的源代码打印 ulIdleCycleCount 的值

```
void vTaskFunction ( void *pvParameters )
{
char *pcTaskName;
const TickType_t xDelay250ms = pdMS_TO_TICKS ( 250 );
    /* 通过参数传入要打印的字符串，将其转换为字符指针。*/
    pcTaskName = ( char * ) pvParameters;
    /* 和大多数任务一样，本任务在无限循环中实现。*/
    for ( ; ; )
    {
        /* 打印出本任务的名称和 ulIdleCycleCount 增加的次数。*/
        vPrintStringAndNumber ( pcTaskName, ulIdleCycleCount );
        /* 延迟 250 毫秒。*/
        vTaskDelay ( xDelay250ms );
    }
}
```

执行例 3-7 时产生的输出如图 3-13 所示。应用任务的每次循环迭代之间，大约调用了空闲任务钩子函数 400 万次（该次数由用于演示程序的硬件速度决定）。

3.9　更改任务的优先级

下面介绍更改和查询任务优先级的 API 函数，通过例 3-8 演示更改任务优先级后的任务执行顺序，突出优先级对于任务被调度器选择从而进入运行状态的影响。

图 3-13　执行例 3-7 时产生的输出

vTaskPrioritySet（）API 函数

可以使用 vTaskPrioritySet（）API 函数在调度器启动后改变任务的优先级。注意，该 API 函数只有在将 FreeRTOSConfig.h 中的 INCLUDE_vTaskPrioritySet 设置为 1 时才可用。vTaskPrioritySet（）API 函数的原型如清单 3-21 所示。

清单 3-21　vTaskPrioritySet（）API 函数的原型

```
void vTaskPrioritySet ( TaskHandle_t pxTask, UBaseType_t uxNewPriority );
```

vTaskPrioritySet（）API 函数的参数及其说明如表 3-4 所示。

表 3-4　vTaskPrioritySet（）API 函数的参数及其说明

参 数 名 称	说　　明
pxTask	被修改优先级的任务（主题任务）的句柄——参见 xTaskCreate（）API 函数的 pxCreatedTask 参数，获取任务句柄的信息。任务可以通过传递 NULL 代替有效的任务句柄，来改变自己的优先级
uxNewPriority	要设置的主题任务的优先级。该优先级的上限是最大可用优先级 (config MAX_PRIORITIES – 1)，其中，configMAX_PRIORITIES 是在 FreeRTOSConfig.h 头文件中设置的编译时间常数

uxTaskPriorityGet（）API 函数

可以使用 uxTaskPriorityGet（）API 函数查询任务的优先级。注意，只有在将 FreeRTOSConfig.h 中的 INCLUDE_uxTaskPriorityGet 设置为 1 时，该 API 函数

才可用。uxTaskPriorityGet（）API 函数的原型如清单 3-22 所示。

清单 3-22　uxTaskPriorityGet（）API 函数的原型

```
UBaseType_t uxTaskPriorityGet ( TaskHandle_t pxTask );
```

uxTaskPriorityGet（）API 函数的参数和返回值及其说明如表 3-5 所示。

表 3-5　uxTaskPriorityGet（）API 函数的参数和返回值及其说明

参数名称 / 返回值	说　明
pxTask	被查询优先级的任务（主题任务）的句柄——参见 xTaskCreate（）API 函数的 pxCreatedTask 参数，获取任务句柄的信息。 任务可以通过传递 NULL 代替有效的任务句柄，查询自己的优先级
返回值	当前分配给被查询任务的优先级

例 3-8　改变任务优先级

调度器总是选择优先级最高的就绪状态任务进入运行状态。例 3-8 演示了使用 vTaskPrioritySet（）API 函数改变两个任务的相对优先级。

例 3-8 以不同的优先级创建了两个任务。两个任务都没有进行任何可能导致其进入阻塞状态的 API 函数调用，因此两个任务都始终处于就绪状态或运行状态。所以两个任务中优先级最高的一个总是被调度器选择为处于运行状态的任务。

例 3-8 的任务行为如下：

（1）以最高优先级创建 Task1（如清单 3-23 所示），因此保证最先运行该任务。Task1 在将 Task2（如清单 3-24 所示）的优先级提高到高于自己的优先级之前，打印出几个字符串。

（2）Task2 一旦拥有相对最高的优先级，就开始运行（进入运行状态）。由于任何时候只能有一个任务处于运行状态，所以当 Task2 处于运行状态时，Task1 处于就绪状态。

（3）Task2 打印出一条信息，然后再将自己的优先级调整到低于 Task1。

（4）Task2 将其优先级重新调低，意味着 Task1 再次成为最高优先级的任务，于是 Task1 重新进入运行状态，使 Task2 退回到就绪状态。

清单 3-23　例 3-8 中 Task1 的实现

```
void vTask1 ( void *pvParameters )
{
UBaseType_t uxPriority;

    /* 由于以优先级高于 Task2 创建 Task1，因为 Task1 总是先于 Task2 运行。Task1 和
    Task2 都不会阻塞，所以两者总是处于运行或就绪状态。查询本运行任务的优先级，传
    入 NULL 意味着"返回调用任务的优先级"。*/
    uxPriority = uxTaskPriorityGet ( NULL );

  for ( ; ; )
  {
      /* 打印本任务的名称。*/
      vPrintString ( "Task1 is running\r\n" );

      /* 将 Task2 的优先级设置为高于 Task1 的优先级，会使 Task2 立即开始运行( 因为此
      时 Task2 的优先级相对最高)。注意，调用 vTaskPrioritySet ( ) API 函数时，使用了
      Task2 的句柄（xTask2Handle）。清单 3-25 显示了如何获得句柄。*/
      vPrintString ( "About to raise the Task2 priority\r\n" );
      vTaskPrioritySet ( xTask2Handle, ( uxPriority + 1 ) );

      /* 只有当 Task1 的优先级高于 Task2 时，Task1 才会运行。因此，要想本任务运行到
      此处，Task2 必须已经执行，并将其优先级调回到低于 Task1 的优先级。*/
  }
}
```

清单 3-24　例 3-8 中 Task2 的实现

```
void vTask2 ( void *pvParameters )
{
UBaseType_t uxPriority ;
    /* Task1 总是先于本任务运行，因为 Task1 以更高的优先级创建。Task1 和 Task2 都
    不会阻塞，所以将始终处于运行或就绪状态。查询本运行任务的优先级，传入 NULL 意
    味着"返回调用任务的优先级"。*/
    uxPriority = uxTaskPriorityGet ( NULL );

for ( ; ; )
{
      /*想让本任务运行到此处，Task2 必须已经运行并将本任务的优先级设置为高于 Task1。
      打印本任务的名称。*/
      vPrintString ( " Task2 is running\r\n " );

      /* 将本任务的优先级调回到原来的值。传入 NULL 作为任务句柄，意味着"改变调用
      任务的优先级"。将优先级设置为低于 Task1 的优先级会导致 Task1 立即重新开始运
      行——本任务被抢占。*/
      vPrintString ( "About to lower the Task2 priority\r\n" );
      vTaskPrioritySet ( NULL, ( uxPriority – 2 ) ) ;
    }
}
```

任务可以在不使用有效任务句柄的情况下查询和设置自己的优先级，只需使用 NULL 即可。只有当任务希望引用别的任务时才需要使用任务句柄，例如，当 Task1 改变 Task2 的优先级时。为了允许 Task1 完成此功能，创建 Task2 时就必须获取并保存 Task2 的句柄，如清单 3-25 的注释所强调的那样。

例 3-8 中 main（）函数的实现如清单 3-25 所示。

清单 3-25   例 3-8 中 main（）函数的实现

```
/* 声明变量，用于保存 Task2 的句柄。*/
TaskHandle_t xTask2Handle = NULL;

int main ( void )
{
    /* 创建第一个优先级为 2 的任务。未使用任务参数，设置为 NULL。也没有使用任务句
    柄，所以也设置为 NULL。*/
    xTaskCreate ( vTask1, "Task1", 1000, NULL, 2, NULL );

    /* 创建第二个任务，优先级为 1，低于 Task1 的优先级。没有使用任务参数，所以设
    置为 NULL。但这次需要任务句柄，所以最后一个参数传递 xTask2Handle 的地址。*/
    xTaskCreate ( vTask2, "Task2", 1000, NULL, 1, &xTask2Handle );
    /* 任务句柄是最后一个参数。*/

    /* 启动调度器，任务开始执行。*/
    vTaskStartScheduler ( );

    for ( ; ; );
}
```

图 3-14 分析了例 3-8 中任务的执行顺序，执行例 3-8 时产生的输出如图 3-15 所示。

3.10 删除任务

下面介绍删除任务的 API 函数，通过例 3-9 演示删除任务和创建任务，然后观察任务的执行顺序，加深读者对删除任务 API 函数和空闲任务的理解。

vTaskDelete（）API 函数

任务可以使用 vTaskDelete（）API 函数来删除自己或其他任务。注意，vTaskDelete（）API 函数只有在将 FreeRTOSConfig.h 中的 INCLUDE_vTaskDelete 设置为 1 时才可用。

已被删除的任务不复存在，所以不能再次进入运行状态。

空闲任务负责释放分配给被删除任务的内存。因此使用 vTaskDelete（）API 函数的应用程序不能将空闲任务"饿死"在处理时间上，这一点很重要。

注意：删除任务时，只有内核本身分配给任务的内存会自动释放。必须明确地释放任务实现时分配的全部内存或其他资源。

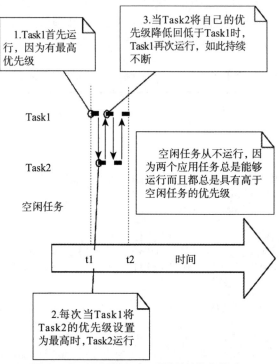

图 3-14　运行例 3-8 时任务的执行顺序

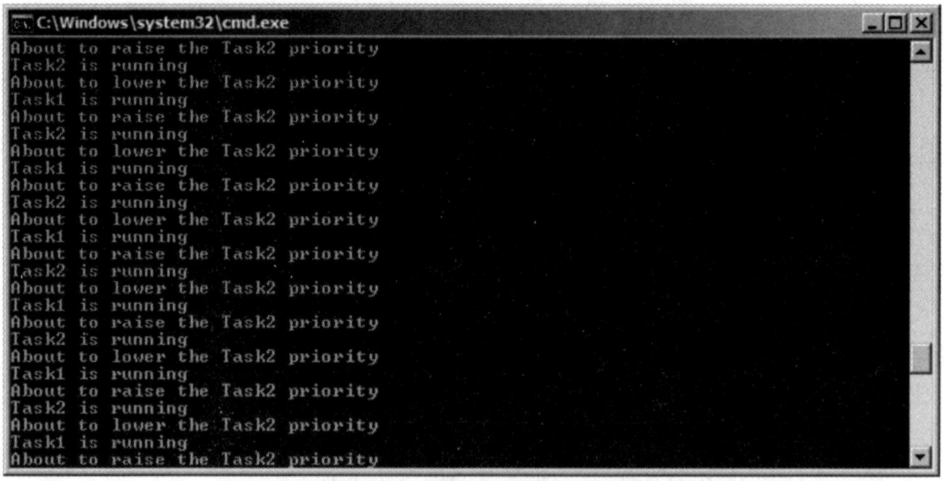

图 3-15　执行例 3-8 时产生的输出

vTaskDelete（）API 函数的原型如清单 3-26 所示。

清单 3-26　vTaskDelete（）API 函数的原型

```
void vTaskDelete ( TaskHandle_t pxTaskToDelete );
```

vTaskDelete（）API 函数的参数及其说明如表 3-6 所示。

表 3-6　vTaskDelete（）API 函数的参数及其说明

参 数 名 称	说　　明
pxTaskToDelete	被删除任务（主题任务）的句柄——参见 xTaskCreate（）API 函数的 pxCreatedTask 参数，获取任务句柄的相关信息。 通过传递 NULL 代替有效的任务句柄，任务可以删除自己

例 3-9　删除任务

本例非常简单，其行为如下：

（1）Task1 由 main（）函数创建，其优先级为 1。Task1 运行时，会创建优先级为 2 的 Task2。Task2 现在是最高优先级的任务，所以立即开始执行。main（）函数的源代码如清单 3-27 所示，Task1 的源代码如清单 3-28 所示。

（2）Task2 除了删除自己之外，没有做其他事情。通过向 vTaskDelete（）API 函数传递 NULL，任务可以删除自己，但为了演示目的，使用了任务句柄。Task2 的源代码如清单 3-29 所示。

（3）Task2 被删除后，Task1 又是最高优先级的任务，所以继续执行，这时调用 vTaskDelay（）API 函数进行短暂的阻塞。

（4）Task1 处于阻塞状态时，空闲任务会执行并释放分配给被删除的 Task2 的内存。

（5）Task1 离开阻塞状态后，又成为最高优先级的就绪状态任务，所以抢占了空闲任务；Task1 进入运行状态后，又会创建 Task2，如此循环往复。

清单 3-27　例 3-9 中 main（）函数的实现

```
int main ( void )
{
    /* 创建第一个优先级为 1 的任务。没有使用任务参数，所以设置为 NULL；也没有使
    用任务句柄，所以也同样设置为 NULL。*/
    xTaskCreate ( vTask1, " Task1", 1000, NULL, 1, NULL );

    /* 启动调度器，所以任务开始执行。*/
    vTaskStartScheduler ( );

    /* main（）函数应该永远不会运行到此处，因为调度器已经启动。*/
    for ( ; ; );
}
```

清单 3-28　例 3-9 中 Task1 的实现

```
TaskHandle_t xTask2Handle = NULL ;
void vTask1 ( void *pvParameters )
{
const TickType_t xDelay100ms = pdMS_TO_TICKS ( 100UL );
    for ( ; ; )
    {
        /* 打印本任务的名称。*/
        vPrintString ( "Task1 is running\r\n" );

        /* 创建优先级更高的 Task2。同样没有使用任务参数，所以设置为 NULL，但是这次
        需要任务句柄，所以将 xTask2Handle 的地址作为最后一个参数传递。*/
        xTaskCreate ( vTask2, "Task2", 1000, NULL, 2, &xTask2Handle );
        /* 任务句柄是最后一个参数。*/

        /* Task2 具有更高优先级，所以为了使 Task1 运行到此处，Task2 必须已经运行并删
        除了自己。延时 100 毫秒。*/
        vTaskDelay ( xDelay100ms );
    }
}
```

清单 3-29　例 3-9 中 Task2 的实现

```
void vTask2 ( void *pvParameters )
{
    /* Task2 除了删除自己，什么也没做。要完成此事，可以将 NULL 作为参数调用
    vTaskDelete ( ) API 函数；但为了演示目的，调用该 API 函数时传递自己的任务句柄。*/
    vPrintString ( "Task2 is running and about to delete itself\r\n" );
    vTaskDelete (xTask2Handle );
}
```

执行例 3-9 时产生的输出如图 3-16 所示。

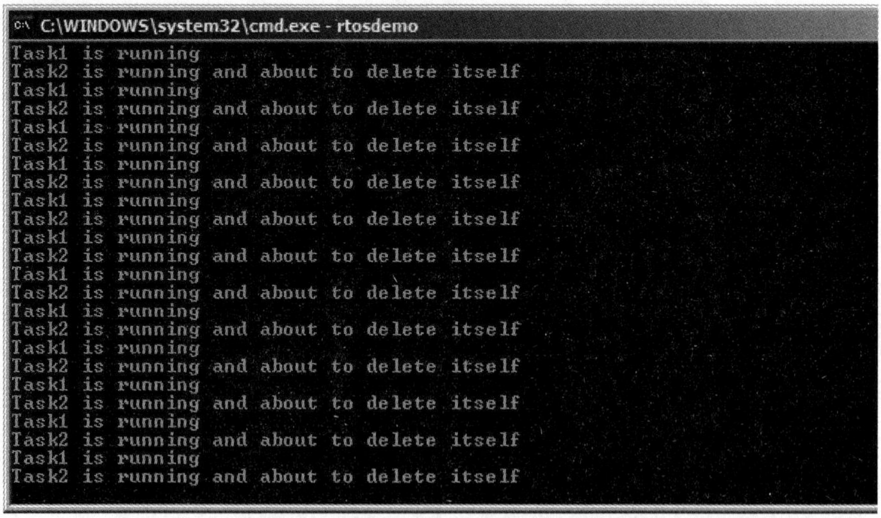

图 3-16　执行例 3-9 时产生的输出

执行例 3-9 时，为什么会产生图 3-16 所示的输出，这是由任务的执行顺序引起的。例 3-9 的执行顺序如图 3-17 所示。

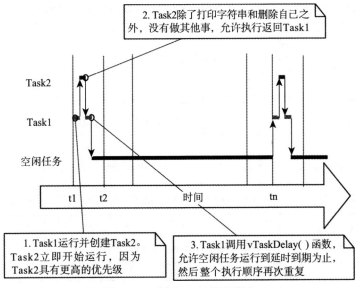

图 3-17　例 3-9 的执行顺序

3.11　线程本地存储

下面首先介绍线程本地存储的概念，然后介绍与线程本地存储有关的两个 API 函数。

线程本地存储（TLS）允许编程人员将数据存储在任务控制块里，使该数据特定于任务本身，并允许每个任务拥有自己独特的数据。

每个任务都有自己的指针数组，可以用作线程本地存储。数组的索引数量由 FreeRTOSConfig.h 中 的 configNUM_THREAD_LOCAL_STORAGE_POINTERS 编译时配置常数设置。

pvTaskGetThreadLocalStoragePointer（）API 函数

pvTaskGetThreadLocalStoragePointer（）API 函数根据数组的索引读取数据，有效地检索了线程的本地数据。

pvTaskGetThreadLocalStoragePointer（）API 函数的原型如清单 3-30 所示。

清单 3-30　pvTaskGetThreadLocalStoragePointer（）API 函数的原型

```
void *pvTaskGetThreadLocalStoragePointer ( TaskHandle_t xTaskToQuery, BaseType_t xIndex );
```

pvTaskGetThreadLocalStoragePointer（）API 函数的参数名称和返回值及其说明如表 3-7 所示。

表 3-7　pvTaskGetThreadLocalStoragePointer( )API 函数的参数名称和返回值及其说明

参数名称 / 返回值	说　明
xTaskToQuery	正在读取线程本地数据的任务的句柄。 任务可以将 NULL 作为参数值来读取自己的线程本地数据
xIndex	线程本地存储数组的索引，该索引处的数据正在被读取
返回值	从任务的线程本地存储数组中在索引 xIndex 处读取的数据

pvTaskGetThreadLocalStoragePointer（）API 函数示例如清单 3-31 所示。

清单 3-31　pvTaskGetThreadLocalStoragePointer（）API 函数示例

```
uint32_t ulVariable;
ulVariable = (uint32_t) pvTaskGetThreadLocalStoragePointer (NULL, 5);
/* 将调用任务的线程本地存储数组的索引 5 处存储的数据读入变量 ulVariable 中。*/
```

vTaskSetThreadLocalStoragePointer（）API 函数

vTaskSetThreadLocalStoragePointer（）API 函数根据数组的索引设置数据，有效地存储了线程的本地数据。

vTaskSetThreadLocalStoragePointer（）API 函数的原型如清单 3-32 所示。

清单 3-32　vTaskSetThreadLocalStoragePointer（）API 函数的原型

```
void vTaskSetThreadLocalStoragePointer ( TaskHandle_t xTaskToSet,
BaseType_t xIndex, void *pvValue );
```

vTaskSetThreadLocalStoragePointer（）API 函数的参数名称和返回值及其说明如表 3-8 所示。

表 3-8　vTaskSetThreadLocalStoragePointer（）API 函数的参数名称和返回值及其说明

参数名称 / 返回值	说　明
xTaskToSet	被写入线程本地数据的任务的句柄。 任务可以将 NULL 作为参数值来写入自己的线程本地数据
xIndex	线程本地存储数组的索引，正在写入该索引对应的数据
pvValue	要写入 xIndex 参数指定索引对应的数据
返回值	无

vTaskSetThreadLocalStoragePointer（）API 函数示例如清单 3-33 所示。

清单 3-33　vTaskSetThreadLocalStoragePointer（）API 函数示例

```
uint32_t ulVariable;
/* 将 32 位整数 0x12345678 直接写入线程本地存储数组的索引 1 处。将 NULL 作为任务
句柄，写入调用任务的线程本地存储数组。*/
vTaskSetThreadLocalStoragePointer (NULL, /* 任务句柄 */
                        1, /* 数组的索引 */
                        (void *) 0x12345678);
/* 将 32 位变量 ulVariable 的值存储在调用任务的线程本地存储数组的索引 0 处。*/
ulVariable = ERROR_CODE;
vTaskSetThreadLocalStoragePointer (NULL, /* 任务句柄 */
                        0, /* 数组的索引 */
                        (void *) &ulVariable);
```

3.12　调度算法

回顾任务状态和事件

实际运行（正在占用处理时间）的任务处于运行状态。在单核处理器上，任何时候都只能有一个任务处于运行状态。

没有运行的任务，如果既不在阻塞状态也不在暂停状态，就处于就绪状态。处于就绪状态的任务可以被调度器选择进入运行状态。调度器总是选择优先级最高的就绪状态的任务进入运行状态。

任务可以在阻塞状态下等待事件发生，当事件发生时，调度器会自动将任务移回到就绪状态。时间性事件发生在特定时间，例如，阻塞时间到期通常用于实现周期性或超时行为。任务或中断服务程序使用任务通知、队列、事件组或者多种类型信号量中的一种发送信息时，就会发生同步事件。通常使用同步事件发出异步活动的信号，如数据到达外设了。

配置调度算法

调度算法是决定将哪个就绪状态任务转换到运行状态的软件程序。

到目前为止，所有例子都使用了相同的调度算法，但是可以使用 configUSE_PREEMPTION 和 configUSE_TIME_SLICING 配置常量来改变算法。在 FreeRTOSConfig.h 中定义了这两个常量。

第三个配置常量 configUSE_TICKLESS_IDLE 也会影响调度算法，因为使用该配置常量可能会导致在较长一段时间内完全关闭滴答中断。configUSE_TICKLESS_IDLE 是为功耗必须最小的应用特别提供的一种高级选项。configUSE_TICKLESS_IDLE 在第 10 章"低功耗支持"中描述。本节描述的内容，假设将

configUSE_TICKLESS_IDLE 设置为 0，如果该常量未定义，0 为默认设置。

所有可能的配置中，FreeRTOS 调度器将确保相同优先级的任务被选中，并依次进入运行状态。通常把这种"依次进入"策略称为"轮转调度"。轮转调度算法并不能保证同等优先级的任务之间平等共享处理时间，只能保证同等优先级的就绪状态任务依次进入运行状态。

下面介绍三种调度算法。

1. 利用时间片进行优先的抢占式调度

表 3-9 所示的配置将 FreeRTOS 调度器设置为使用一种名为"利用时间片进行优先的抢占式调度"的调度算法，这是大多数小型实时操作系统应用程序所使用的调度算法，也是本书迄今为止介绍的全部例子使用的算法。表 3-10 对算法中使用的术语进行了解释。

表 3-9　FreeRTOSConfig.h 设置，

将调度器配置为利用时间片进行优先的抢占式调度

常　　量	值
configUSE_PREEMPTION	1
configUSE_TIME_SLICING	1

表 3-10　用于描述调度策略的术语及其解释

术　　语	解　　释
固定优先级	描述为"固定优先级"的调度算法不会改变分配给被调度任务的优先级，但也不会阻止任务改变自己或其他任务的优先级
抢占式	如果一个任务的优先级高于运行状态的任务，而且该高优先级任务已进入就绪状态，抢占式调度算法会立即"抢占"运行状态的任务。被抢占意味着非自愿地（没有明确地让步或阻塞）从运行状态转换到了就绪状态，从而允许不同任务进入运行状态
时间片	使用时间片在同等优先级的任务之间共享处理时间，即使任务没有明确地让步或进入阻塞状态。如果有其他就绪状态的任务与运行任务具有相同优先级，那么描述为使用"时间片"的调度算法将在每个时间片结束时选择新任务进入运行状态。时间片等于实时操作系统两个滴答中断之间的时间

图 3-18 和图 3-19 显示了执行利用时间片进行固定优先级的抢占式调度算法时，如何调度任务。图 3-18 显示了应用程序的每个任务具有唯一的优先级时，选择任务进入运行状态的顺序。图 3-19 显示了应用程序的两个任务具有相同优先级时，选择任务进入运行状态的顺序。

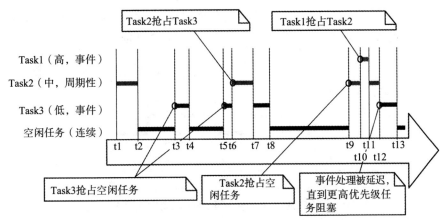

图 3-18　假设的应用程序中，给每个任务分配了唯一的优先级，
执行模式突出了任务优先级和抢占情况

参照图 3-18 ：

（1）空闲任务。

空闲任务以最低的优先级运行，所以每当有更高优先级的任务进入就绪状态时，空闲任务就会被抢占——例如，在 t3、t5 和 t9 三个时间。

（2）Task3。

Task3 是事件驱动的任务，以相对较低的优先级执行，但高于空闲任务的优先级。Task3 大部分时间都在阻塞状态下等待感兴趣的事件，每次事件发生时都会从阻塞状态转换到就绪状态。可以使用 FreeRTOS 任务间通信机制（任务通知、队列、信号量、事件组等）给事件发出信号并解除任务阻塞。

事件发生在时间 t3 和 t5，也发生在 t9 和 t12 之间。在时间 t3 和 t5 发生的事件会被立即处理，因为在这些时间，Task3 是能够运行的最高优先级任务。在时间 t9 和 t12 之间的某处发生的事件直到 t12 才会被处理，因为在这之前，优先级较高的任务 Task1 和 Task2 仍在执行。只有在时间 t12，Task1 和 Task2 都处于阻塞状态，Task3 成为最高优先级的就绪状态任务。

（3）Task2。

Task2 是周期性任务，其执行的优先级高于 Task3 的优先级，但低于 Task1 的优先级。任务的周期间隔意味着 Task2 要在 t1、t6、t9 三个时间执行。

在时间 t6，Task3 处于运行状态，但 Task2 具有相对较高的优先级，所以抢占 Task3，并立即开始执行。在时间 t7，Task2 完成处理并重新进入阻塞状态，此时 Task3 可以重新进入运行状态去完成其处理工作。Task3 本身在时间 t8 时阻塞。

（4）Task1。

Task1 也是事件驱动的任务，以最高的优先级执行，因此可以抢占系统中其他任务。唯一显示的 Task1 事件发生在时间 t10，此时 Task1 会抢占 Task2。只有在时间 t11，Task1 重新进入阻塞状态后，Task2 才能完成其处理工作。

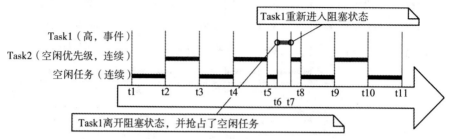

图 3-19　假设的应用程序中，两个任务以相同的优先级运行，
执行模式突出了任务优先级和时间片

参考图 3-19：

（1）空闲任务和 Task2。

空闲任务和 Task2 都是连续处理任务，而且优先级都是 0（可能的最低优先级）。调度器只有在没有更高优先级的任务能够运行时，才会将处理时间分配给优先级为 0 的任务，并通过时间片来共享分配给优先级为 0 的任务的时间。每个滴答中断时开始新的时间片，在图 3-19 中是在时间 t1、t2、t3、t4、t5、t8、t9、t10 和 t11。

空闲任务和 Task2 依次进入运行状态，这可能导致两个任务在同一时间片的部分时间处于运行状态，如发生在时间 t5 和时间 t8 之间。

（2）Task1。

Task1 的优先级高于空闲优先级。Task1 是事件驱动的任务，大部分时间都在阻塞状态下等待感兴趣的事件，每次事件发生时都会从阻塞状态转换到就绪状态。

感兴趣的事件发生在时间 t6，因此 t6 时，Task1 成为能够运行的最高优先级的任务，所以 Task1 在一个时间片的部分时间内抢占了空闲任务。事件的处理在时间 t7 完成，此时 Task1 重新进入阻塞状态。

图 3-19 显示了空闲任务与编程人员创建的任务共享处理时间。如果编程人员创建的具有和空闲任务一样的优先级的任务有工作要做，而空闲任务却无事可做，那么将大量处理时间分配给空闲任务也许并不可取。configIDLE_SHOULD_YIELD 编译时配置常量可以改变空闲任务的调度方式：

• 如果将 configIDLE_SHOULD_YIELD 设置为 0，那么空闲任务将在整个时间片中保持运行状态，除非被更高优先级的任务抢占。

• 如果将 configIDLE_SHOULD_YIELD 设置为 1，那么如果有其他具有和空闲任务相同优先级的任务处于就绪状态，则空闲任务将在其循环的每次迭代中让步（自愿放弃分配给空闲任务的剩余时间片）。

图 3-19 所示的执行模式是将 configIDLE_SHOULD_YIELD 设置为 0 时的情况，图 3-20 所示的执行模式是将 configIDLE_SHOULD_YIELD 设置为 1 时的情况。

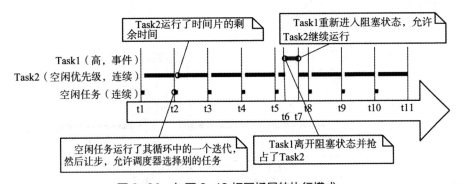

图 3-20　与图 3-19 相同场景的执行模式，
但这次将 configIDLE_SHOULD_YIELD 设置为 1

图 3-20 还显示，将 configIDLE_SHOULD_YIELD 设置为 1 时，在空闲任务之后选择进入运行状态的任务不会在整个时间片中执行，而是在空闲任务让出的时间片的剩余时间里执行。

2. 不含时间片的优先抢占式调度

不含时间片的优先抢占式调度保持了与上面描述相同的任务选择和抢占算法，但是同等优先级的任务之间不使用时间片共享处理时间。

表 3-11 所示的配置将 FreeRTOS 调度器设置为使用一种名为"不含时间片的优先抢占式调度"的调度算法。

表 3-11　FreeRTOSConfig.h 设置，
将调度器配置为使用不含时间片的优先抢占式调度

常　　量	值
configUSE_PREEMPTION	1
configUSE_TIME_SLICING	0

如图 3-19 所示，如果使用了时间片，并且有一个以上的最高优先级的就绪状态任务能够运行，那么调度器将在每次实时操作系统滴答中断（标记时间片结束的滴答中断）时选择新任务进入运行状态。如果不使用时间片，那么调度器只会在以下两种情况下选择新任务进入运行状态：

- 更高优先级的任务进入就绪状态。
- 处于运行状态的任务进入阻塞或暂停状态。

不使用时间片，任务上下文切换的次数比使用时间片时少。因此，关闭时间片会减少调度器的处理开销。然而，关闭时间片会导致优先级相同的任务得到的处理时间差异太大，图 3-21 演示了这种情况。由于这个原因，我们认为在不使用时间片的情况下运行调度器是高级技术，只有经验丰富的用户才应该使用这种技术。

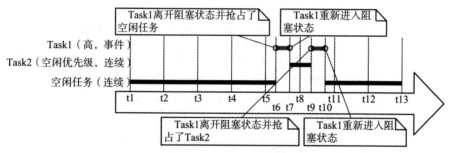

图 3-21 执行模式演示了不使用时间片时，

相同优先级的任务如何取得差异巨大的处理时间

参考图 3-21，假设将 configIDLE_SHOULD_YIELD 设置为 0：

（1）滴答中断。

滴答中断发生在时间 t1、t2、t3、t4、t5、t8、t11、t12 和 t13。

（2）Task1。

Task1 是高优先级的事件驱动任务，大部分时间都在阻塞状态下等待感兴趣的事件。每次事件发生时，Task1 都会从阻塞状态转换到就绪状态（随后，由于 Task1 是最高优先级的就绪状态任务，所以就进入运行状态）。图 3-21 显示了 Task1 在时间 t6 和 t7 之间处理事件，然后在时间 t9 和 t10 之间再次处理事件。

（3）空闲任务和 Task2。

空闲任务和 Task2 都是连续处理任务，且优先级都为 0（空闲优先级）。连续处理任务不会进入阻塞状态。

由于没有使用时间片，所以处于运行状态的具有空闲优先级的任务将一直运行，直到被优先级更高的 Task1 抢占。

图 3-21 中，空闲任务在时间 t1 开始运行，并一直处于运行状态，直到在时间 t6 被 Task1 抢占，此时从空闲任务进入运行状态以来，超过了 4 个完整滴答周期。

Task2 在时间 t7 开始运行，这时 Task1 重新进入阻塞状态以等待另外的事件。Task2 一直处于运行状态，直到 Task2 也在时间 t9 被 Task1 抢占，此时从

Task2 进入运行状态以来，不到 1 个滴答周期。

在时间 t10，空闲任务重新进入运行状态，尽管已经获得了比 Task2 多 4 倍的处理时间。

3. 协同调度

本书主要介绍抢占式调度，但 FreeRTOS 也可以使用协同调度。FreeRTOS 调度器使用协同调度的 FreeRTOSConfig.h 设置如表 3–12 所示。

表 3-12　FreeRTOSConfig.h 中配置调度器使用协同调度的设置

常　　量	值
configUSE_PREEMPTION	0
configUSE_TIME_SLICING	任意值

使用协同调度器时，只有当处于运行状态的任务进入阻塞状态，或者运行中的任务通过调用 taskYIELD（）函数明确让步（手动请求重新调度）时，才会发生上下文切换。任务永远不会被抢占，所以没有使用时间片。

图 3–22 演示了协同调度器的行为，图中浅色的水平线段显示的是任务处于就绪状态时。

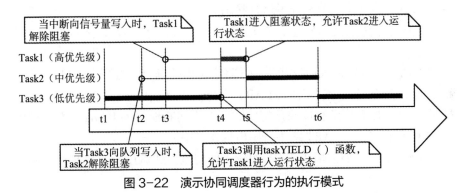

图 3-22　演示协同调度器行为的执行模式

参考图 3–22：

（1）Task1。

Task1 的优先级最高，Task1 启动时就进入阻塞状态，等待信号量。

在时间 t3，一个中断给出信号量，使 Task1 离开阻塞状态并进入就绪状态（中断给出信号量的内容将在第 6 章中讨论）。

在时间 t3，Task1 是最高优先级的就绪状态任务，如果使用了抢占式调度器，Task1 将成为运行状态任务。但是，由于使用了协同调度器，Task1 一直处于就绪状态，直到时间 t4——此时处于运行状态的任务调用 taskYIELD（）函数。

（2）Task2。

Task2 的优先级介于 Task1 和 Task3 之间。Task2 开始处于阻塞状态，等待 Task3 在时间 t2 时向其发送的消息。

在时间 t2，Task2 是最高优先级的就绪状态任务，如果使用了抢占式调度器，Task2 将成为运行状态任务。然而由于使用了协同调度器，Task2 仍然处于就绪状态，直到处于运行状态的任务要么进入阻塞状态要么调用 taskYIELD（）函数。

处于运行状态的任务在时间 t4 调用 taskYIELD（）函数，但此时 Task1 是最高优先级的就绪状态任务，所以在时间 t5 Task1 重新进入阻塞状态之前，Task2 并没有成为处于运行状态的任务。

在时间 t6，Task2 重新进入阻塞状态并等待下一条消息，此时 Task3 再次成为最高优先级的就绪状态任务。

在多任务应用程序中，编程人员必须注意资源不能被多个任务同时访问，因为同时访问可能会破坏资源。例如，考虑以下场景，其中被访问的资源是 UART（串行端口）。两个任务正在向 UART 写入字符串；任务 1 正在写入"abcdefghijklmnop"，任务 2 正在写入"123456789"。可能出现如下情况：

（1）任务 1 处于运行状态，并开始写入字符串，向 UART 写入"abcdefg"，但在写入更多的字符之前离开了运行状态。

（2）任务 2 进入运行状态，向 UART 写入"123456789"，然后离开了运行状态。

（3）任务 1 重新进入运行状态，并将字符串的剩余字符写入 UART。

在这种场景下，实际写入 UART 的是"abcdefg123456789hijklmnop"。任务 1 所写的字符串并没有按照预定的顺序被不间断地写入 UART，而是被破坏了，因为任务 2 写入 UART 的字符串出现在其中。

通常情况下，使用协同调度器相较于使用抢占式调度器更容易避免同时访问资源时引起的以下问题[①]：

· 使用抢占式调度器时，处于运行状态的任务可能随时被抢占，包括该任务与另外任务共享的资源处于不一致状态时。正如上面 UART 例子所描述的那样，让资源处于不一致状态会造成数据损坏。

· 使用协同调度器时，编程人员决定什么时候可以切换到另外的任务。因此编程人员可以确保在资源处于不一致状态时不进行任务切换。

· 上面 UART 例子中，编程人员可以确保任务 1 在将其整个字符串写入 UART 之前不离开运行状态，这样就消除了字符串被另外激活的任务破坏的可

---

① 在任务之间安全共享资源的方法将在本书后面章节中介绍。FreeRTOS 本身提供的资源，如队列和信号量，在任务之间共享总是安全的。

能性。

如图 3-22 所示，使用协同调度器时，系统的响应速度将低于使用抢占式调度器，原因如下：

• 使用抢占式调度器时，调度器将立即开始运行任务，而且该任务是最高优先级的处于就绪状态的任务。这种情况在实时系统中往往是必不可少的，因为系统必须在规定的时间内对高优先级事件做出响应。

• 使用协同调度器时，在处于运行状态的任务进入阻塞状态或者调用 taskYIELD（）函数之前，不会执行将任务切换到已成为最高优先级的处于就绪状态的任务。

第 4 章
队列管理

4.1　本章知识点及学习目标

"队列"提供了任务到任务、任务到中断及中断到任务的通信机制。

学习目标

本章旨在让读者充分了解以下知识：

- 如何创建队列。
- 如何管理队列所包含的数据。
- 如何向队列发送数据。
- 如何从队列接收数据。
- 阻塞在队列中意味着什么。
- 如何阻塞在多个队列中。
- 如何覆盖队列中的数据。
- 如何清除队列。
- 向队列写入和从队列读取时，对任务优先级的影响。

本章只介绍任务到任务之间的通信。任务到中断及中断到任务的通信将在第 6 章中介绍。

4.2　队列的特点

队列具有以下几个特点。

1. 数据存储

队列可以容纳有限数量的固定大小的数据项。把队列可以容纳的数据项的最大数量称为队列的"长度"。数据项的长度和大小都是在创建队列时设置的。

队列通常用作先进先出（FIFO）缓冲区，数据写入队列的末端（尾部），并从队列的前端（头部）移除。图 4-1 演示了向用作 FIFO 缓冲区的队列写入和读出数据的情况。有可能将数据写入队列的前端（比如当队列为空时，写入的一个数据既在队列的末端也在队列的前端）；当数据从队列的前端移除时，后面的数据自动移动到队列的前端，相当于覆盖已经在队列前端的数据。

有两种方式实现队列行为。

（1）通过复制实现队列。

通过复制实现队列是指将发送到队列的数据逐字节地复制到队列中。

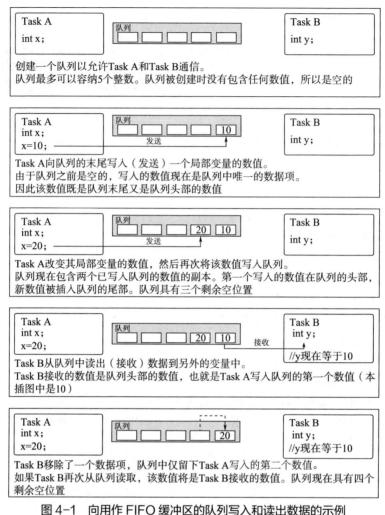

图 4-1　向用作 FIFO 缓冲区的队列写入和读出数据的示例

（2）通过引用实现队列。

通过引用实现队列是指队列只具有发送到队列的数据的指针，而不是数据本身。

FreeRTOS 采用通过复制实现队列的方式。我们认为通过复制实现队列比通过引用实现队列更强大，同时使用起来也更简单，原因如下：

• 可以直接发送栈变量到队列，即使在声明该变量的函数退出后变量将不复存在。

• 不需要先分配缓冲区来存放数据，然后将数据复制到分配的缓冲区，就可以将数据发送到队列。

• 发送任务可以立即重复使用发送到队列的变量或缓冲区。

• 发送任务和接收任务完全脱钩——编程人员不需要关心哪个任务"拥有"数据，或者哪个任务负责发布数据。

• 通过复制实现队列并不妨碍采用通过引用实现队列的方式使用队列。例如，正在实现队列的数据的大小使得将数据复制到队列不切实际时，替代办法是将数据的指针复制到队列。

• RTOS 完全负责分配用于存储数据的内存。

• 在内存保护系统中，任务可以访问的 RAM 将受到限制。在这种情况下，如果发送和接收任务都能访问存储数据的 RAM，那么只能使用通过引用实现队列的这种方式。通过复制实现队列不会强加这种限制；内核总是以完整权限运行，允许使用队列跨越内存保护边界传递数据。

2. 多任务访问

队列本身就是对象，可以被任何知道该队列的任务或 ISR 访问。任意数量的任务都可以向同一个队列写入，任意数量的任务都可以从同一个队列读取。实践中，一个队列有多个写入者很常见，但一个队列有多个读取者就不是那么常见了。

3. 队列读取阻塞

任务试图从队列读取数据时，可以选择性地指定"阻塞"时间。如果队列已经清空，则任务将保持在阻塞状态，以等待队列有数据可读。当另一个任务或中断将数据放入队列时，处于阻塞状态且在等待队列数据可读的任务会自动转移到就绪状态。如果数据可读之前，指定的阻塞时间到期，任务也会从阻塞状态自动转移到就绪状态。

队列可能有多个读取者，因此单个队列可能有多个任务阻塞在该队列上等待数据。在这种情况下，当有数据可读时，只有一个任务被解除阻塞。被解除阻塞的任务始终是等待数据的最高优先级任务。如果阻塞任务有相同优先级，那么等待数据时间最长的任务将被解除阻塞。

4. 队列写入阻塞

与从队列读取时一样，任务向队列写入时也可以选择性地指定阻塞时间。在这种情况下，阻塞时间是指如果队列已经满了，任务应保持在阻塞状态以等待队列有空间可写的最长时间。

队列可以有多个写入者，因此单个队列可能有多个任务阻塞在该队列上等待完成发送操作。在这种情况下，当队列有空间可写时，只有一个任务会被解除阻塞。被解除阻塞的任务始终是等待空间的最高优先级任务。如果阻塞任务有相同优先级，那么等待空间时间最长的任务将被解除阻塞。

5. 多队列阻塞

队列可以进行分组成集，允许任务进入阻塞状态，以等待队列集的任意一个队列的数据可用。队列集将在 4.6 节 "从多队列接收" 中演示。

4.3 使用队列

下面介绍几个与队列使用有关的 API 函数。

xQueueCreate ( ) API 函数

在使用队列之前, 必须明确地创建队列。

队列通过句柄引用, 句柄是 QueueHandle_t 类型的变量。调用 xQueueCreate( ) API 函数创建队列, 返回 QueueHandle_t 类型的变量, 该变量引用创建的队列。xQueueCreate ( ) API 函数的原型如清单 4–1 所示。

清单 4-1　xQueueCreate ( ) API 函数的原型

```
QueueHandle_t xQueueCreate ( UBaseType_t uxQueueLength, UBaseType_t uxItemSize );
```

xQueueCreate ( ) API 函数的参数和返回值及其说明如表 4–1 所示。

表 4-1　xQueueCreate ( ) API 函数的参数和返回值及其说明

参数名称 / 返回值	说　明
uxQueueLength	正在创建的队列可以容纳的数据项的最大数量
uxItemSize	存储在队列中的每个数据项的大小, 以字节为单位
返回值	如果返回 NULL, 则不能创建队列, 因为没有足够的可用堆内存供 FreeRTOS 分配队列所需的数据结构和存储区域。 返回非 NULL 值表示队列已经被成功创建, 应将返回值作为已创建队列的句柄存储起来

FreeRTOS V9.0.0 还包括 xQueueCreateStatic ( ) 函数, 该函数在编译时静态分配创建队列所需的内存。创建队列时, FreeRTOS 会从 FreeRTOS 堆中分配 RAM。RAM 用于保存队列所需的数据结构和队列包含的数据项。如果没有足够的可用堆内存供队列使用, xQueueCreate ( ) 会返回 NULL。第 2 章提供了更多关于 FreeRTOS 堆的信息。

队列被创建后, 可以使用 xQueueReset ( ) API 函数将队列返回空状态。

xQueueSendToBack ( ) 和 xQueueSendToFront ( ) API 函数

正如预期的那样, xQueueSendToBack ( ) API 函数用于将数据发送到队列的末端 (尾部), 而 xQueueSendToFront ( ) API 函数用于将数据发送到队列的前端 (头部)。

API 函数 xQueueSend（）与 xQueueSendToBack（）等效。

注意：千万不要在中断服务程序中调用 API 函数 xQueueSendToFront（）或 xQueueSendToBack（）。应该使用中断安全版本的 API 函数 xQueueSendToFrontFromISR（）或 xQueueSendToBackFromISR（）来替代。这些内容将在第 6 章中讨论。

xQueueSendToFront（）API 函数的原型如清单 4-2 所示。

清单 4-2　xQueueSendToFront（）API 函数的原型

```
BaseType_t xQueueSendToFront ( QueueHandle_t xQueue,
                    const void * pvItemToQueue,
                    TickType_t xTicksToWait );
```

xQueueSendToBack（）API 函数的原型如清单 4-3 所示。

清单 4-3　xQueueSendToBack（）API 函数的原型

```
BaseType_t xQueueSendToBack ( QueueHandle_t xQueue,
                    const void * pvItemToQueue,
                    TickType_t xTicksToWait );
```

API 函数 xQueueSendToFront（）和 xQueueSendToBack（）的参数与返回值及其说明如表 4-2 所示。

表 4-2　API 函数 xQueueSendToFront( )和 xQueueSendToBack( )的参数与返回值及其说明

参数名称 / 返回值	说　　明
xQueue	正在将数据发送（写入）到队列，本参数是该队列的句柄。队列句柄从用于创建队列的 xQueueCreate（）调用中返回
pvItemToQueue	指向要被复制到队列的数据的指针。 队列能容纳的每个数据项的大小是在创建队列时设置的，pvItemToQueue 指向的数据将复制到队列存储区
xTicksToWait	如果队列已满，任务应保持在阻塞状态下以等待队列有可用空间的最大时间。 如果 xTicksToWait 为 0 且队列已满，则 xQueueSendToFront（）和 xQueueSendToBack（）都会立即返回。 阻塞时间以滴答周期为单位，所以该参数代表的绝对时间取决于滴答频率。可以使用宏 pdMS_TO_TICKS（）把以毫秒为单位的时间转换为以滴答为单位的时间。 只要将 FreeRTOSConfig.h 中的 INCLUDE_vTaskSuspend 设置为 1，那么将 xTicksToWait 设置为 portMAX_DELAY 会使任务无限期地等待而不会超时

参数名称 / 返回值	说　　明
返回值	有两种可能的返回值： （1）pdPASS 只有将数据成功发送到队列，才会返回 pdPASS。 如果指定了阻塞时间（xTicksToWait 不是 0），那么有可能在函数返回之前，将调用任务置于阻塞状态以等待队列有可用空间，但在阻塞时间到期之前，数据被成功写入队列。 （2）errQUEUE_FULL 如果由于队列已满而无法向队列写入数据，则将返回 errQUEUE_FULL。 如果指定了阻塞时间（xTicksToWait 不是 0），那么调用任务将被置于阻塞状态，以等待另一个任务或中断给队列腾出空间，但在那种情况发生之前，指定的阻塞时间已经到期

xQueueReceive（）API 函数

使用 xQueueReceive（）API 函数从队列中接收（读取）数据项，接收的数据项会从队列中移除。

注意：千万不要在中断服务程序中调用 xQueueReceive（）API 函数。中断安全的 xQueueReceiveFromISR（）API 函数将在第 6 章中讨论。

xQueueReceive（）API 函数的原型如清单 4-4 所示。

清单 4-4　xQueueReceive（）API 函数的原型

```
BaseType_t xQueueReceive ( QueueHandle_t xQueue,
                void * const pvBuffer,
                TickType_t xTicksToWait );
```

xQueueReceive（）API 函数的参数和返回值及其说明如表 4-3 所示。

表 4-3　xQueueReceive（）API 函数的参数和返回值及其说明

参数名称 / 返回值	说　　明
xQueue	从队列中接收（读取）数据，本参数是该队列的句柄
pvBuffer	指向内存的指针，将接收到的数据复制到该内存。 队列能够容纳的每个数据项的大小是在创建队列时设置的。 pvBuffer 指向的内存要足够大，以便容纳相应的数据

续表

参数名称 / 返回值	说 明
xTicksToWait	如果队列已空，任务应保持在阻塞状态的最大时间，以等待队列有可用数据。 如果 xTicksToWait 为 0，那么若队列已空，则 xQueueReceive（ ）将立即返回。 阻塞时间以滴答周期为单位，所以该参数代表的绝对时间取决于滴答频率。可以使用宏 pdMS_TO_TICKS（ ）把以毫秒为单位的时间转换为以滴答为单位的时间。 只要将 FreeRTOSConfig.h 中的 INCLUDE_vTaskSuspend 设置为 1，那么将 xTicksToWait 设置为 portMAX_DELAY 会使任务无限期地等待而不会超时
返回值	有两种可能的返回值： （1）pdPASS 只有从队列中成功读取数据，才会返回 pdPASS。如果指定了阻塞时间（xTicksToWait 不为 0），那么有可能调用任务被置于阻塞状态以等待队列有可用数据，但在阻塞时间到期前，成功地从队列中读取了数据。 （2）errQUEUE_EMPTY 如果因为队列已空而无法从队列中读取数据，则将返回 errQUEUE_EMPTY。 如果指定了阻塞时间（xTicksToWait 不为 0），那么调用任务将被置于阻塞状态以等待另一个任务或中断向队列发送数据，但在那种情况发生之前，阻塞时间已经到期

uxQueueMessagesWaiting（ ）API 函数

uxQueueMessagesWaiting（ ）API 函数用于查询队列中当前数据项的数量。

注意：千万不要在中断服务程序中调用 uxQueueMessagesWaiting（ ）API 函数，应该使用中断安全版本的 uxQueueMessagesWaitingFromISR（ ）API 函数来替代。

uxQueueMessagesWaiting（ ）API 函数的原型如清单 4-5 所示。

清单 4-5　uxQueueMessagesWaiting（）API 函数的原型

```
UBaseType_t uxQueueMessagesWaiting (QueueHandle_t xQueue );
```

uxQueueMessagesWaiting（ ）API 函数的参数和返回值及其说明如表 4-4 所示。

表4-4　uxQueueMessagesWaiting（）API 函数的参数和返回值及其说明

参数名称 / 返回值	说　　明
xQueue	被查询队列的句柄
返回值	被查询队列当前的数据项的数量。如果返回 0，则队列为空

下面通过例子介绍队列的使用，包括创建队列、向队列写入数据和从队列读取数据。

例4-1　从队列接收时阻塞

本例演示了创建队列、多个任务向队列发送数据及从队列接收数据。创建队列用于保存 int32_t 类型的数据项。向队列发送数据的任务没有指定阻塞时间，而从队列接收数据的任务指定了阻塞时间。

向队列发送数据的任务的优先级低于从队列接收数据的任务的优先级。这意味着队列永远不会包含一个以上的数据项，因为一旦有数据到达队列，接收任务就会解除阻塞，抢占发送任务并删除队列中的数据——使队列再次为空。

清单 4-6 显示了向队列写入数据的任务。创建了该任务的两个实例，一个向队列连续写入值 100，另一个向同一队列连续写入值 200。使用任务参数将这些值传递到任务实例。

清单 4-6　例 4-1 发送任务的实现

```
static void vSenderTask ( void *pvParameters )
{
int32_t lValueToSend;
BaseType_t xStatus;

    /* 创建本任务的两个实例，所以发送到队列的值是通过任务参数传递的——这样每个
    实例可以使用不同的值。创建的队列用于保存 int32_t 类型的值，所以需要进行参数的
    类型转换。*/
    lValueToSend = ( int32_t ) pvParameters;
    /* 和大多数任务一样，本任务在无限循环中实现。*/
    for ( ; ; )
    {
        /* 将该值发送到队列。
        第一个参数是队列，发送数据到该队列。队列在调度器启动之前创建，当然也在
        本任务开始执行之前。
        第二个参数是被发送数据的地址，本例是 lValueToSend 的地址。
        第三个参数是阻塞时间——如果队列已满，任务应该保持在阻塞状态的时间以等
        待队列有可用空间。本例没有指定阻塞时间，因为队列永远不会包含一个以上的数
        据项，因此永远不会满。*/
```

```
                xStatus = xQueueSendToBack ( xQueue, &lValueToSend, 0 );

                if ( xStatus != pdPASS )
                {
                /* 由于队列已满，发送操作无法完成——这肯定有误，因为队列永远不会包含一个
                以上的数据项！ */
                vPrintString ( "Could not send to the queue.\r\n" );
                }
        }
}
```

清单 4-7 显示了从队列接收数据的任务。接收任务指定了 100ms 的阻塞时间，因此将进入阻塞状态以等待可用数据。当队列有可用数据，或者 100ms 过去了而仍然没有可用数据，该任务将离开阻塞状态。本例中，100ms 的超时时间应该永远不会到期，因为有两个任务在不断地向队列写入数据。

清单 4-7　例 4-1 接收任务的实现

```
static void vReceiverTask ( void *pvParameters )
{
/* 声明将保存从队列中接收数据的变量。*/
int32_t lReceivedValue;
BaseType_t xStatus;
const TickType_t xTicksToWait = pdMS_TO_TICKS ( 100 );

    /* 本任务也是在无限循环中实现的。*/
    for ( ; ; )
    {
        /* 接收任务应该总是发现队列为空，因为本任务会立即删除任何写入队列的数据。*/
        if ( uxQueueMessagesWaiting ( xQueue ) != 0 )
        {
            vPrintString ( "Queue should have been empty!\r\n");
        }
        /* 从队列接收数据。
        第一个参数是队列，该队列接收数据。在启动调度器之前创建该队列，当然也是
        在本任务运行之前。
        第二个参数是接收数据的缓冲区。在这种情况下，缓冲区是变量的地址，该变量
        的大小能够保存接收数据。
        最后一个参数是阻塞时间——如果队列已空，任务将保持在阻塞状态以等待队列
        有可用数据的最大时间。*/
        xStatus = xQueueReceive (xQueue, &lReceivedValue, xTicksToWait );
        if (xStatus == pdPASS )
        {
```

```
            /* 从队列中成功接收数据，打印接收到的数据。*/
            vPrintStringAndNumber ( "Received = ", lReceivedValue );
        }
        else
        {
            /* 即使等待了100ms，也没有从队列中收到数据。这肯定有误，因为发送任务
            是自由运行的，并在不断地向队列写入数据。*/
            vPrintString（ "Could not receive from the queue.\r\n" ）;
        }
    }
}
```

    清单 4-8 包含 main（）函数定义。该 main（）函数仅仅是在启动调度器之前创建队列和 3 个任务。创建的队列最多可以容纳 5 个 int32_t 类型的数值，尽管任务的优先级被设置为队列绝不会包含一个以上的数据项。

清单 4-8　例 4-1 main（）函数的实现

```
/* 声明 QueueHandle_t 类型的变量，该变量用来存储 3 个任务都要访问的队列的句柄。*/
QueueHandle_t xQueue ;

int main（void）
{
    /* 创建用于最多容纳 5 个数值的队列。数值要足够大，以容纳 int32_t 类型的变量。*/
    xQueue = xQueueCreate (5, sizeof（ int32_t ) );

    if ( xQueue != NULL )
    {
        /* 创建发送任务的两个实例。使用任务参数传递任务要写入队列的数值，所以一个任务
        将持续向队列写入 100，而另一个任务将持续向队列写入 200。两个任务的优先级都是 1。*/
        xTaskCreate ( vSenderTask, "Sender1", 1000, ( void * ) 100, 1, NULL );
        xTaskCreate ( vSenderTask, "Sender2", 1000, ( void * ) 200, 1, NULL );

        /* 创建从队列接收数据的任务，任务的优先级为 2，所以高于发送任务的优先级。*/
        xTaskCreate ( vReceiverTask, "Receiver", 1000, NULL, 2, NULL );

        /* 启动调度器，创建的任务开始执行。*/
        vTaskStartScheduler（ );
    }
    else
    {
        /* 无法创建队列。*/
    }
    for（ ;; );
}
```

两个向队列发送数据的任务具有相同的优先级，在调度器控制下两个发送任务依次向队列发送数据。例4-1产生的输出如图4-2所示。

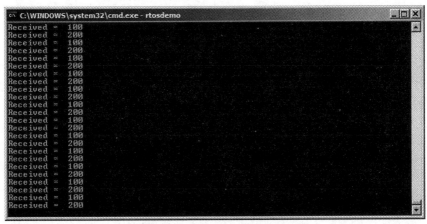

图4-2　例4-1产生的输出

图4-3显示了例4-1的执行顺序。

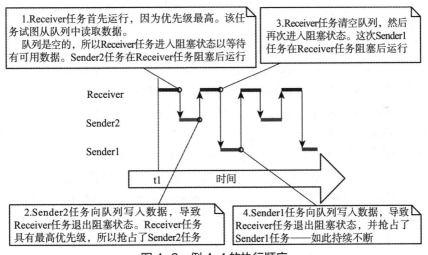

图4-3　例4-1的执行顺序

4.4　从多个来源接收数据

FreeRTOS应用程序设计中，任务从多个来源接收数据是很常见的。接收任务需要知道数据的来源，以便决定如何处理数据。简单的设计方案是使用单个队列来传输结构体，结构体的字段中同时包含数据的值和数据的来源。图4-4演示了这种方案。

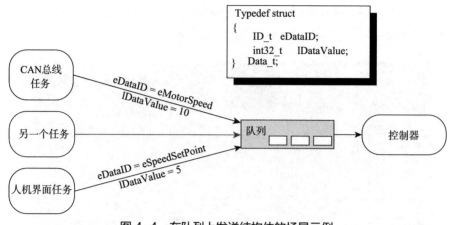

图 4-4　在队列上发送结构体的场景示例

参考图 4-4：

• 创建一个队列，该队列拥有 Data_t 类型的结构体。结构体成员既允许有数值变量，也允许有枚举类型变量，表示消息中要发送到队列的数据的含义。

• 中央控制器任务用于执行主要的系统功能。该任务必须对输入和队列传输的系统状态变化做出反应。

• 使用 CAN 总线任务封装 CAN 总线接口功能。CAN 总线任务接收到一条消息并进行解码后，将已经解码的消息以 Data_t 结构体的形式发送给控制器任务。传输结构体中的 eDataID 成员用于让控制器任务知道数据是什么——在所述情况下，是电动机速度值。传输结构体中的 lDataValue 成员用于让控制器任务知道实际的电动机速度值。

• 使用人机界面（HMI）任务封装所有的 HMI 功能。机器操作员大概可以按几种方式输入命令和查询数值，在 HMI 任务中必须检测和解释这些方式。当输入新命令时，HMI 任务将命令以 Data_t 结构体的形式发送给控制器任务。传输结构体中的 eDataID 成员用于让控制器任务知道数据是什么——在所述情况下，是一个新设定点的数值。传输结构体中的 lDataValue 成员用于让控制器任务知道实际的设定点的数值。

下面通过例 4-2 介绍任务向队列发送时进入阻塞状态，以及如何使用队列传输结构体。

例 4-2　向队列发送时阻塞，以及使用队列传输结构体

例 4-2 与例 4-1 类似，但任务的优先级是相反的，所以接收任务的优先级低于发送任务。另外，使用队列传输结构体而不是整数。

清单 4-9 显示了例 4-2 使用的结构体的定义及两个变量的声明。

清单 4-9　要在队列中传输的结构体的定义及两个变量的声明

```
/* 定义一个枚举类型，用于识别数据来源。*/
typedef enum
{
    eSender1,
    eSender2
} DataSource_t;
/* 定义队列将要传输的结构体类型。*/
typedef struct
{
    uint8_t ucValue;
    DataSource_t eDataSource;
} Data_t;

/* 声明两个 Data_t 类型的变量，将在队列中传输。*/
static const Data_t xStructsToSend[2] =
{
    { 100, eSender1 }, /* 由 Sender1 使用。*/
    { 200, eSender2 } /* 由 Sender2 使用。*/
}
```

　　例 4-1 中，接收任务具有最高优先级，因此队列中的数据项不会超过一个。这是因为接收任务在数据被放入队列时就会抢占发送任务。例 4-2 中，发送任务具有最高优先级，所以队列通常会满。这是因为，一旦接收任务从队列中删除一个数据项，就会被其中一个发送任务抢占，然后发送任务立即重新填充队列；接着，发送任务会再次进入阻塞状态，以等待队列再次有可用空间。

　　清单 4-10 显示了发送任务的实现。发送任务指定了 100ms 的阻塞时间，因此每当队列已满时，就会进入阻塞状态以等待有可用空间。如果队列有可用空间，或者 100ms 过去后还没有可用空间，发送任务就会离开阻塞状态。本例中，100ms 的超时时间应该永远不会到期，因为接收任务通过从队列中移除数据项在不断地腾出空间。

清单 4-10　例 4-2 发送任务的实现

```
static void vSenderTask ( void *pvParameters )
{
BaseType_t xStatus;
const TickType_t xTicksToWait = pdMS_TO_TICKS ( 100 );
    /* 与大多数任务一样，本任务在无限循环中实现。*/
    for ( ; ; )
```

```
{
    /* 发送数据到队列。
    第二个参数是发送结构体的地址，将这个地址作为任务参数传递进来，所以直接
    使用 pvParameters。
    第三个参数是阻塞时间——如果队列已满，任务应该保持在阻塞状态的最大时间以
    等待队列有可用空间。
    指定阻塞时间是因为发送任务的优先级高于接收任务，所以预计队列会满。当两个
    发送任务都处于阻塞状态时，接收任务将从队列中移除数据项。*/
    xStatus = xQueueSendToBack ( xQueue, pvParameters, xTicksToWait );

    if ( xStatus != pdPASS )
    {
    /* 发送操作无法完成，即使等待了 100ms。这一定有误，因为当两个发送任务都处
    于阻塞状态时，接收任务应该立即在队列中腾出空间。*/
    vPrintString ( "Could not send to the queue.\r\n" );
    }
}
}
```

接收任务具有最低优先级，所以只有当两个发送任务都处于阻塞状态时，
才会运行。发送任务只有在队列已满时才会进入阻塞状态，所以接收任务只有
在队列已满时才会执行。因此，即使没有指定阻塞时间，接收任务也总是在期
望接收数据。

接收任务的实现如清单 4-11 所示。

清单 4-11　例 4-2 接收任务的实现

```
static void vReceiverTask ( void *pvParameters )
{
/* 声明用于保存从队列中接收数据的结构体。*/
Data_t xReceivedStructure;
BaseType_t xStatus;
    /* 本任务也是在无限循环中实现的。*/
    for ( ; ; )
    {
        /* 因为本任务的优先级最低，所以只有在发送任务处于阻塞状态时才会运行。发送
        任务只有在队列已满时才会进入阻塞状态，所以本任务总是希望队列中数据项的数
        量等于队列长度，本例是 3。*/
        if ( uxQueueMessagesWaiting ( xQueue )!= 3 )
        {
            vPrintString ( "Queue should have been full!\r\n" );
```

```
    }
    /* 从队列中接收数据。
    第二个参数是接收数据的缓冲区。缓冲区只是一个变量地址，该变量要足够大，以
    便容纳接收到的结构体。
    最后一个参数是阻塞时间——如果队列已空，任务将保持在阻塞状态以等待有可用数
    据的最大时间。本任务不需要阻塞时间，因为只有当队列已满时本任务才会运行。*/
    xStatus = xQueueReceive ( xQueue, &xReceivedStructure, 0 );

    if ( xStatus == pdPASS )
    {
        /* 从队列中成功接收到数据，打印接收到的数据和数据的来源。*/
        if ( xReceivedStructure.eDataSource == eSender1 )
        {
         vPrintStringAndNumber ( "From Sender1 = ", xReceivedStructure.ucValue );
        }
        else
        {
         vPrintStringAndNumber ( "From Sender2 = ", xReceivedStructure.ucValue );
        }
    }
    else
    {
        /* 没有从队列中接收到数据。这一定有误，因为本任务只应该在队列已满时才会
        运行。*/
        vPrintString ( "Could not receive from the queue.\r\n" );
    }
  }
}
```

例 4-2 中的 main（）函数与例 4-1 中的相比，只有轻微的变化。创建队列以容纳 3 个 Data_t 类型的结构体，发送任务和接收任务的优先级是相反的。main（）函数的实现如清单 4-12 所示。

清单 4-12　例 4-2 中 main（）函数的实现

```
int main ( void )
{
  /* 创建队列，该队列最多容纳 3 个 Data_t 类型的结构体。*/
  xQueue = xQueueCreate ( 3, sizeof ( Data_t ) );

  if ( xQueue != NULL )
  {
```

```
    /* 创建两个发送数据到队列的任务实例。使用参数传递任务将写入队列的结构体，因
    此一个任务将持续发送 xStructsToSend[0]到队列，而另一个任务将持续发送 xStructsToSend[1]
    到队列。两个任务的优先级都是 2，高于接收任务的优先级。*/
    xTaskCreate ( vSenderTask, "Sender1", 1000, & ( xStructsToSend[ 0 ] ) , 2, NULL );
    xTaskCreate ( vSenderTask, "Sender2", 1000, & ( xStructsToSend[ 1 ] ) , 2, NULL );
    /* 创建从队列接收数据的任务。该任务的优先级为 1，因此低于发送任务的优先级。*/
    xTaskCreate ( vReceiverTask, "Receiver", 1000, NULL, 1, NULL );
    /* 启动调度器，创建的任务开始执行。*/
    vTaskStartScheduler ( );
  }
  else
  {
    /* 无法创建队列。*/
  }
  for ( ; ; );
}
```

例 4-2 产生的输出如图 4-5 所示。

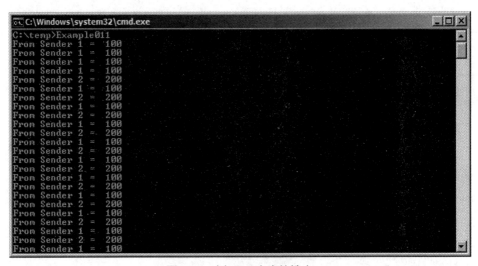

图 4-5　例 4-2 产生的输出

由于发送任务的优先级高于接收任务的优先级，产生的执行顺序如图 4-6
所示。对图 4-6 显示的执行顺序以表格形式做了进一步的解释，如表 4-5 所示。
表 4-5 对每个时间的任务执行情况进行了解释，并说明了为什么前 4 个消息来
源于同一个任务。

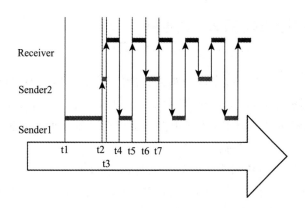

图 4-6　例 4-2 产生的执行顺序

表 4-5　图 4-6 中每个时间的任务执行情况

时间	任务执行情况
t1	Sender1 任务执行，并向队列发送 3 个数据项
t2	队列已满，所以 Sender1 任务进入阻塞状态，等待下一次完成发送。Sender2 任务现在是能够运行的最高优先级任务，所以进入运行状态
t3	Sender2 任务发现队列已满，所以也进入阻塞状态，等待第一次完成发送。Receiver 任务现在是能够运行的最高优先级任务，所以进入运行状态
t4	两个发送任务的优先级都高于接收任务，而且都在等待队列有可用空间，导致 Receiver 任务从队列中删除一个数据项后就被抢占。Sender1 任务和 Sender2 任务具有相同的优先级，因此调度器选择等待时间最长的任务作为进入运行状态的任务——本例就是 Sender1 任务
t5	Sender1 任务向队列发送了另外一个数据项。队列只有一个空间，所以 Sender1 任务进入阻塞状态以等待下一次完成发送。Receiver 任务又成为能够运行的最高优先级任务，所以进入运行状态。 Sender1 任务现在已经向队列发送了 4 个数据项，而 Sender2 任务还在等待向队列发送第一个数据项
t6	两个发送任务的优先级都高于接收任务，而且都在等待队列有可用空间，所以一旦 Receiver 任务从队列中移除一个数据项，该任务就会被抢占。这次 Sender2 任务的等待时间比 Sender1 任务长，所以 Sender2 任务进入运行状态。
t7	Sender2 任务向队列发送一个数据项。队列中只有一个空间，所以 Sender2 任务进入阻塞状态，等待下一次完成发送。Sender1 任务和 Sender2 任务都在等待队列有可用空间，所以 Receiver 任务是唯一可以进入运行状态的任务

4.5 处理大数据或可变大小的数据

指针队列

如果存储在队列中的数据规模很大，最好使用队列传输数据的指针，而不是将数据本身逐字节复制到队列并从队列中取出。传输指针无论是在处理时间上，还是在创建队列所需 RAM 开销上，都更有效率。但是对指针进行队列处理时，必须极为小心，以确保满足以下要求：

（1）被指向的 RAM 的所有者必须是明确定义的。

在任务之间通过指针共享内存时，必须确保两个任务不在相同时间修改内存内容，或采取其他可能导致内存内容无效或不一致的操作。理想的情况是，在内存指针进行队列处理之前，只允许发送任务访问内存；只有从队列中接收到指针后，才允许接收任务访问内存。

（2）被指向的 RAM 保持有效。

如果指向的内存是动态分配的，或者是从预先分配的缓冲区池中获得的，那么恰当的做法是应该只有一个任务负责释放内存。内存被释放后，任何任务都不应试图再访问该内存。

绝对不要使用指针来访问已经分配在任务栈上的数据。栈框架改变后，数据将无效。

下面通过例子演示如何使用队列将指向缓冲区的指针从一个任务发送到另一个任务。

- 清单 4–13 创建了一个最多可以容纳 5 个指针的队列。

清单 4-13　创建指针队列

```
/* 声明 QueueHandle_t 类型的变量，用来存放创建队列的句柄。*/
QueueHandle_t xPointerQueue;

/* 创建最多可以容纳 5 个指针的队列，本例为字符指针。*/
xPointerQueue = xQueueCreate ( 5, sizeof ( char * ) );
```

- 清单 4–14 分配一个缓冲区，向缓冲区写入一个字符串，然后向队列发送一个指向缓冲区的指针。
- 清单 4–15 从队列中接收一个指向缓冲区的指针，然后打印缓冲区包含的字符串。

清单 4-14　使用队列发送指向缓冲区的指针

```
/* 获取缓冲区的任务, 向缓冲区写入一个字符串, 然后将缓冲区的地址发送到清单
4-13 创建的队列中。*/
void vStringSendingTask ( void *pvParameters )
{
char *pcStringToSend;
const size_t xMaxStringLength = 50;
BaseType_t xStringNumber = 0;

    for ( ; ; )
    {
        /* 获取至少有 xMaxStringLength 个字符的缓冲区。prvGetBuffer（ ）函数的实现没有显示
        出来——可能会从预先分配的缓冲区池中获取缓冲区, 或者只是动态分配缓冲区。*/
        pcStringToSend = ( char * ) prvGetBuffer ( xMaxStringLength );
        /* 在缓冲区写入一个字符串。*/
        snprintf ( pcStringToSend, xMaxStringLength, "String number %d\r\n", xStringNumber );
        /* 累加计数器, 使任务的每次迭代都有不同的字符串。*/
        xStringNumber++;
        /*将缓冲区的地址发送到清单 4-13 创建的队列中, 缓冲区的地址存储在 pcStringToSend
        变量中。 */
        xQueueSend ( xPointerQueue,    /* 队列的句柄。*/
                    &pcStringToSend, /* 指向缓冲区的指针的地址。*/
                    portMAX_DELAY );
    }
}
```

清单 4-15　使用队列接收指向缓冲区的指针

```
/*本任务从清单 4-13 创建的队列中接收缓冲区地址并写入清单 4-14。缓冲区包含一个
字符串, 将该字符串打印出来。*/
void vStringReceivingTask ( void *pvParameters )
{
char *pcReceivedString;
    for ( ; ; )
    {
        /* 接收缓冲区的地址。*/
        xQueueReceive ( xPointerQueue,    /* 队列的句柄。*/
                    &pcReceivedString, /* 将缓冲区的地址存储在 pcReceivedString 中。*/
                    portMAX_DELAY );
        /* 缓冲区里有一个字符串, 将其打印出来。*/
        vPrintString ( pcReceivedString );
        /* 不再需要该缓冲区——释放以便清空或者再次使用。*/
        prvReleaseBuffer ( pcReceivedString );
    }
}
```

使用队列发送不同类型和长度的数据

前面几节已经展示了两种强大的设计模式：向队列发送结构体和向队列发送指针。将这些技术结合起来，就可以允许任务使用单个队列从任意数据源接收任意数据类型的数据。FreeRTOS+TCP 组合中 TCP/IP 协议栈的实现为如何实现这一目标提供了实际案例。

在任务中运行 TCP/IP 协议栈，必须处理多种来源的事件。不同的事件类型与不同类型和长度的数据相关联。所有发生在 TCP/IP 任务之外的事件都由类型为 IPStackEvent_t 的结构体来描述，并通过队列发送到 TCP/IP 任务。IPStackEvent_t 结构体如清单 4-16 所示。IPStackEvent_t 结构体的 pvData 成员是一个指针，可以用来保存数值，或者指向缓冲区。

清单 4-16　FreeRTOS+TCP 组合中用于向 TCP/IP 任务发送事件的结构体

```
/* TCP/IP 协议栈中用于识别事件的枚举类型的子集。*/
typedef enum
{
    eNetworkDownEvent = 0, /* 网络接口丢失，或需要重新连接。*/
    eNetworkRxEvent,        /* 已收到来自网络的数据包。*/
    eTCPAcceptEvent,        /* 调用 FreeRTOS_accept（）函数接受或等待新的客户端。*/

    /* 其他事件类型出现在此处，但没有显示出来。*/

} eIPEvent_t;

/* 描述事件的结构体，并通过队列发送给 TCP/IP 任务。*/
typedef struct IP_TASK_COMMANDS
{
    /* 识别事件的枚举类型。参见上面的 eIPEvent_t 定义。*/
    eIPEvent_t eEventType ;

    /* 一个通用的指针，可以用来保存数值，或者指向缓冲区。*/
    void *pvData;
} IPStackEvent_t;
```

TCP/IP 事件及其相关数据的例子

• eNetworkRxEvent：已接收到来自网络的数据包。

从网络接收到的数据使用 IPStackEvent_t 类型的结构体发送到 TCP/IP 任务。将该结构体的 eEventType 成员设置为 eNetworkRxEvent，使用该结构体的 pvData 成员指向包含接收数据的缓冲区。伪代码示例如清单 4-17 所示。

清单 4-17　伪代码显示如何使用 IPStackEvent_t 结构体向 TCP/IP 任务
发送从网络接收的数据

```
void vSendRxDataToTheTCPTask ( NetworkBufferDescriptor_t *pxRxedData )
{
IPStackEvent_t xEventStruct;

    /* 完成 IPStackEvent_t 结构体，接收到的数据存储在 pxRxedData 中。*/
    xEventStruct.eEventType = eNetworkRxEvent;
    xEventStruct.pvData = ( void * ) pxRxedData;

    /* 将 IPStackEvent_t 结构体发送给 TCP/IP 任务。*/
    xSendEventStructToIPTask ( &xEventStruct );
}
```

- eTCPAcceptEvent：套接字是为了接受或等待来自客户端的连接。

接受事件从调用 FreeRTOS_accept（）函数的任务发送到 TCP/IP 任务，使用 IPStackEvent_t 类型的结构体。将该结构体的 eEventType 成员设置为 eTCPAcceptEvent，将该结构体的 pvData 成员设置为接受连接的套接字的句柄。伪代码示例如清单 4-18 所示。

清单 4-18　伪代码显示如何使用 IPStackEvent_t 结构体发送套接字的句柄，
该套接字正在接受 TCP/IP 任务的连接

```
void vSendAcceptRequestToTheTCPTask ( Socket_t xSocket )
{
    IPStackEvent_t xEventStruct;

    /* 完成 IPStackEvent_t 结构体。*/
    xEventStruct.eEventType = eTCPAcceptEvent;
    xEventStruct.pvData = ( void * ) xSocket;

    /* 将 IPStackEvent_t 结构体发送给 TCP/IP 任务。*/
    xSendEventStructToIPTask ( &xEventStruct );
}
```

- eNetworkDownEvent：网络需要连接或重新连接。

将网络宕机事件使用 IPStackEvent_t 类型的结构体通过网络接口发送到 TCP/IP 任务。将该结构体的 eEventType 成员设置为 eNetworkDownEvent。网络宕机事件与任何数据都没有关联，因此不使用该结构体的 pvData 成员。伪代码示例如清单 4-19 所示。

清单 4-19　伪代码显示如何使用 IPStackEvent_t 结构体向 TCP/IP 任务发送网络宕机事件

```
void vSendNetworkDownEventToTheTCPTask ( Socket_t xSocket )
{
IPStackEvent_t xEventStruct;

    /* 完成 IPStackEvent_t 结构体。*/
    xEventStruct.eEventType = eNetworkDownEvent;
    xEventStruct.pvData = NULL; /* 未使用，但为完整起见设置为 NULL。*/

    /* 将 IPStackEvent_t 结构体发送给 TCP/IP 任务。*/
    xSendEventStructToIPTask ( &xEventStruct );
}
```

　　TCP/IP 任务中接收和处理这些事件的代码如清单 4-20 所示。使用从队列中接收到的IPStackEvent_t结构体的eEventType成员来决定如何解释pvData成员。

清单 4-20　伪代码显示如何接收和处理 IPStackEvent_t 结构体

```
IPStackEvent_t xReceivedEvent;

    /* 阻塞在网络事件队列上，直到接收到事件，或者 xNextIPSleep 滴答数过去了还没有接
    收到事件。
    将 eEventType 设置为 eNoEvent，避免调用 xQueueReceive（）函数时因为超时而不是因
    为收到事件而返回。*/
    xReceivedEvent.eEventType = eNoEvent;
    xQueueReceive ( xNetworkEventQueue, &xReceivedEvent, xNextIPSleep );

    /* 如果有，收到哪个事件？ */
    switch ( xReceivedEvent.eEventType )
    {
      case eNetworkDownEvent:
          /* 试图或者重新建立连接，此事件与任何数据无关。*/
          prvProcessNetworkDownEvent ( );
          break;

      case eNetworkRxEvent:
          /* 网络接口收到了新的数据包。将指向接收到的数据的指针存储在收到的
          IPStackEvent_t 结构体的 pvData 成员中。处理接收到的数据。*/
          prvHandleEthernetPacket ( (NetworkBufferDescriptor_t*) ( xReceivedEvent.pvData ) ) ;
          break;

       case eTCPAcceptEvent:
          /* 调用 FreeRTOS_accept（）API 函数。将接受连接的套接字的句柄存储在接收到
          的 IPStackEvent_t 结构体的 pvData 成员中。*/
          xSocket = ( FreeRTOS_Socket_t * ) (xReceivedEvent.pvData );
          xTCPCheckNewClient ( pxSocket );
          break;

       /* 也以同样的方式处理其他事件，这里没有展示。*/
    }
```

4.6　从多队列接收

队列集

通常情况下，应用程序需要任务接收不同大小的数据、不同意义的数据及不同来源的数据。4.5 节演示了如何使用接收结构体的队列以整洁而高效的方式实现这种功能。然而，有时编程人员在工作中会受到限制，他们的设计选择有限制，从而需要为一些数据来源使用单独的队列。例如，集成到设计中的第三方代码可能会假定存在一个专用队列。在这种情况下，可以使用"队列集"。

队列集允许任务从多个队列中接收数据，如果队列集有数据，则不需要任务依次轮询每个队列以确定哪个队列包含数据。

采用队列集从多个来源接收数据的设计，比起使用单一队列接收结构体实现相同功能的设计，更烦琐，效率也更低。出于这个原因，建议只有在设计限制使得绝对有必要使用的情况下才使用队列集。

接下来通过以下内容描述如何使用队列集：

（1）创建一个队列集。

（2）将队列添加到队列集。

也可以将信号量添加到队列集。本书后面章节会介绍信号量。

（3）从队列集里读取数据，以确定队列集里哪些队列包含数据。

当作为队列集成员的队列接收数据时，将接收队列的句柄发送到队列集，当任务调用从队列集读取的函数时，就会返回该句柄。因此，如果从队列集返回队列句柄，那么就知道该句柄对应的队列中包含数据，然后任务就可以直接从该队列中读取数据。

注意：如果一个队列是队列集的成员，那么除非先从队列集中读取了该队列的句柄，否则不要从该队列读取数据。

通过将 FreeRTOSConfig.h 中的 configUSE_QUEUE_SETS 编译时配置常量设置为 1，启用队列集功能。

下面介绍与队列集有关的 3 个 API 函数。

xQueueCreateSet（ ）API 函数

在使用队列集之前，必须先明确地创建队列集。

队列集由句柄引用，句柄是 QueueSetHandle_t 类型的变量。xQueueCreate Set（ ）API 函数创建队列集，并返回 QueueSetHandle_t 类型的变量，该变量引用了函数创建的队列集。xQueueCreateSet（ ）API 函数的原型如清单 4–21 所示。

清单 4-21　xQueueCreateSet（ ）API 函数的原型

```
QueueSetHandle_t xQueueCreateSet ( const UBaseType_t uxEventQueueLength );
```

xQueueCreateSet（）API 函数的参数和返回值及其说明如表 4-6 所示。

表 4-6　xQueueCreateSet（）API 函数的参数和返回值及其说明

参数名称 / 返回值	说　　明
uxEventQueueLength	当作为队列集成员的队列接收数据时，将接收队列的句柄发送到队列集。 uxEventQueueLength 定义了正在创建的队列集可以容纳的所有队列集成员的数据项的总和。 只有当队列集里一个队列接收数据时，才会向队列集发送队列句柄。如果队列已满就不能接收数据，因此如果队列集里的所有队列都满了，就不能向队列集发送队列句柄。队列集容纳数据项的最大数量就是队列集中每个队列的长度之和。 举例来说，如果队列集中有 3 个空队列，每个队列的长度为 5，那么在装满队列集里所有队列之前，队列集里的队列总共可以接收 15 个数据项（3 个队列乘以 5 个数据项）。本例中，必须将 uxEventQueueLength 设置为 15，以保证队列集可以收到每个数据项。 也可以将信号量添加到队列集。二进制和计数信号量将在本书后面讨论。为了计算必要的 uxEventQueueLength 值，二进制信号量的长度为 1，计数信号量的长度由信号量的最大计数值给出。 再举一例，如果一个队列集包含一个长度为 3 的队列和一个二进制信号量（其长度为 1），则必须将 uxEventQueueLength 设置为 4（3 加 1）
返回值	如果返回 NULL，则不能创建队列集，因为没有足够的堆内存供 FreeRTOS 分配队列集的数据结构和存储区域。 返回非 NULL 值表示已经成功创建队列集。应该将返回值作为创建的队列集的句柄存储起来

xQueueAddToSet（）API 函数

xQueueAddToSet（）API 函数将队列或信号量添加到队列集。xQueueAddToSet（）API 函数的原型如清单 4-22 所示。

清单 4-22　xQueueAddToSet（）API 函数的原型

```
BaseType_t xQueueAddToSet ( QueueSetMemberHandle_t xQueue 或 Semaphore,
                            QueueSetHandle_t xQueueSet );
```

xQueueAddToSet（）API 函数的参数和返回值及其说明如表 4-7 所示。

表 4-7　xQueueAddToSet（）API 函数的参数和返回值及其说明

参数名称 / 返回值	说　明
xQueue 或 Semaphore	添加到队列集的队列或信号量的句柄。 队列句柄和信号量句柄都可以转换成 QueueSetMemberHandle_t 类型
xQueueSet	将队列或信号量加入队列集，本参数是该队列集的句柄
返回值	有两种可能的返回值： （1）pdPASS 只有将队列或信号量成功添加到队列集时，才会返回 pdPASS。 （2）pdFAIL 如果不能将队列或信号量添加到队列集，将返回 pdFAIL。 队列和二进制信号量为空时，才能将其添加到队列集。计数信号量在其计数值为 0 时，才能将其添加到队列集。向队列集添加成员时，一次只能是队列或信号量

xQueueSelectFromSet（）API 函数

xQueueSelectFromSet（）API 函数从队列集读取队列或信号量句柄。

作为队列集成员的队列或信号量接收数据时，接收队列或信号量的句柄会被发送到队列集，并在任务调用 xQueueSelectFromSet（）API 函数时返回。如果调用 xQueueSelectFromSet（）API 函数时返回一个句柄，那么句柄引用的队列或信号量已知包含数据，调用任务必须直接从该队列或信号量读取数据。

注意：不要从队列集成员的队列或信号量中读取数据，除非已经调用 xQueueSelectFromSet（）API 函数返回了队列或信号量的句柄。每次调用 xQueueSelectFromSet（）API 函数返回队列句柄或信号量句柄时，只能从队列或信号量中读取一个数据项。

xQueueSelectFromSet（）API 函数的原型如清单 4-23 所示。

清单 4-23　xQueueSelectFromSet（）API 函数的原型

```
QueueSetMemberHandle_t xQueueSelectFromSet ( QueueSetHandle_t xQueueSet,
                              const TickType_t xTicksToWait );
```

xQueueSelectFromSet（）API 函数的参数和返回值及其说明如表 4-8 所示。

表 4-8　xQueueSelectFromSet（）API 函数的参数和返回值及其说明

参数名称 / 返回值	说　明
xQueueSet	队列集的句柄，从该句柄中接收（读取）队列句柄或信号量句柄。队列集句柄从用于创建队列集的 xQueueCreateSet（）调用中返回

参数名称 / 返回值	说　明
xTicksToWait	如果队列集的所有队列和信号量都是空的，调用任务应保持在阻塞状态的最大时间以等待从队列集接收队列或信号量的句柄。 如果 xTicksToWait 为 0，而且队列集的所有队列和信号量都是空的，那么调用 xQueueSelectFromSet（）API 函数将立即返回。 阻塞时间以滴答周期为单位，所以代表的绝对时间取决于滴答频率。可以使用宏 pdMS_TO_TICKS（）把以毫秒为单位的时间转换为以滴答为单位的时间。 将 xTicksToWait 设置为 portMAX_DELAY 会使任务无限期地等待而不会超时，前提是将 FreeRTOSConfig.h 中的 INCLUDE_vTaskSuspend 设置为 1
返回值	非 NULL 返回值是已知包含数据的队列或信号量的句柄。如果指定了阻塞时间（xTicksToWait 不为 0），那么调用任务可能会被置于阻塞状态，以等待队列或信号量有可用数据，但在阻塞时间到期前，从队列集成功读取了一个句柄。返回句柄的类型是 QueueSetMemberHandle_t，该类型可以转换为 QueueHandle_t 或 SemaphoreHandle_t。 如果返回值为 NULL，就不能从队列集读取句柄。如果指定了阻塞时间（xTicksToWait 不是 0），那么调用任务将进入阻塞状态，以等待另一个任务或中断向队列或信号量发送数据，但那种情况发生之前阻塞时间已经到期

下面通过例子介绍队列集的使用。

例 4-3　使用队列集

例 4-3 创建了两个发送任务和一个接收任务。发送任务通过两个独立的队列向接收任务发送数据，每个发送任务有一个队列。将两个队列添加到一个队列集，接收任务从该队列集读取数据，以确定两个队列中哪个队列包含数据。

任务、队列和队列集都在 main（）函数中创建，具体实现请参见清单 4-24。

清单 4-24　例 4-3 main（）函数的实现

```
/* 声明两个 QueueHandle_t 类型的变量。将两个队列添加到同一个队列集。*/
static QueueHandle_t xQueue1 = NULL, xQueue2 = NULL;

/* 声明一个 QueueSetHandle_t 类型的变量，这是要将两个队列加入到其中的队列集。*/
static QueueSetHandle_t xQueueSet = NULL;
int main ( void )
{
    /* 创建两个队列，用于传输字符指针。接收任务的优先级高于发送任务的优先级，所
       以队列任何时候都不会有一个以上的数据项。*/
    xQueue1 = xQueueCreate ( 1, sizeof ( char * ) );
    xQueue2 = xQueueCreate ( 1, sizeof ( char * ) );
```

```
    /* 创建队列集。将两个队列添加到该队列集，每个队列包含 1 个数据项，所以队列集
    一次最多容纳数据项的数量是 2（2 个队列乘以每个队列 1 个数据项）。*/
    xQueueSet = xQueueCreateSet ( 1 * 2 );

    /* 将两个队列添加到队列集。*/
    xQueueAddToSet ( xQueue1, xQueueSet );
    xQueueAddToSet ( xQueue2, xQueueSet );

    /* 创建发送数据到队列的任务。*/
    xTaskCreate ( vSenderTask1, "Sender1", 1000, NULL, 1, NULL );
    xTaskCreate ( vSenderTask2, "Sender2", 1000, NULL, 1, NULL );

    /* 创建从队列集读取数据的任务，以确定两个队列中哪个队列包含数据。*/
    xTaskCreate ( vReceiverTask, "Receiver", 1000, NULL, 2, NULL );

    /* 启动调度器，所以创建的任务开始执行。*/
    vTaskStartScheduler ( );

    /* 和正常情况一样，vTaskStartScheduler（）函数不应该返回，所以下面的语句行将永
    远不会执行。*/
    for ( ; ; );
    return 0 ;
}
```

第一个发送任务使用 xQueue1 每隔 100ms 向接收任务发送字符指针，第二个发送任务使用 xQueue2 每隔 200ms 向接收任务发送字符指针。将字符指针设置为指向标识发送任务的字符串。两个发送任务的实现如清单 4–25 所示。

清单 4-25 例 4-3 使用的发送任务

```
void vSenderTask1 ( void *pvParameters )
{
const TickType_t xBlockTime = pdMS_TO_TICKS ( 100 );
const char * const pcMessage = "Message from vSenderTask1\r\n";
    /* 和大多数任务一样，本任务在无限循环中实现。*/
    for ( ; ; )
    {
        /* 阻塞 100ms。*/
        vTaskDelay ( xBlockTime );
        /* 把本任务的字符串发送到 xQueue1。尽管队列只能容纳一个数据项，但没有必要
        使用阻塞时间。这是因为从队列中读取的任务的优先级高于本任务的优先级，只要
        本任务向队列写，本任务就会被从队列中读取的任务抢占，所以当调用 xQueueSend
        （）函数返回时，队列又将清空。阻塞时间设置为 0。*/
        xQueueSend ( xQueue1, &pcMessage, 0 );
    }
}
/* ----------------------------------------------------------------*/
```

```
void vSenderTask2 ( void *pvParameters )
{
const TickType_t xBlockTime = pdMS_TO_TICKS ( 200 );
const char * const pcMessage = "Message from vSenderTask2\r\n" ;
    /* 和大多数任务一样，本任务在无限循环中实现。*/
    for ( ; ; )
    {
        /* 阻塞 200ms。*/
        vTaskDelay ( xBlockTime );
        /* 把本任务的字符串发送到 xQueue2。尽管队列只能容纳一个数据项，但没有必要使
        用阻塞时间。这是因为从队列中读取的任务的优先级高于本任务的优先级，只要本
        任务向队列写，本任务就会被从队列中读取的任务抢占，所以当调用 xQueueSend ( )
        函数返回时，队列又将清空。阻塞时间设置为 0。*/
        xQueueSend ( xQueue2, &pcMessage, 0 );
    }
}
```

发送任务写入的队列是同一队列集的成员。每次任务发送到其中一个队列时，队列的句柄都会被发送到队列集。接收任务调用 xQueueSelectFromSet ( ) 函数从队列集读取队列句柄。接收任务从队列集接收到队列句柄后，就知道接收到的句柄所引用的队列包含数据，所以直接从队列中读取数据。接收任务从队列中读取的数据是指向字符串的指针，该任务将其打印出来。

如果对 xQueueSelectFromSet ( ) 函数的调用超时，将返回 NULL。例 4-3 中，调用 xQueueSelectFromSet ( ) 函数时使用不确定的阻塞时间，所以永远不会超时，并且只能返回有效的队列句柄。因此，在使用返回值之前，接收任务不需要检查 xQueueSelectFromSet ( ) 函数是否返回 NULL。

xQueueSelectFromSet ( ) 函数只有在句柄引用的队列中包含数据时才会返回队列句柄，所以从队列中读取数据时不需要使用阻塞时间。

接收任务的实现如清单 4-26 所示。

清单 4-26　例 4-3 使用的接收任务

```
void vReceiverTask ( void *pvParameters )
{
QueueHandle_t xQueueThatContainsData;
char *pcReceivedString ;

    /* 与大多数任务一样，本任务在无限循环中实现。*/
    for ( ; ; )
    {
```

```
    /* 阻塞在队列集上，以等待队列集的队列收到数据。
    将 xQueueSelectFromSet（ ）函数返回的 QueueSetMemberHandle_t 类型转换为 Queue
    Handle_t 类型，因为已知该队列集的成员都是队列（该队列集不包含信号量成员）。*/
    xQueueThatContainsData = ( QueueHandle_t ) xQueueSelectFromSet ( xQueueSet, portMAX_
    DELAY ) ;
    /* 从队列集读取时使用了无限阻塞时间，所以 xQueueSelectFromSet（ ）函数不会返回，
    除非队列集的队列收到数据，而且 xQueueThatContainsData 不会为 NULL。从队列中读
    取数据，不需要指定阻塞时间，因为已知队列包含数据，阻塞时间设置为 0。*/
    xQueueReceive ( xQueueThatContainsData, &pcReceivedString, 0 );

    /* 打印从队列中收到的字符串。*/
    vPrintString ( pcReceivedString );
  }
}
```

图 4-7 显示了执行例 4-3 时产生的输出。可以看到，接收任务收到两个发送任务的字符串。vSenderTask1（ ）函数使用的阻塞时间是 vSenderTask2（ ）函数使用的阻塞时间的一半，导致 vSenderTask1（ ）函数发送的字符串打印出来的频率是 vSenderTask2（ ）函数发送的字符串打印频率的两倍。

图 4-7　执行例 4-3 时产生的输出

更实用的队列集使用示例

例 4-3 演示了一种非常简单的情况：队列集只包含队列，而且两个队列都是用来发送字符指针的。实际应用中，队列集可能同时包含队列和信号量，而且队列可能并不都具有相同的数据类型。在这种情况下，使用返回值之前，有必要测试 xQueueSelectFromSet（ ）函数返回的值。清单 4-27 演示了当队列集

具有以下成员时，如何使用 xQueueSelectFromSet（）函数的返回值：

（1）二进制信号量。

（2）从其中读取字符指针的队列。

（3）从其中读取 uint32_t 类型数值的队列。

清单 4-27 假设已经创建了队列和信号量，并且已添加到队列集。

清单 4-27　使用包含队列和信号量的队列集

```
QueueHandle_t xCharPointerQueue; /* 队列的句柄，使用该队列接收字符指针。*/
QueueHandle_t xUint32tQueue;      /* 队列的句柄，使用该队列接收 uint32_t 类型的数值。*/
SemaphoreHandle_t xBinarySemaphore; /* 二进制信号量的句柄。*/
QueueSetHandle_t xQueueSet;        /* 队列和二进制信号量的队列集。*/
void vAMoreRealisticReceiverTask ( void *pvParameters )
{
QueueSetMemberHandle_t xHandle;
char *pcReceivedString;
uint32_t ulRecievedValue;
const TickType_t xDelay100ms = pdMS_TO_TICKS ( 100 );
    for ( ; ; )
    {
        /* 阻塞在队列集上最长 100ms，以等待队列集的成员包含数据。*/
        xHandle = xQueueSelectFromSet ( xQueueSet, xDelay100ms );
        /* 测试 xQueueSelectFromSet（）函数的返回值。如果返回值是 NULL，那么对
        xQueueSelectFromSet（）函数的调用会超时；如果返回值不是 NULL，那么返回值
        将是该队列集的成员的句柄。可以将 QueueSetMemberHandle_t 类型转换成 Queue
        Handle_t 类型或者 SemaphoreHandle_t 类型。是否需要明确的类型转换取决于编译器。*/
        if ( xHandle == NULL )
        {
          /* 调用 xQueueSelectFromSet（）函数已超时。*/
        }
        else if ( xHandle == ( QueueSetMemberHandle_t ) xCharPointerQueue )
        {
          /* 调用 xQueueSelectFromSet（）函数返回接收字符指针的队列的句柄。从队列中读
          取数据，已知该队列包含数据，所以使用的阻塞时间为 0。*/
          xQueueReceive ( xCharPointerQueue, &pcReceivedString, 0 );
          /* 收到的字符指针可以在这里处理。*/
        }
        else if ( xHandle == ( QueueSetMemberHandle_t ) xUint32tQueue )
        {
          /* 调用 xQueueSelectFromSet（）函数返回队列的句柄，该队列接收 uint32_t 类型的
          数值。从队列中读取数据，已知队列包含数据，所以使用的阻塞时间为 0。*/
```

```
        xQueueReceive (xUint32tQueue, &ulRecievedValue, 0 );
        /* 收到的数值可以在这里处理。*/
    }
    else if (  xHandle == ( QueueSetMemberHandle_t ) xBinarySemaphore )
    {
        /* 调用 xQueueSelectFromSet ( ) 函数返回二进制信号量的句柄。现在获取信号量，已
        知信号量可用，所以使用的阻塞时间为 0。*/
        xSemaphoreTake ( xBinarySemaphore, 0 );
        /* 获取信号量，然后在此执行相应的处理。*/
    }
  }
}
```

4.7　使用队列创建邮箱

嵌入式社区对术语没有达成共识，"邮箱"在不同的 RTOS 中有不同的含义。本书中，"邮箱"一词用来指长度为 1 的队列。队列可能会由于在应用程序中的使用方式而被描述为邮箱，而不是因为邮箱在功能上与队列有如下区别：

• 使用队列将数据从一个任务发送到另一个任务，或从中断服务程序发送到任务。发送者在队列中放置数据项，接收者从队列中移除该数据项。数据通过队列从发送者到达接收者。

• 使用邮箱保存可被任务或中断服务程序读取的数据。数据不是路过邮箱，而是保留在邮箱中，直到被覆盖。发送者覆盖邮箱中的数据；接收者从邮箱中读取数据，但不从邮箱中删除数据。

本节描述了两个队列 API 函数，允许将队列作为邮箱使用。

清单 4-28 创建一个队列，并将其作为邮箱使用。

清单 4-28　创建作为邮箱使用的队列

```
/* 邮箱可以容纳固定大小的数据项。数据项的大小是在创建邮箱（队列）时设置的。
本例中，创建邮箱的目的是存放 Example_t 结构体。Example_t 包括一个时间戳，以允许
邮箱持有的数据注意邮箱最后被更新的时间。本例使用时间戳只是为了演示——邮箱可以
保存编程人员想要的任何数据，数据不必包含时间戳。*/
typedef struct xExampleStructure
{
    TickType_t xTimeStamp;
    uint32_t ulValue;
} Example_t;
```

```
/* 邮箱是队列，所以其句柄存储在类型为 QueueHandle_t 的变量中。*/
QueueHandle_t xMailbox;

void vAFunction ( void )
{
/* 创建作为邮箱使用的队列。队列的长度为 1，以便于使用 xQueueOverwrite ( ) API 函数。*/
xMailbox = xQueueCreate ( 1, sizeof ( Example_t ) );
}
```

下面介绍与邮箱有关的两个 API 函数。

xQueueOverwrite ( ) API 函数

与 xQueueSendToBack ( ) API 函数一样，xQueueOverwrite ( ) API 函数也是将数据发送到队列。与 xQueueSendToBack ( ) 函数不同的是，如果队列已满，那么 xQueueOverwrite ( ) 函数将覆盖队列的已有数据。

xQueueOverwrite ( ) 函数应该只用于长度为 1 的队列。如果队列已满，这个限制避免了函数实现时需要主观决定覆盖队列中哪个数据项。

注意：千万不要在中断服务程序中调用 xQueueOverwrite ( ) API 函数。应该使用中断安全版本的 xQueueOverwriteFromISR ( ) API 函数来替代。

xQueueOverwrite ( ) API 函数的原型如清单 4–29 所示。

清单 4-29　xQueueOverwrite ( ) API 函数的原型

```
BaseType_t xQueueOverwrite ( QueueHandle_t xQueue, const void * pvItemToQueue );
```

xQueueOverwrite ( ) API 函数的参数和返回值及其说明如表 4–9 所示。

表 4-9　xQueueOverwrite ( ) API 函数的参数和返回值及其说明

参数名称 / 返回值	说　明
xQueue	将数据发送到（写入）队列，本参数是该队列的句柄。队列句柄从用于创建队列的 xQueueCreate ( ) 函数调用中返回
pvItemToQueue	指向要被复制到队列的数据的指针。 队列所能容纳的每个数据项的大小在创建队列时设置，所以这些字节将从 pvItemToQueue 复制到队列存储区
返回值	xQueueOverwrite ( ) 函数甚至会在队列已满时仍然向队列写入数据，所以 pdPASS 是唯一可能的返回值

清单 4–30 显示了使用 xQueueOverwrite ( ) API 函数写入清单 4–28 创建的邮箱（队列）。

清单 4-30　使用 xQueueOverwrite（）API 函数

```
void vUpdateMailbox ( uint32_t  ulNewValue )
{
/* Example_t 在清单 4-28 中定义。*/
Example_t xData;

    /* 将新数据写入 Example_t 结构体。*/
    xData.ulValue = ulNewValue;

    /* 将 RTOS 的滴答计数作为时间戳存储在 Example_t 结构体。*/
    xData.xTimeStamp = xTaskGetTickCount ();

    /* 将结构体发送到邮箱——覆盖邮箱中已有数据。*/
    xQueueOverwrite ( xMailbox, &xData );
}
```

xQueuePeek（）API 函数

xQueuePeek（）API 函数用于从队列中接收（读取）数据项，且没有将数据项从队列中移除。xQueuePeek（）API 函数从队列的头部接收数据，而且没有修改队列中存储的数据，也没有修改队列中存储数据的顺序。

注意：千万不要在中断服务程序中调用 xQueuePeek（）API 函数，应该使用中断安全版本的 xQueuePeekFromISR（）API 函数来替代。

xQueuePeek（）API 函数的参数和返回值与 xQueueReceive（）API 函数相同。

xQueuePeek（）API 函数的原型如清单 4-31 所示。

清单 4-31　xQueuePeek（）API 函数的原型

```
BaseType_t xQueuePeek ( QueueHandle_t xQueue,
                        void * const pvBuffer,
                        TickType_t xTicksToWait );
```

清单 4-32 显示了使用 xQueuePeek（）API 函数接收清单 4-30 发布到邮箱（队列）的数据项。

清单 4-32　使用 xQueuePeek（）API 函数

```
BaseType_t vReadMailbox ( Example_t *pxData )
{
TickType_t xPreviousTimeStamp ;
BaseType_t xDataUpdated ;
    /* 本函数使用从邮箱中收到的最新数据更新 Example_t 结构体。在时间戳被新数据
    覆盖之前，记录 *pxData 中已有的时间戳。*/
```

```
    xPreviousTimeStamp = pxData->xTimeStamp ;
    /* 用邮箱中的数据更新 pxData 指向的 Example_t 结构体。如果在这里使用 xQueue
    Receive( )函数,那么邮箱就会清空,其他任务就无法读取数据。使用 xQueuePeek( )
    函数代替 xQueueReceive( )函数可以确保数据保留在邮箱中。指定了阻塞时间,因此如果
    邮箱已空,调用任务将进入阻塞状态,等待邮箱收到数据。由于使用了无限阻塞时间,
    所以不需要检查 xQueuePeek( ) 函数的返回值,因为 xQueuePeek( ) 函数仅在有可用
    数据时才会返回。*/
    xQueuePeek ( xMailbox, pxData, portMAX_DELAY );

    /* 如果从邮箱中读取的数据自本函数最后一次调用后有更新,则返回 pdTRUE,否则返
    回 pdFALSE。*/
    if ( pxData->xTimeStamp > xPreviousTimeStamp )
    {
        xDataUpdated = pdTRUE;
    }
    else
    {
        xDataUpdated = pdFALSE;
    }
    return xDataUpdated ;
}
```

第 5 章

软件定时器管理

5.1　本章知识点及学习目标

使用软件定时器安排函数的执行，执行时机设定在未来的某个时间，或者以固定频率周期性执行。将软件定时器执行的函数称为软件定时器的回调函数。

软件定时器由 FreeRTOS 内核实现，并受其控制。软件定时器不需要硬件支持，与硬件定时器或硬件计数器无关。

注意：根据 FreeRTOS 采用创新设计以确保效率最大化的理念，软件定时器不使用任何处理时间，除非软件定时器回调函数在实际执行。

软件定时器功能是可选的。要使用软件定时器功能，必须完成以下步骤：

（1）构建工程时，将 FreeRTOS 源文件 FreeRTOS/Source/timers.c 作为工程的一部分；

（2）将 FreeRTOSConfig.h 中的 configUSE_TIMERS 设置为 1。

学习目标

本章旨在让读者充分了解以下知识：

- 软件定时器特性和任务特性的比较。
- RTOS 守护任务。
- 定时器命令队列。
- 一次性软件定时器和周期性软件定时器的区别。
- 如何创建、启动和重置软件定时器，以及更改软件定时器的周期。

5.2　软件定时器回调函数

以 C 语言函数形式实现软件定时器回调函数，唯一特别的地方是回调函数的原型必须返回 void，并以软件定时器的句柄作为唯一参数。软件定时器回调函数的原型如清单 5-1 所示。

清单 5-1　软件定时器回调函数的原型

```
void ATimerCallback ( TimerHandle_t xTimer );
```

软件定时器回调函数的执行从开始到结束及退出都以正常方式进行。软件定时器回调函数应保持短小精悍，而且不能进入阻塞状态。

注意：正如将要看到的那样，软件定时器回调函数在 FreeRTOS 调度器启动时自动创建的任务的上下文中执行。因此，软件定时器回调函数绝对不能调用 FreeRTOS API 函数，否则会导致调用任务进入阻塞状态。调用 xQueueReceive（）这样的 API 函数是可以的，但前提是将函数的 xTicksToWait 参数（指定函数的阻塞时间）设置为 0。调用 vTaskDelay（）这样的 API 函数是不行的，因为调用 vTaskDelay（）API 函数总是会使调用任务进入阻塞状态。

5.3 软件定时器的属性和状态

软件定时器的周期

软件定时器的"周期"是指从启动软件定时器到执行软件定时器回调函数之间的时间。

一次性和自动重装定时器

软件定时器有如下两种类型。

（1）一次性定时器。

一旦启动，一次性定时器只执行一次回调函数。可以手动重启一次性定时器，但一次性定时器不会自动重启。

（2）自动重装定时器。

一旦启动，自动重装定时器将在每次到期时自动重启，所以导致其回调函数周期性执行。

图 5-1 显示了一次性软件定时器和自动重装软件定时器之间的行为差异。

细垂直线标记发生滴答中断的时间。

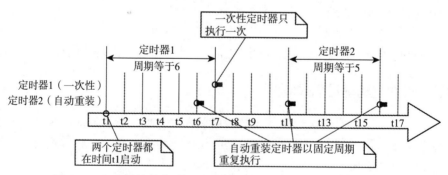

图 5-1　一次性软件定时器和自动重装软件定时器之间的行为差异

参考图 5-1：

（1）定时器 1。

定时器 1 是一次性软件定时器，周期为 6 个滴答。在时间 t1 启动，所以其回调函数在 6 个滴答后，即 t7 执行。由于定时器 1 是一次性定时器，所以其回调函数不会再次执行。

（2）定时器 2。

定时器 2 是自动重装软件定时器，周期为 5 个滴答。在时间 t1 开始，所以其回调函数在时间 t1 之后每 5 个滴答执行一次。图 5-1 中，这些时间是 t6、t11 和 t16。

软件定时器状态

软件定时器可能处于以下两种状态中的一种。

（1）休眠。

休眠的软件定时器是存在的，可以通过其句柄引用；但没有运行，所以其回调函数不会执行。

（2）运行。

软件定时器进入运行状态或者最后一次重置后，将在与其周期相等的时间过去后执行其回调函数。

图 5-2 和图 5-3 分别显示了自动重装软件定时器和一次性软件定时器在休眠状态和运行状态之间可能的转换。两张图的主要区别在于定时器到期后进入的状态，自动重装软件定时器执行其回调函数后重新进入运行状态，一次性软件定时器执行其回调函数后进入休眠状态。

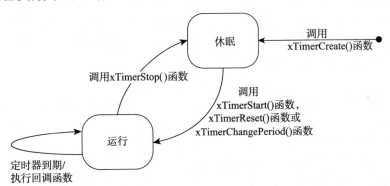

图 5-2　自动重装软件定时器的状态和转换情况

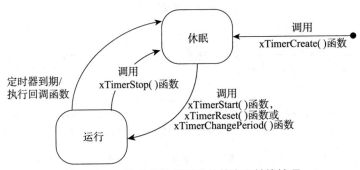

图 5-3　一次性软件定时器的状态和转换情况

xTimerDelete（ ）API 函数用于删除定时器，可以在任何时候删除定时器。

5.4　软件定时器的上下文

下面介绍与软件定时器有关的守护任务、定时器命令队列和守护任务调度，加深读者对软件定时器的理解，并通过设置不同的优先级演示守护任务的调度情况。

1. RTOS 守护（定时器服务）任务

所有的软件定时器回调函数都在同一个 RTOS 守护（或"定时器服务"）任务[①]的上下文中执行。

守护任务是标准的 FreeRTOS 任务，在调度器启动时自动创建。守护任务的优先级和栈大小分别由 configTIMER_TASK_PRIORITY 和 configTIMER_TASK_STACK_DEPTH 编译时配置常量设置。这两个常量都在 FreeRTOSConfig.h 中定义。

软件定时器回调函数不能调用 FreeRTOS API 函数，否则会导致调用任务进入阻塞状态，并导致守护任务进入阻塞状态。

2. 定时器命令队列

软件定时器 API 函数将命令从调用任务发送到守护任务，这些命令在名为"定时器命令队列"的队列上，如图 5-4 所示。命令的例子包括"启动定时器""停止定时器"和"重置定时器"。

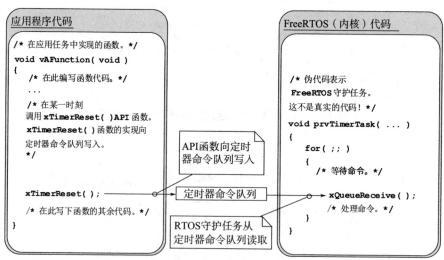

图 5-4　软件定时器 API 函数使用定时器命令队列与 RTOS 守护任务通信

① 该任务曾经被称为"定时器服务任务"，因为最初使用该任务执行软件定时器回调函数。现在相同的任务也用于其他目的，因此就以更通用的名字"RTOS 守护任务"为人所知。

定时器命令队列是标准的 FreeRTOS 队列,在调度器启动时自动创建。定时器命令队列的长度由 FreeRTOSConfig.h 中的 configTIMER_QUEUE_LENGTH 编译时配置常量设置。

3. 守护任务调度

像调度其他 FreeRTOS 任务一样调度守护任务;只有当守护任务是能够运行的最高优先级任务时,才会处理命令或者执行定时器回调函数。图 5-5 和图 5-6 演示了 configTIMER_TASK_PRIORITY 的设置如何影响执行模式。

图 5-5 显示了当守护任务的优先级低于调用 xTimerStart ( ) API 函数的任务的优先级时的执行模式。

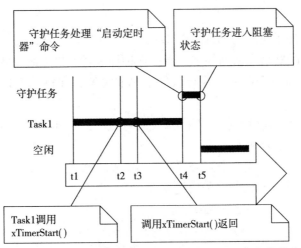

图 5-5　当调用 xTimerStart ( ) 函数的任务的优先级高于守护任务的优先级时的执行模式

参考图 5-5,其中 Task1 的优先级高于守护任务的优先级,而守护任务的优先级高于空闲任务的优先级。

(1)在时间 t1。

Task1 处于运行状态,守护任务处于阻塞状态。

如果向定时器命令队列发送命令,守护任务就将离开阻塞状态,在这种情况下,将处理该命令;如果软件定时器到期,则执行软件定时器的回调函数。

(2)在时间 t2。

Task1 调用 xTimerStart ( ) 函数。

xTimerStart ( ) 函数向定时器命令队列发送一条命令,使守护任务离开阻塞状态。Task1 的优先级高于守护任务的优先级,所以守护任务不会抢占 Task1。

Task1 仍处于运行状态,而守护任务已离开阻塞状态并进入就绪状态。

（3）在时间 t3。

Task1 完成执行 xTimerStart（）函数。Task1 执行 xTimerStart（）函数，从函数开始到函数结束，没有离开运行状态。

（4）在时间 t4。

Task1 调用 API 函数，导致其进入阻塞状态。守护任务现在是就绪状态下优先级最高的任务，所以调度器选择守护任务作为进入运行状态的任务。然后守护任务开始处理 Task1 发送到定时器命令队列的命令。

注意：软件定时器的到期时间是从发送"启动定时器"命令到定时器命令队列的时间开始计算的——而不是从守护任务从定时器命令队列收到"启动定时器"命令的时间开始计算的。

（5）在时间 t5。

守护任务已经处理完 Task1 发送的命令，并试图从定时器命令队列中接收更多数据。定时器命令队列为空，所以守护任务重新进入阻塞状态。如果有命令发送到定时器命令队列，或者软件定时器过期，守护任务将再次离开阻塞状态。

空闲任务现在是就绪状态下优先级最高的任务，所以调度器选择空闲任务作为进入运行状态的任务。

图 5-6 显示的情况与图 5-5 类似，但这次守护任务的优先级高于调用 xTimerStart（）API 函数的任务的优先级。

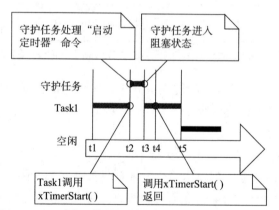

图 5-6　当调用 xTimerStart（）函数的任务的优先级低于守护任务的优先级时的执行模式

参考图 5-6，其中守护任务的优先级高于 Task1 的优先级，而 Task1 的优先级高于空闲任务的优先级。

（1）在时间 t1。

和之前一样，Task1 处于运行状态，守护任务处于阻塞状态。

（2）在时间 t2。

Task1 调用 xTimerStart（）函数。

xTimerStart（）函数向定时器命令队列发送一条命令，使守护任务离开阻塞状态。守护任务的优先级高于 Task1 的优先级，所以调度器选择守护任务作为进入运行状态的任务。

Task1 还没有完成执行 xTimerStart（）函数，就被守护任务抢占，现在处于就绪状态。

守护任务开始处理 Task1 向定时器命令队列发送的命令。

（3）在时间 t3。

守护任务已经处理完 Task1 发送的命令，并试图从定时器命令队列中接收更多数据。定时器命令队列为空，因此守护任务重新进入阻塞状态。

Task1 现在是就绪状态下优先级最高的任务，所以调度器选择 Task1 作为进入运行状态的任务。

（4）在时间 t4。

Task1 在没有执行完 xTimerStart（）函数时，就被守护任务抢占；只有重新进入运行状态后，才会退出 xTimerStart（）函数（从函数返回）。

（5）在时间 t5。

Task1 调用 API 函数，导致其进入阻塞状态。空闲任务现在是就绪状态下优先级最高的任务，所以调度器选择空闲任务作为进入运行状态的任务。

图 5-5 所示的场景，从 Task1 向定时器命令队列发送命令到守护任务接收并处理命令之间经过了一段时间。图 5-6 所示的场景，在 Task1 从发送命令的函数返回之前，守护任务已经收到并处理了 Task1 向其发送的命令。

发送到定时器命令队列的命令包含时间戳。时间戳用于说明应用任务发送的命令与守护任务处理的同一命令之间经历的时间。例如，如果发送"启动定时器"命令启动周期为 10 滴答的定时器，那么使用时间戳确保启动的定时器在发送命令后 10 滴答到期，而不是守护任务处理命令后 10 滴答。

5.5　创建和启动软件定时器

下面介绍创建和启动软件定时器的两个 API 函数。

xTimerCreate（）API 函数

FreeRTOS V9.0.0 还包括 xTimerCreateStatic（）API 函数，该函数在编译时静态地分配创建定时器所需的内存。在使用软件定时器之前，必须明确地创建软件定时器。

软件定时器由类型为 TimerHandle_t 的变量引用。使用 xTimerCreate（）函数创建软件定时器，该函数返回 TimerHandle_t 类型的变量以引用创建的软件定时器。刚被创建的软件定时器处于休眠状态。

可以在调度器运行前创建软件定时器，也可以在调度器启动后在任务中创建软件定时器。

第 1 章 1.5 节描述了使用的数据类型和命名规范。

xTimerCreate（）API 函数的原型如清单 5-2 所示。

清单 5-2　xTimerCreate（）API 函数的原型

```
TimerHandle_t xTimerCreate ( const char * const pcTimerName,
                TickType_t xTimerPeriodInTicks,
                UBaseType_t uxAutoReload,
                void * pvTimerID,
                TimerCallbackFunction_t pxCallbackFunction );
```

xTimerCreate（）API 函数的参数和返回值及其说明如表 5-1 所示。

表 5-1　xTimerCreate（）API 函数的参数和返回值及其说明

参数名称 / 返回值	说　明
pcTimerName	定时器的描述性名称，FreeRTOS 不会使用，纯粹作为辅助调试工具，通过人们可读的名字来识别定时器比试图通过其句柄来识别要简单得多
xTimerPeriodInTicks	定时器的周期，以滴答为单位。使用 pdMS_TO_TICKS（）宏把以毫秒为单位的时间转换为以滴答为单位的时间
uxAutoReload	设置 uxAutoReload 为 pdTRUE，创建自动重装计时器；设置 uxAutoReload 为 pdFALSE，创建一次性定时器
pvTimerID	每个软件定时器都有 ID 值。ID 是一个空指针，可以被编程人员随意使用。当相同回调函数被多个软件定时器使用时，ID 特别有用，因为可以使用 ID 来提供与定时器相关的存储。 pvTimerID 为正在创建的定时器的 ID 设置初始值
pxCallbackFunction	软件定时器回调函数仅仅是符合清单 5-1 所示原型的 C 语言函数。pxCallbackFunction 参数是指向函数的指针（实际上只是函数名），用来作为正在创建的软件定时器的回调函数
返回值	如果返回 NULL，则不能创建软件定时器，因为没有足够的堆内存供 FreeRTOS 分配必要的数据结构。 返回非 NULL 值，表示已成功创建软件定时器。返回值是创建的定时器的句柄。 第 2 章提供了更多关于堆内存管理的信息

xTimerStart（）API 函数

xTimerStart（）API 函数用于启动处于休眠状态的软件定时器，或重置（重新启动）处于运行状态的软件定时器。xTimerStop（）API 函数用于停止处于运行状态的软件定时器。停止软件定时器和将软件定时器转入休眠状态，实现的功能是相同的。

可以在调度器启动前调用 xTimerStart（）函数，但这样做的结果是直到调度器启动时，软件定时器才会真正启动。

注意：千万不要在中断服务程序中调用 xTimerStart（）API 函数，应该使用中断安全版本的 xTimerStartFromISR（）API 函数来替代。

xTimerStart（）API 函数的原型如清单 5-3 所示。

清单 5-3　xTimerStart（）API 函数的原型

BaseType_t xTimerStart (TimerHandle_t xTimer, TickType_t xTicksToWait);

xTimerStart（）API 函数的参数和返回值及其说明如表 5-2 所示。

表 5-2　xTimerStart（）API 函数的参数和返回值及其说明

参数名称 / 返回值	说　明
xTimer	被启动或重置的软件定时器的句柄，该句柄从用于创建软件定时器的 xTimerCreate（）函数调用中返回
xTicksToWait	xTimerStart（）函数使用定时器命令队列发送"启动定时器"命令。 xTicksToWait 指定了在定时器命令队列已满时，调用任务应保持在阻塞状态以等待定时器命令队列有可用空间的最大时间。 如果 xTicksToWait 为 0 且定时器命令队列已满，xTimerStart（）函数将立即返回。 阻塞时间以滴答周期为单位，所以代表的绝对时间取决于滴答频率。可以使用宏 pdMS_TO_TICKS（）把以毫秒为单位的时间转换为以滴答为单位的时间。 如果将 FreeRTOSConfig.h 中的 INCLUDE_vTaskSuspend 设置为 1，那么将 xTicksToWait 设置为 portMAX_DELAY 会导致调用任务无限期地处于阻塞状态（没有超时），以等待定时器命令队列有可用空间。 如果在调度器启动之前调用 xTimerStart（）函数，那么 xTicksToWait 的值被忽略，xTimerStart（）函数的行为就像将 xTicksToWait 设置为 0 一样

续表

参数名称 / 返回值	说　明
返回值	有两种可能的返回值： （1）pdPASS 只有当"启动定时器"命令被成功发送到定时器命令队列时，才会返回 pdPASS。 如果守护任务的优先级高于调用 xTimerStart（）函数的任务的优先级，那么调度器将确保在 xTimerStart（）函数返回之前处理启动命令。这是因为一旦定时器命令队列中有数据，守护任务就会抢占调用 xTimerStart（）函数的任务。 如果指定了阻塞时间（xTicksToWait 不为 0），那么在函数返回之前调用任务有可能进入阻塞状态，以等待定时器命令队列有可用空间；但在阻塞时间到期前，数据被成功写入定时器命令队列。 （2）pdFALSE 如果由于队列已满而无法将"启动定时器"命令写入定时器命令队列，那么就返回 pdFALSE。 如果指定了阻塞时间（xTicksToWait 不为 0），那么调用任务将进入阻塞状态，以等待守护任务在定时器命令队列中腾出空间；但在那种情况发生之前，指定的阻塞时间已经到期

下面通过例 5-1 介绍一次性定时器和自动重装定时器的使用，然后通过比较例 5-1 执行时产生的输出差异，加深读者对这两种类型定时器的理解。

例 5-1　创建一次性定时器和自动重装定时器

本例创建并启动了一个一次性定时器和一个自动重装定时器，如清单 5-4 所示。

清单 5-4　创建和启动例 5-1 使用的定时器

```
/* 分配给一次性定时器和自动重装定时器的周期分别为 3.333s 和 0.5s。*/
#define mainONE_SHOT_TIMER_PERIOD        pdMS_TO_TICKS ( 3333 )
#define mainAUTO_RELOAD_TIMER_PERIOD pdMS_TO_TICKS ( 500 )
int main ( void )
{
TimerHandle_t xAutoReloadTimer, xOneShotTimer;
BaseType_t xTimer1Started, xTimer2Started;
    /* 创建一次性定时器，将定时器的句柄存储在变量 xOneShotTimer 中。*/
    xOneShotTimer = xTimerCreate (
            /* 软件定时器的文字名称——FreeRTOS 不使用。*/
            "OneShot",
            /* 软件定时器的周期，以滴答为单位。*/
            mainONE_SHOT_TIMER_PERIOD,
            /* 将 uxAutoReload 设置为 pdFALSE，创建一次性软件定时器。*/
```

```
                pdFALSE,
                /* 本例不使用定时器 ID。*/
                0,
                /* 正在创建的软件定时器要使用的回调函数。*/
                PrvOneShotTimerCallback ( ));
        /* 创建自动重装定时器，将定时器的句柄存储在变量 xAutoReloadTimer 中。*/
        xAutoReloadTimer = xTimerCreate (
                /* 软件定时器的文字名称——FreeRTOS 不使用。*/
                "AutoReload",
                /* 软件定时器的周期，以滴答为单位。*/
                mainAUTO_RELOAD_TIMER_PERIOD,
                /* 将 uxAutoReload 设置为 pdTRUE，创建自动重装软件定时器。*/
                pdTRUE,
                /* 本例不使用定时器 ID。*/
                0,
                /* 正在创建的软件定时器要使用的回调函数。*/
                PrvAutoReloadTimerCallback ( ));
        /* 检查软件定时器的创建情况。*/
        if ( ( xOneShotTimer != NULL ) && ( xAutoReloadTimer != NULL ) )
        {
            /* 启动软件定时器，使用0阻塞时间( 无阻塞时间 )。调度器还没有启动，所以这里
            指定的阻塞时间会被忽略。*/
            xTimer1Started = xTimerStart ( xOneShotTimer, 0 );
            xTimer2Started = xTimerStart ( xAutoReloadTimer, 0 );
            /* xTimerStart( )函数的实现使用了定时器命令队列，如果定时器命令队列已满，调
            用 xTimerStart( )函数将失败。定时器服务任务在调度器启动前不会被创建，所以发
            送到命令队列的全部命令都会保留在队列中，直到调度器启动。检查对 xTimerStart( )
            函数的两次调用是否都通过。*/
            if ( ( xTimer1Started == pdPASS ) && ( xTimer2Started == pdPASS ) )
            {
                /* 启动调度器。*/
                vTaskStartScheduler ( );
            }
        }
        /* 按惯例，程序不应该执行到本语句。*/
        for ( ; ; );
}
```

定时器的回调函数在每次被调用时打印一条信息。一次性定时器回调函数
的实现如清单 5-5 所示，自动重装定时器回调函数的实现如清单 5-6 所示。

清单 5-5　例 5-1 一次性定时器使用的回调函数

```
static void prvOneShotTimerCallback ( TimerHandle_t xTimer )
{
TickType_t xTimeNow;

    /* 获取当前的滴答计数。*/
    xTimeNow = xTaskGetTickCount ( );

    /* 输出字符串以显示执行回调函数的时间。*/
    vPrintStringAndNumber ( "One-shot timer callback executing", xTimeNow );

    /* 文件范围变量。*/
    ulCallCount++;
}
```

清单 5-6　例 5-1 自动重装定时器使用的回调函数

```
static void prvAutoReloadTimerCallback ( TimerHandle_t xTimer )
{
TickType_t xTimeNow;

    /* 获取当前的滴答计数。*/
    xTimeNow = uxTaskGetTickCount ( );

    /* 输出字符串以显示执行回调函数的时间。*/
    vPrintStringAndNumber ( "Auto-reload timer callback executing", xTimeNow );

    ulCallCount++ ;
}
```

执行例 5-1 时会产生如图 5-7 所示的输出。图 5-7 显示了自动重装定时器的回调函数以 500 个滴答的固定周期执行（在清单 5-4 中，将 mainAUTO_RELOAD_TIMER_PERIOD 设置为 500）；一次性定时器的回调函数在滴答数为 3333 时只执行一次（清单 5-4 中，将 mainONE_SHOT_TIMER_PERIOD 设置为 3333）。

图 5-7　执行例 5-1 时产生的输出

5.6　定时器 ID

每个软件定时器都有 ID，ID 是一个标签值，可以被编程人员随意使用。ID 存储在空指针（void *）中，所以可以直接存储整数值，也可以指向其他对象，或者作为函数指针使用。

创建软件定时器时，会给 ID 分配初始值——之后可以使用 vTimerSetTimerID（）API 函数更新 ID，并使用 pvTimerGetTimerID（）API 函数查询 ID。

与其他软件定时器 API 函数不同，vTimerSetTimerID（）和 pvTimerGetTimerID（）直接访问软件定时器，不向定时器命令队列发送命令。

下面介绍这两个与定时器 ID 有关的 API 函数。

vTimerSetTimerID（）API 函数

vTimerSetTimerID（）API 函数的原型如清单 5-7 所示。

清单 5-7　vTimerSetTimerID（）API 函数的原型

```
void vTimerSetTimerID ( const TimerHandle_t xTimer, void *pvNewID );
```

vTimerSetTimerID（）API 函数的参数和返回值及其说明如表 5-3 所示。

表 5-3　vTimerSetTimerID（）API 函数的参数和返回值及其说明

参数名称 / 返回值	说　明
xTimer	要用新 ID 值进行更新的软件定时器的句柄。该句柄从用于创建软件定时器的 xTimerCreate（）函数调用中返回
pvNewID	软件定时器 ID 会被更新为该值

pvTimerGetTimerID（）API 函数

pvTimerGetTimerID（）API 函数的原型如清单 5-8 所示。

清单 5-8　pvTimerGetTimerID（）API 函数的原型

```
void *pvTimerGetTimerID ( TimerHandle_t xTimer );
```

pvTimerGetTimerID（）API 函数的参数和返回值及其说明如表 5-4 所示。

表 5-4　pvTimerGetTimerID（）API 函数的参数和返回值及其说明

参数名称 / 返回值	说　明
xTimer	被查询的软件定时器的句柄。该句柄从用于创建软件定时器的 xTimerCreate（）函数调用中返回
返回值	被查询的软件定时器的 ID

下面通过例 5-2 介绍定时器 ID 的使用。

例 5-2　使用回调函数参数和软件定时器 ID

可以将相同的回调函数分配给多个软件定时器。此时，采用回调函数参数确定哪个软件定时器到期。

例 5-1 使用了两个独立的回调函数：一个被一次性定时器使用，另一个被自动重装定时器使用。例 5-2 实现的功能与例 5-1 实现的功能类似，但为两个软件定时器分配了相同的回调函数。

例 5-2 使用的 main（）函数与例 5-1 使用的 main（）函数几乎相同，唯一不同的是创建软件定时器的位置。具体区别见清单 5-9，其中 prvTimerCallback（）是用于两个定时器的回调函数。创建例 5-2 使用的定时器如清单 5-9 所示。

清单 5-9　创建例 5-2 使用的定时器

```
/* 创建一次性软件定时器，将句柄存储在 xOneShotTimer 中。*/
xOneShotTimer = xTimerCreate ( "OneShot",

                                mainONE SHOT TIMER PERIOD,
                                pdFALSE,
                                /* 初始化定时器 ID 为 0。*/
                                0,
                                /* prvTimerCallback（）函数被两个定时器调用。*/
                                prvTimerCallback ( ));


/* 创建自动重装软件定时器，将句柄存储在 xAutoReloadTimer 中。*/
xAutoReloadTimer = xTimerCreate ( "AutoReload",

                                mainAUTO_RELOAD_TIMER_PERIOD,
                                pdTRUE,
                                /* 初始化定时器 ID 为 0。*/
                                0,
                                /* prvTimerCallback（）函数被两个定时器调用。*/
                                prvTimerCallback ( ));
```

prvTimerCallback（）函数将在任意定时器到期时执行。prvTimerCallback（）函数使用了函数参数来确定调用是因为一次性定时器到期，还是因为自动重装定时器到期。

prvTimerCallback（）函数还演示了如何使用软件定时器 ID 作为定时器的特定存储，每个软件定时器都会在自己的 ID 中保存到期次数的计数，自动重装定时器执行到第 5 次时，就会使用这个计数来停止自己。

prvTimerCallback（）函数的实现如清单 5-10 所示。

清单 5-10　例 5-2 使用的定时器回调函数

```
static void prvTimerCallback ( TimerHandle_t xTimer )
{
TickType_t xTimeNow;
uint32_t ulExecutionCount;

    /* 该软件定时器到期次数存储在定时器 ID 中。获取 ID，将其递增，然后作为新的 ID
    值保存。ID 是一个 void 指针，所以先将其转换为 uint32_t 类型。*/
    ulExecutionCount = ( uint32_t ) pvTimerGetTimerID ( xTimer );
    ulExecutionCount++;
    vTimerSetTimerID ( xTimer, ( void * ) ulExecutionCount );
    /* 获取当前的滴答计数。*/
    xTimeNow = xTaskGetTickCount ( );

    /* 创建定时器时，将一次性定时器的句柄存储在 xOneShotTimer 中。将传入本函数的句
    柄与 xOneShotTimer 进行比较，以确定是一次性还是自动重装定时器到期，然后输出字
    符串以显示执行回调函数的时间。*/
    if ( xTimer == xOneShotTimer )
    {
        vPrintStringAndNumber ( "One-shot timer callback executing", xTimeNow );
    }
    else
    {
        /* xTimer 不等于 xOneShotTimer，所以一定是自动重装定时器到期了。*/
        vPrintStringAndNumber ( "Auto-reload timer callback executing",  xTimeNow );
        if ( ulExecutionCount == 5 )
        {
            /* 在自动重装定时器执行 5 次后，停止该定时器。这个回调函数是在 RTOS 守护
            任务的上下文中执行的，所以不能调用任何可能导致守护任务进入阻塞状态的
            函数，因此使用的阻塞时间为 0。*/
            xTimerStop ( xTimer, 0 );
        }
    }
}
```

执行例 5-2 时产生的输出如图 5-8 所示。可以看到，自动重装定时器只执行了 5 次。

5.7　更改定时器的周期

每种官方的 FreeRTOS 移植都会提供一个或多个示例工程。大多数示例工程都可以进行自检，采用 LED 灯直观地反映工程的状态：如果总是能够通过自检，那么 LED 灯会缓慢地闪烁；如果自检曾经失败过，那么 LED 灯会快速地闪烁。

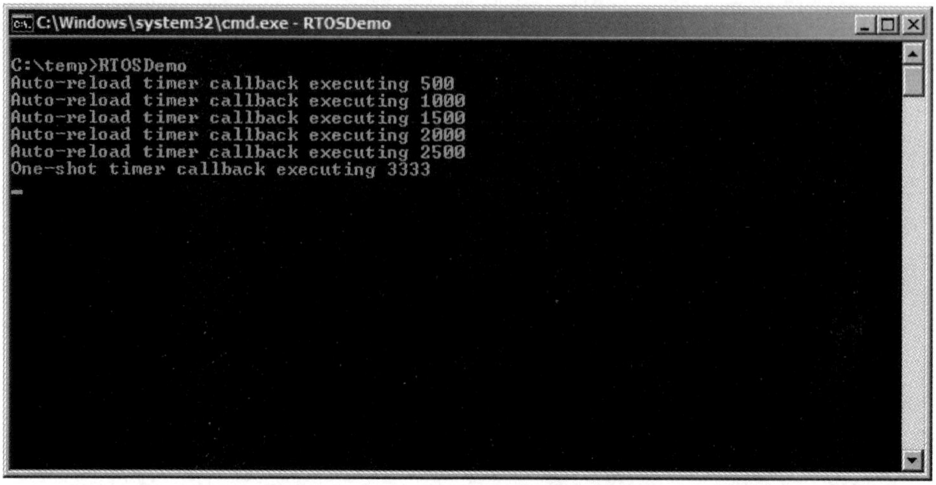

图 5-8　执行例 5-2 时产生的输出

一些示例工程在任务中执行自检，并使用 vTaskDelay（）函数来控制 LED 灯的闪烁速度。其他示例工程在软件定时器回调函数中执行自检，并利用定时器的周期来控制 LED 灯的闪烁速度。

下面介绍与更改定时器周期有关的 API 函数。

xTimerChangePeriod（）

使用 xTimerChangePeriod（）API 函数更改软件定时器的周期。

如果使用 xTimerChangePeriod（）API 函数更改已经在运行的定时器的周期，那么定时器将使用新周期值来重新计算到期时间。新的到期时间是相对于调用 xTimerChangePeriod（）API 函数的时间，而不是相对于定时器最初启动的时间。

如果使用 xTimerChangePeriod（）API 函数改变处于休眠状态（定时器没有运行）的定时器的周期，那么定时器将计算到期时间并转换到运行状态（定时器将开始运行）。

注意：千万不要在中断服务程序中调用 xTimerChangePeriod（）API 函数，应该使用中断安全版本的 xTimerChangePeriodFromISR（）API 函数来替代。

xTimerChangePeriod（）API 函数的原型如清单 5-11 所示。

清单 5-11　xTimerChangePeriod（）API 函数的原型

```
BaseType_t xTimerChangePeriod ( TimerHandle_t xTimer,
                                TickType_t xNewTimerPeriodInTicks,
                                TickType_t xTicksToWait );
```

xTimerChangePeriod（）API 函数的参数和返回值及其说明如表 5-5 所示。

表 5-5　xTimerChangePeriod（）API 函数的参数和返回值及其说明

参数名称 / 返回值	说　明
xTimer	要用新周期值进行更新的软件定时器的句柄。该句柄从用于创建软件定时器的 xTimerCreate（）函数调用中返回
xNewTimerPeriodInTicks	软件定时器的新周期，以滴答为单位。 可以使用 pdMS_TO_TICKS（）宏把以毫秒为单位的时间转换为以滴答为单位的时间
xTicksToWait	xTimerChangePeriod（）函数使用定时器命令队列向守护任务发送"更改周期"命令。如果定时器命令队列已满，xTicksToWait 指定调用任务应保持在阻塞状态的最大时间，以等待定时器命令队列有可用空间。如果 xTicksToWait 为 0 且定时器命令队列已满，xTimerChangePeriod（）函数将立即返回。 　可以使用 pdMS_TO_TICKS（）宏把以毫秒为单位的时间转换为以滴答为单位的时间。 　如果将 FreeRTOSConfig.h 中的 INCLUDE_vTaskSuspend 设置为 1，那么将 xTicksToWait 设置为 portMAX_DELAY 将导致调用任务无限期地处于阻塞状态，以等待定时器命令队列有可用空间。 　如果在调度器启动之前调用 xTimerChangePeriod（）函数，那么 xTicksToWait 的值将被忽略，xTimerChangePeriod（）函数的行为就像将 xTicksToWait 设置为 0 一样
返回值	有两种可能的返回值： （1）pdPASS 只有当数据被成功发送到定时器命令队列时，才会返回 pdPASS。 　如果指定了阻塞时间（xTicksToWait 不为 0），那么在函数返回之前调用任务有可能进入阻塞状态，以等待定时器命令队列有可用空间；但在阻塞时间到期前，数据被成功写入定时器命令队列。 （2）pdFALSE 　如果由于队列已满而不能将"更改周期"命令写入定时器命令队列，那么就返回 pdFALSE。 　如果指定了阻塞时间（xTicksToWait 不为 0），那么调用任务将进入阻塞状态以等待守护任务在队列中腾出空间，但在那种情况发生之前，指定的阻塞时间已经到期

　　清单 5-12 显示了在软件定时器回调函数中包含自检功能的 FreeRTOS 示例如何使用 xTimerChangePeriod( )API 函数来增加自检失败时 LED 灯的闪烁速度。将执行自检的软件定时器称为"检查定时器"。

清单 5-12　使用 xTimerChangePeriod（）API 函数

```
/* 创建具有 3000ms 周期的检查定时器，使 LED 灯每 3s 闪烁一次。如果自检功能检测
到意外状态，那么检查定时器的周期就会更改为 200ms，从而使 LED 灯快速闪烁。*/
const TickType_t xHealthyTimerPeriod = pdMS_TO_TICKS（3000）;
const TickType_t xErrorTimerPeriod = pdMS_TO_TICKS（200）;
```

```
/* 检查定时器使用的回调函数。*/
static void prvCheckTimerCallbackFunction ( TimerHandle_t xTimer )
{
static BaseType_t xErrorDetected = pdFALSE;

    if ( xErrorDetected == pdFALSE )
    {
        /* 尚未发现错误，再次运行自检函数。该函数要求本例创建的每个任务报告自己的
        状态，并检查所有任务是否仍在运行（因此能够正确报告其状态）。*/
        if ( CheckTasksAreRunningWithError ( ) == pdFAIL )
        {
            /* 任务报告了意外状态。错误可能发生了，缩短检查定时器的周期，以提高其
            回调函数的执行速度，这样就提高了 LED 灯的闪烁速度。该回调函数在 RTOS 守护
            任务的上下文中执行，所以使用的阻塞时间为 0，以确保守护任务永远不会进
            入阻塞状态。*/
            xTimerChangePeriod ( xTimer,          /* 正在更改周期的定时器。*/
                                 xErrorTimerPeriod, /* 定时器的新周期。*/
                                 0);              /* 发送本命令时不需要阻塞。*/
        }

        /* 已检测出错误，锁定此信息。*/
        xErrorDetected = pdTRUE;
    }

    /* 开关 LED 灯。LED 灯的开关速度取决于本函数的调用频率，这由检查定时器的周期决定。
    如果 CheckTasksAreRunningWithoutError（ ）函数曾经返回 pdFAIL，那么定时器的周期
    将从 3000ms 减少到只有 200ms。*/
    ToggleLED ( );
}
```

5.8 重置软件定时器

重置软件定时器意味着重新启动定时器，定时器的到期时间重新计算为相对于重置定时器的时间，而不是最初启动定时器的时间。如图 5-9 所示，图中显示了启动周期为 6 滴答的定时器，然后重置两次，定时器最终到期并执行其回调函数。

参考图 5-9：

• 在时间 t1 启动定时器 1，周期为 6，所以执行回调函数的时间最初计算为 t7，也就是启动后的 6 个滴答。

• 在时间 t7 到达之前重置定时器 1，因此定时器 1 在到期并执行其回调函数之前被重置。定时器 1 在时间 t5 被重置，所以执行其回调函数的时间被重新计算为 t11，也就是被重置后的 6 个滴答。

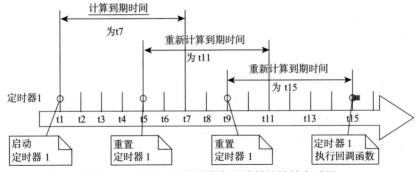

图 5-9 启动和重置周期为 6 滴答的软件定时器

• 在时间 t11 之前再次重置定时器 1，因此定时器 1 在到期并执行其回调函数之前再次被重置。定时器 1 在时间 t9 被重置，所以执行其回调函数的时间被重新计算为 t15，也就是上次被重置后的 6 个滴答。

• 定时器 1 不会再次被重置，所以在时间 t15 时到期，也相应地会执行其回调函数。

下面介绍与重置软件定时器有关的 API 函数。

xTimerReset（）

使用 xTimerReset（）API 函数重置定时器。

也可以使用 xTimerReset（）API 函数启动处于休眠状态的定时器。

注意：千万不要在中断服务程序中调用 xTimerReset（）API 函数，应该使用中断安全版本的 xTimerResetFromISR（）API 函数来替代。

xTimerReset（）API 函数的原型如清单 5-13 所示。

清单 5-13 xTimerReset（）API 函数的原型

```
BaseType_t xTimerReset ( TimerHandle_t xTimer, TickType_t xTicksToWait );
```

xTimerReset（）API 函数的参数和返回值及其说明如表 5-6 所示。

表 5-6 xTimerReset（）API 函数的参数和返回值及其说明

参数名称 / 返回值	说　　明
xTimer	被重置或启动的软件定时器的句柄。该句柄从用于创建软件定时器的 xTimerCreate（）函数调用中返回
xTicksToWait	xTimerReset()函数使用定时器命令队列向守护任务发送"重置"命令。xTicksToWait 指定了如果队列已满，调用任务保持在阻塞状态的最大时间，以等待定时器命令队列有可用空间。 如果 xTicksToWait 为 0 且定时器命令队列已满，xTimerReset（）函数将立即返回。 如果将 FreeRTOSConfig.h 中的 INCLUDE_vTaskSuspend 设置为 1，那么将 xTicksToWait 设置为 portMAX_DELAY 将导致调用任务无限期地处于阻塞状态，以等待定时器命令队列有可用空间

参数名称 / 返回值	说　明
返回值	有两种可能的返回值： （1）pdPASS 只有当数据被成功发送到定时器命令队列时，才会返回 pdPASS。 如果指定了阻塞时间（xTicksToWait 不为 0），那么在函数返回之前调用任务有可能进入阻塞状态，以等待定时器命令队列有可用空间；但在阻塞时间到期前，数据被成功写入定时器命令队列。 （2）pdFALSE 如果由于队列已满而无法将"重置"命令写入定时器命令队列，那么就返回 pdFALSE。 如果指定了阻塞时间（xTicksToWait 不为 0），那么调用任务将进入阻塞状态，以等待守护任务在队列中腾出空间；但在那种情况发生之前，指定的阻塞时间已经到期

下面通过例 5-3 介绍重置软件定时器 API 函数的使用。

例 5-3　重置软件定时器

本例模拟了手机背光灯行为。背光灯具有以下工作模式：

- 当按下按键时开启。
- 只要在一定时间内再次按下按键，就会保持开启状态。
- 如果在一定时间内没有按下按键，就会自动关闭。

使用一次性软件定时器按如下方式实现这种行为：

- 当按下某按键时，开启（模拟的）背光灯，并且将在软件定时器的回调函数中关闭背光灯。
- 每按下一次按键，都会重置软件定时器。
- 为了防止关闭背光灯，必须确保按下按键的时间段等于或小于软件定时器的周期；如果在定时器到期前没有按下按键重置软件定时器，那么定时器的回调函数就会执行并且关闭背光灯。

xSimulatedBacklightOn 变量保存背光灯状态，将 xSimulatedBacklightOn 设置为 pdTRUE 表示背光灯开启，设置为 pdFALSE 表示背光灯关闭。

一次性软件定时器的回调函数如清单 5-14 所示。

清单 5-14　例 5-3 使用的一次性定时器的回调函数

```
static void prvBacklightTimerCallback ( TimerHandle_t xTimer )
{
TickType_t xTimeNow = xTaskGetTickCount ( );

    /* 背光灯定时器到期，关闭背光灯。*/
```

```
      xSimulatedBacklightOn = pdFALSE;

      /* 打印关闭背光灯的时间。*/
      vPrintStringAndNumber (
            "Timer expired, turning backlight OFF at time\t\t", xTimeNow );
}
```

例 5-3 创建了一个轮询键盘 [①] 的任务。该任务如清单 5-15 所示，但根据下面这段描述原因，清单 5-15 并无意代表最佳设计。

采用 FreeRTOS 可以使应用程序成为事件驱动程序。事件驱动设计可以非常有效地使用处理时间，因为只有在事件发生时才会使用处理时间，而不用把处理时间浪费在对未发生事件的轮询上。但是不能将例 5-3 设计成事件驱动，因为在 Windows 中模拟运行 FreeRTOS 时，处理键盘中断是不切实际的，所以必须使用效率低得多的轮询技术来替代。

如果清单 5-15 是中断服务程序，那么必须使用 xTimerResetFromISR（）函数代替 xTimerReset（）函数。

清单 5-15　例 5-3 用于重置软件定时器的任务

```
static void vKeyHitTask ( void *pvParameters )
{
const TickType_t xShortDelay = pdMS_TO_TICKS ( 50 );
TickType_t xTimeNow;
      vPrintString ( "Press a key to turn the backlight on.\r\n" );
      /* 在理想情况下，应用程序应该用事件驱动，并使用中断来处理按键。在 Windows 中
模拟运行 FreeRTOS 时，使用键盘中断是不切实际的，所以使用本任务轮询按键。*/
      for ( ; ; )
      {
            /* 是否有按键按下？ */
            if ( _kbhit ( ) !=0 )
            {
                  /* 已有按键按下，记录时间。*/
                  xTimeNow = xTaskGetTickCount ( );
                  if ( xSimulatedBacklightOn == pdFALSE )
                  {
                        /* 背光灯关闭了，所以开启背光并打印开启时间。*/
                        xSimulatedBacklightOn = pdTRUE;
                        vPrintStringAndNumber (
                              "Key pressed, turning backlight ON at time\t\t", xTimeNow );
                  }
```

[①]　打印到 Windows 控制台，以及从 Windows 控制台读取按键，都会引起执行一系列的 Windows 系统调用。Windows 系统调用包括使用 Windows 控制台、硬盘或 TCP/IP 协议栈，会对 FreeRTOS 在 Windows 上的运行产生不利影响，通常应该避免。

```
        else
        {
            /* 背光灯已经开启，所以打印一条消息，说明即将重置定时器和重置的时间。*/
            vPrintStringAndNumber (
                "Key pressed, resetting software timer at time\t\t", xTimeNow );
        }
        /* 重置软件定时器。如果背光灯之前是关闭的，那么本调用将启动定时器；如果背光灯之
        前是开启的，那么本调用将重启定时器。真实的应用程序可能会在中断里读取按键信息。
        如果本函数是中断服务程序，那么必须使用 xTimerResetFromISR（）函数代替 xTimerReset
        （）函数。*/
        xTimerReset ( xBacklightTimer, xShortDelay );
        /* 读取并丢弃按下的按键——本简单示例不需要按键值。*/
        ( void ) _getch ( );
    }
  }
}
```

执行例 5-3 时产生的输出如图 5-10 所示。参考图 5-10：

• 第一次按键动作发生在滴答数为 812 的时候，此时打开背光灯，并启动一次性定时器。

• 当滴答数为 1813、3114、4015 和 5016 时，又发生了多次按键动作。这些按键动作导致在定时器到期前重置定时器。

• 当滴答数为 10016 时，定时器到期，此时关闭背光灯。

图 5-10　执行例 5-3 时产生的输出

从图 5-10 中可以看到，定时器的周期为 5000 滴答；最后一次按下按键后，正好在 5000 滴答后关闭背光灯，所以时间上距离最后重置定时器有 5000 滴答。

第 6 章
中断管理

6.1 本章知识点及学习目标

嵌入式实时系统必须采取行动对来自环境的事件做出反应。例如，以太网外设到达的数据包（事件）可能需要传递到 TCP/IP 协议栈进行处理（动作）。想要得到不俗的表现，系统就要对来自多个源头的事件开展服务，而这些事件会有不同的处理开销和响应时间要求。每种情况下，嵌入式实时系统都必须判断出如下所述的最佳事件处理实施策略：

（1）如何检测事件？通常使用中断，但也可能对输入进行轮询。

（2）当使用中断时，在中断服务程序（ISR）里面应该进行多少处理，而中断服务程序外面又如何处理？通常情况下，每个 ISR 都应尽可能地短小精悍。

（3）如何将事件传达给主代码（非 ISR），如何对该代码进行结构化设计，以便最好地处理潜在的异步事件？

FreeRTOS 并没有将特定的事件处理策略强加给编程人员，但却提供了功能——允许以简单和可维护的方式实现所选策略。

区分任务的优先级和中断的优先级是很重要的，原因如下：

• 任务是软件功能，与 FreeRTOS 运行的硬件无关。任务的优先级由编程人员在软件中分配，软件算法（调度器）决定哪个任务将处于运行状态。

• 虽然是用软件写的，但中断服务程序是硬件功能，因为硬件控制哪个中断服务程序将运行，以及何时运行。只有在没有 ISR 运行的时候，任务才会运行，所以最低优先级的中断会中断最高优先级的任务，任务却没有办法抢占 ISR。

运行 FreeRTOS 的所有架构都能处理中断，但与中断进入和中断优先级分配有关的细节，不同架构会有所不同。

学习目标

本章旨在让读者充分了解以下知识：

• 哪些 FreeRTOS API 函数可以在中断服务程序中使用。

• 将中断处理推迟给任务的方法。

• 如何创建和使用二进制信号量和计数信号量。

• 二进制信号量和计数信号量的区别。

• 如何使用队列将数据传入和传出中断服务程序。

• 一些 FreeRTOS 移植提供的中断嵌套模型。

6.2 在 ISR 中使用 FreeRTOS API

中断安全 API

通常需要在中断服务程序（ISR）中使用 FreeRTOS API 函数提供的功能，但许多 FreeRTOS API 函数执行的动作在 ISR 内是无效的——其中最显著的是调用 API 函数的任务进入阻塞状态：如果 API 函数是在 ISR 中调用的，那么该 API 函数就不是在任务中调用的，所以不会有能够进入阻塞状态的调用任务。FreeRTOS 通过提供具有两种版本的 API 函数来解决这个问题：一种版本在任务中使用，另一种版本在 ISR 中使用。专门用于 ISR 的 API 函数在其名称后面添加了后缀 "FromISR"。

注意：千万不要在 ISR 中调用名称后面没有后缀 "FromISR" 的 FreeRTOS API 函数。

使用单独的中断安全 API 函数的好处

单独的 API 函数用于中断，可以提高任务代码的效率，也可以提高 ISR 代码的效率，并使中断入口更加简单。为了探究原因，考虑替代解决方案，即为每个 API 函数提供单一版本，可以在任务和 ISR 中调用。如果 API 函数的同一版本可以在任务和 ISR 中调用，那么会出现如下问题：

• API 函数将需要额外的逻辑来确定是由任务还是 ISR 调用的。额外的逻辑将在函数中引入新的代码，使函数更冗长和复杂，更难测试。

• 在任务中调用函数时，一些 API 函数的参数将被淘汰；而在 ISR 中调用函数时，另一些参数将被淘汰。

• 每种 FreeRTOS 移植都需要提供用于确定执行上下文(任务或 ISR)的机制。

• 不易确定执行上下文（任务或 ISR）的架构，使用时需要额外处理，更浪费，也更复杂，而且需要非标准的中断进入代码，这些代码允许执行上下文由软件提供。

使用单独的中断安全 API 函数的缺点

一些 API 函数有两种版本，使任务和 ISR 更有效率，但会带来新问题：有时需要在任务和 ISR 中调用不属于 FreeRTOS API 的函数，但该函数却使用了 FreeRTOS API 函数。

这种情况通常在集成第三方代码时才会出现问题，因为仅仅在那个时候软件设计不受编程人员的控制。如果确实有这种问题，可以采用以下技术来解决：

（1）将中断处理推迟给任务[①]，所以只在任务的上下文中调用 API 函数。

（2）如果使用的是支持中断嵌套的 FreeRTOS 移植，那么请使用以 "FromISR" 结尾的 API 函数，因为可以在任务和 ISR 中调用该函数（反之则不然，

---

① 本章 6.3 节将介绍推迟中断处理。

即不能在 ISR 中调用不以 "FromISR" 结尾的 API 函数）。

（3）第三方代码通常包含 RTOS 抽象层，可以实现对被调用函数的上下文（任务或中断）进行测试，然后调用适合上下文的 API 函数。

xHigherPriorityTaskWoken 参数

本节介绍 xHigherPriorityTaskWoken 参数的概念。如果没有完全理解本节的内容，请不要担心，因为下面的章节会提供实际的例子以加深对该参数的理解。

如果上下文切换是由中断执行的，那么中断退出时运行的任务可能与进入中断时运行的任务不同——中断将中断一个任务，而返回另一个任务。

一些 FreeRTOS API 函数可以将任务从阻塞状态转移到就绪状态。这种情况已经在 xQueueSendToBack（）等 API 函数中看到了，如果有个任务在阻塞状态下等待主题队列上有可用数据，那么该函数将解除任务的阻塞。

如果被 FreeRTOS API 函数解除阻塞的任务的优先级高于处于运行状态的任务的优先级，那么根据 FreeRTOS 调度策略，应该切换到优先级更高的任务。何时切换到高优先级任务，取决于调用 API 函数的上下文：

• 如果是任务调用 API 函数

如果将 FreeRTOSConfig.h 中的 configUSE_PREEMPTION 设置为 1，那么切换到更高优先级的任务就会在 API 函数中自动发生——所以是在 API 函数退出之前。如图 5-6 所示，在写入命令队列的函数退出之前，向定时器命令队列写入导致任务切换到 RTOS 守护任务。

• 如果是中断调用 API 函数

切换到更高优先级的任务不会在中断内自动发生。取而代之的是，设置了一个变量用来通知编程人员应该执行上下文切换。

中断安全 API 函数（那些以 "FromISR" 结尾的函数）有名为 pxHigherPriorityTaskWoken 的指针参数，用于此目的。

如果应该执行上下文切换，那么中断安全 API 函数将把 *pxHigherPriorityTaskWoken 设置为 pdTRUE。为了能够检测到这种情况已经发生，*pxHigherPriorityTaskWoken 所指向的变量在首次使用之前必须被初始化为 pdFALSE。

如果编程人员不向 ISR 请求上下文切换，那么较高优先级的任务将保持在就绪状态，直到调度器下一次运行——最坏情况是在下一个滴答中断期间。

FreeRTOS API 函数只能将 *pxHigherPriorityTaskWoken 设置为 pdTRUE。如果 ISR 调用多个 FreeRTOS API 函数，那么在每次调用 API 函数时都可以传递相同变量作为 *pxHigherPriorityTaskWoken 参数，在首次使用之前只需要将该变量初始化为 pdFALSE。

有如下几个原因导致在 API 函数的中断安全版本函数内部不会自动发生上

下文切换。

（1）避免不必要的上下文切换。

在任务执行处理之前，中断可能会不止一次执行。例如，考虑这样的场景：任务处理由中断驱动的 UART 接收的字符串；每次接收到一个字符时，UART ISR 都要切换到任务，将造成浪费，因为只有在接收到完整的字符串后，任务才需要进行处理。

（2）对执行顺序的控制。

中断可能会在不可预测的时间零星地发生。FreeRTOS 专家级用户可能希望暂时避免在应用程序的特定点上不可预测地切换到不同的任务——尽管这种情况可以通过使用 FreeRTOS 调度器锁定机制来实现。

（3）可移植性。

这是最简单的机制，可以在全部 FreeRTOS 移植中使用。

（4）效率。

针对较小处理器架构的移植只允许在 ISR 的结尾处请求上下文切换，而取消这一限制将需要额外和更复杂的代码。还允许在同一个 ISR 中多次调用 FreeRTOS API 函数，而不会在同一个 ISR 中产生多次上下文切换请求。

（5）在 RTOS 滴答中断中执行。

正如我们在本书后面将要看到的那样，可以在 RTOS 滴答中断中添加应用程序代码。在滴答中断内进行上下文切换的结果取决于使用的 FreeRTOS 移植。最好的情况是，在 RTOS 滴答中断中执行将导致不必要的调度器调用。

pxHigherPriorityTaskWoken 参数的使用是可选的。如果不需要，就将 pxHigherPriorityTaskWoken 设置为 NULL。

宏 portYIELD_FROM_ISR（）和 portEND_SWITCHING_ISR（）

本节介绍用于请求在 ISR 中进行上下文切换的宏。如果没有完全理解本节的内容，请不要担心，因为下面的章节将提供实际的例子以加深对这两个宏的理解。

taskYIELD（）是可以在任务中调用的宏，用于请求上下文切换。宏 portYIELD_FROM_ISR（）和 portEND_SWITCHING_ISR（）是 taskYIELD（）的中断安全版本。宏 portYIELD_FROM_ISR（）和 portEND_SWITCHING_ISR（）的用法相同，完成的功能也相同[①]。一些 FreeRTOS 移植只提供了这两个宏中的一个。较新的 FreeRTOS 移植提供两个宏。本书的例子使用了 portYIELD_FROM_ISR（）宏。portEND_SWITCHING_ISR（）宏如清单 6-1 所示，portYIELD_FROM_ISR（）宏如清单 6-2 所示。

---

① 历史上，portEND_SWITCHING_ISR（）是一个用在 FreeRTOS 移植中的名字，要求中断处理程序使用汇编代码包装器；而 portYIELD_FROM_ISR（）也是一个用在 FreeRTOS 移植中的名字，允许完整的中断处理程序使用 C 语言编写。

清单 6-1　portEND_SWITCHING_ISR（）宏

portEND_SWITCHING_ISR (xHigherPriorityTaskWoken);

清单 6-2　portYIELD_FROM_ISR（）宏

portYIELD_FROM_ISR (xHigherPriorityTaskWoken);

可以将中断安全版本的 API 函数传递出来的 xHigherPriorityTaskWoken 参数作为调用 portYIELD_FROM_ISR（）宏时直接使用的参数。

如果 portYIELD_FROM_ISR（）宏的 xHigherPriorityTaskWoken 参数为 pdFALSE，则不会请求上下文切换，而且宏也不会起作用。如果 portYIELD_FROM_ISR（）宏的 xHigherPriorityTaskWoken 参数不是 pdFALSE，那么就会请求上下文切换，处于运行状态的任务可能会改变。即使在中断执行时，运行状态的任务发生了改变，中断也总是会返回到运行状态的任务。

大多数 FreeRTOS 移植允许在 ISR 代码的任意位置调用 portYIELD_FROM_ISR（）宏。少数 FreeRTOS 移植（主要是那些针对小型架构的移植），只允许在 ISR 代码的最后位置调用 portYIELD_FROM_ISR（）宏。

6.3　推迟中断处理

通常认为，最好的做法是保持 ISR 尽量短小精悍。这样做的理由如下：

• 即使给任务分配了很高的优先级，任务也只有在硬件没有服务中断的情况下才会运行。

• ISR 可能破坏任务的启动时间和执行时间（增加"抖动"）。

• 取决于 FreeRTOS 运行的架构，当 ISR 执行时，可能无法接收新中断或者新中断的子集。

• 编程人员需要考虑变量、外设和内存缓冲区等资源被任务和 ISR 同时访问的后果并加以防范。

• 一些 FreeRTOS 移植允许中断嵌套，但中断嵌套会增加复杂性，降低可预测性。中断越短，嵌套的可能性越小。

中断服务程序必须记录产生中断的原因，并清除中断。中断所需的其他处理工作通常可以在任务中执行，从而使中断服务程序能够尽快退出。这就是所谓的"推迟中断处理"，因为将中断所需的处理工作从 ISR"推迟"到了任务。

将中断处理推迟给任务，也允许编程人员相对于应用程序中的其他任务优先对待这些中断处理，而且能够使用全部 FreeRTOS API 函数。

将中断处理推迟给任务，如果该任务的优先级高于其他任务，那么该任务将立即执行处理，就像在 ISR 内部执行处理一样。这种情况如图 6-1 所示，其中任务 1 是普通应用程序任务，任务 2 是推迟中断处理任务[①]。

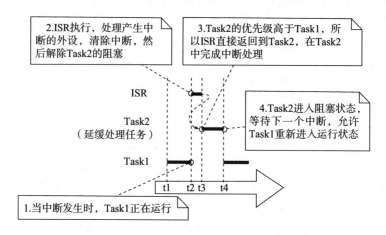

图 6-1　在高优先级任务中完成中断处理

图 6-1 中，中断处理从时间 $t2$ 开始，实际上在时间 $t4$ 结束，但只有时间 $t2$ 和 $t3$ 之间的时间段是在 ISR 中度过的。如果没有使用推迟中断处理，那么时间 $t2$ 和 $t4$ 之间的整个时间段都将在 ISR 中度过。

何时最好执行 ISR 中一次中断所需的全部处理工作，何时最好将部分处理工作推迟给任务，这个没有绝对的规则。出现以下情况时，将处理工作推迟给任务具有最佳效果：

• 中断所需的处理并不简单。例如，如果中断只是存储模数转换的结果，那么几乎可以肯定，这个最好在 ISR 内部完成；但是如果转换的结果必须要通过软件滤波器处理，那么最好在任务中完成滤波器处理。

• 中断处理可以方便地执行 ISR 内部无法执行的操作，比如写入控制台，或者分配内存。

• 中断处理不是确定性的——即事先不知道处理工作需要多长时间。

下面的章节将描述和演示本章到目前为止所介绍的概念，包括可以用来实现推迟中断处理的 FreeRTOS 功能。

6.4　用于同步的二进制信号量

可以使用二进制信号量 API 函数的中断安全版本在每次发生特定中断时解除任务的阻塞，有效地使任务和中断同步。这使得大部分的中断事件处理可以

[①]　译者注：the task to which interrupt processing is deferred，从字面上翻译应该是"将中断处理推迟到的任务，该任务负责执行被推迟了的中断处理"。为了通顺，译为推迟中断处理任务。

在同步任务中实现，只有非常快速且短暂的部分直接保留在 ISR 中。如前面所述，使用二进制信号量将中断处理"推迟"给任务[①]。

如前文图 6-1 所示，如果中断处理对时间特别关键，那么可以设置推迟处理任务的优先级，以确保该任务总是抢占系统中的其他任务。然后可以在 ISR 的实现中包括调用 portYIELD_FROM_ISR（）宏，确保 ISR 直接返回推迟中断处理任务。这样做的好处是确保整个事件处理在时间上连续执行（没有中断），就像全部在 ISR 内部实现一样。图 6-2 重复了图 6-1 所示的情况，但更新了文字，描述了如何使用信号量来控制推迟处理任务的执行。

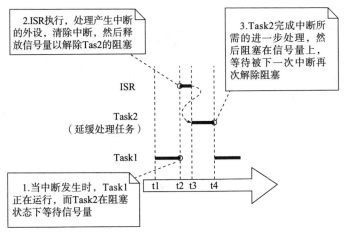

图 6-2　使用二进制信号量实现推迟中断处理

推迟处理任务采取对信号量的阻塞"获取"调用作为进入阻塞状态等待事件发生的手段。当事件发生时，ISR 使用对同一信号量的"释放"调用来解除任务的阻塞，这样所需的事件处理就能够继续了。

"获取信号量"和"释放信号量"的概念，根据使用场景的不同，其含义也不同。在本节中断同步场景中，可以把二进制信号量在概念上认为是长度为 1 的队列。队列在任何时候只能最多包含一个数据项，所以总是要么空要么满（据此理解为二进制）。通过调用 xSemaphoreTake（）API 函数，接收推迟中断处理的任务有效地尝试从队列中读取数据项，该读取操作有阻塞时间；如果队列为空，则导致任务进入阻塞状态。当事件发生时，ISR 调用 xSemaphoreGiveFromISR（）API 函数将令牌（信号量）放入队列中，填满队列。这将导致任务退出阻塞状态并移除令牌，再次清空队列。当任务完成处理后，再次尝试从队列中读取，结果发现队列为空，便重新进入阻塞状态，等待下一

---

① 　与使用二进制信号量相比，在中断里使用直接到任务通知来解除任务的阻塞更有效。直接到任务通知在第 9 章"任务通知"中会详细讨论。

次事件。图 6-3 展示了这个顺序。

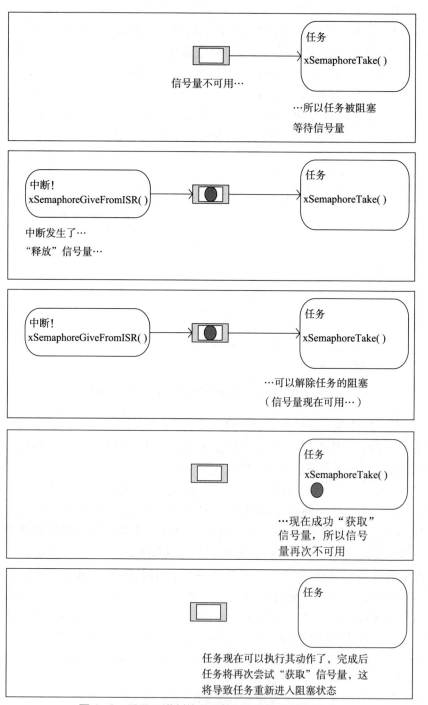

图 6-3　采用二进制信号量使任务与中断进行同步

图 6-3 显示了中断"释放"信号量，即使中断还没有先"获取"信号量；而任务"获取"信号量，但从未将其归还。这就是为什么该场景被描述为在概念上类似于向队列写入和从队列读取。这种情况经常会引起混淆，因为没有遵循与其他信号量使用场景一样的规则；在这些场景中，任务获取信号量后必定要将其归还——例如，第 7 章"资源管理"中描述的场景。

下面介绍与二进制信号量有关的几个 API 函数，并通过例 6-1 讲解这些 API 函数的使用，实现任务与中断的同步功能。

xSemaphoreCreateBinary（）API 函数

FreeRTOS V9.0.0 还包括 xSemaphoreCreateBinaryStatic（）API 函数，该函数在编译时静态地分配创建二进制信号量所需的内存。将 FreeRTOS 中各种类型信号量的句柄都存储在 SemaphoreHandle_t 类型的变量中。

在使用信号量之前，必须先创建信号量。要创建二进制信号量，可使用 xSemaphoreCreateBinary（）API 函数 [①]。xSemaphoreCreateBinary（）API 函数的原型如清单 6-3 所示。

清单 6-3　xSemaphoreCreateBinary（）API 函数的原型

SemaphoreHandle_t xSemaphoreCreateBinary (void);

xSemaphoreCreateBinary（）API 函数的返回值及其说明如表 6-1 所示。

表 6-1　xSemaphoreCreateBinary（）API 函数的返回值及其说明

参数名称 / 返回值	说　明
返回值	如果返回 NULL，就不能创建信号量，因为没有足够的堆内存供 FreeRTOS 分配信号量数据结构。 返回非 NULL 值，表示已经成功创建信号量。应该将返回值作为创建的信号量的句柄存储起来

xSemaphoreTake（）API 函数

"获取"信号量意味着"获得"或"收到"信号量。信号量只有在可用的情况下才能够被获取。

除了递归互斥量，FreeRTOS 中其他类型的信号量都可以使用 xSemaphoreTake（）API 函数来"获取"。

不能在中断服务程序中使用 xSemaphoreTake（）API 函数。

xSemaphoreTake（）API 函数的原型如清单 6-4 所示。

---

① 有些信号量 API 函数实际上是宏，而不是函数。为了简单起见，本书将其统称为函数。

清单 6-4   xSemaphoreTake（）API 函数的原型

BaseType_t xSemaphoreTake (SemaphoreHandle_t xSemaphore, TickType_t TicksToWait);

---

xSemaphoreTake（）API 函数的参数和返回值及其说明如表 6-2 所示。

表 6-2   xSemaphoreTake（）API 函数的参数和返回值及其说明

参数名称 / 返回值	说　　明
xSemaphore	被"获取"的信号量。 信号量由 SemaphoreHandle_t 类型的变量引用。在使用信号量之前，必须先明确地创建信号量
xTicksToWait	任务保持在阻塞状态的最长时间，以等待可用的信号量。 如果 xTicksToWait 为 0，那么 xSemaphoreTake（）函数将在信号量不可用时立即返回。 阻塞时间以滴答周期为单位，所以代表的绝对时间取决于滴答频率。可以使用宏 pdMS_TO_TICKS（）把以毫秒为单位的时间转换为以滴答为单位的时间。 如果将 FreeRTOSConfig.h 中的 INCLUDE_vTaskSuspend 设置为 1，那么将 xTicksToWait 设置为 portMAX_DELAY，会使任务无限期地等待而不会超时
返回值	有两种可能的返回值： （1）pdPASS 只有在调用 xSemaphoreTake（）函数成功获取信号量时，才会返回 pdPASS。 如果指定了阻塞时间（xTicksToWait 不为 0），那么调用任务在信号量不能立即可用的情况下很可能被置于阻塞状态以等待信号量，但在阻塞时间到期前信号量可用了。 （2）pdFALSE 信号量不可用。 如果指定了阻塞时间（xTicksToWait 不为 0），那么调用任务将被置于阻塞状态，以等待信号量可用，但在信号量可用之前阻塞时间已经到期

xSemaphoreGiveFromISR（）API 函数

可以使用 xSemaphoreGiveFromISR（）API 函数"释放"二进制和计数信号量[1]。

xSemaphoreGiveFromISR（）API 函数是 xSemaphoreGive（）API 函数的中

---

[1]　本书后面章节将讨论计数信号量。

断安全版本，所以有本章开始时描述的 pxHigherPriorityTaskWoken 参数。
xSemaphoreGiveFromISR（）API 函数的原型如清单 6-5 所示。

清单 6-5　xSemaphoreGiveFromISR（）API 函数的原型

```
BaseType_t xSemaphoreGiveFromISR ( SemaphoreHandle_t xSemaphore,
                        BaseType_t *pxHigherPriorityTaskWoken );
```

xSemaphoreGiveFromISR（）API 函数的参数和返回值及其说明如表 6-3 所示。

表 6-3　xSemaphoreGiveFromISR（）API 函数的参数和返回值及其说明

参数名称 / 返回值	说　　明
xSemaphore	被"释放"的信号量。 信号量由类型为 SemaphoreHandle_t 的变量引用，并且在使用前必须先明确地创建
pxHigherPriority TaskWoken	信号量可能会有一个或多个阻塞任务在等待该信号量变得可用。调用 xSemaphoreGiveFromISR（）API 函数可以使信号量变得可用，从而使正在等待信号量的任务离开阻塞状态。如果调用 xSemaphoreGiveFromISR（）API 函数导致任务离开阻塞状态，而被解除阻塞的任务的优先级高于当前正在执行的任务（被中断的任务），那么 xSemaphoreGiveFromISR（）API 函数将把 *pxHigherPriorityTaskWoken 设置为 pdTRUE。 如果 xSemaphoreGiveFromISR（）API 函数将这个参数设置为 pdTRUE，那么通常情况下，在退出中断前应该进行上下文切换。这样就可以保证中断直接返回最高优先级的就绪状态任务
返回值	有两种可能的返回值： （1）pdPASS 只有当调用 xSemaphoreGiveFromISR（）API 函数成功时，才会返回 pdPASS。 （2）pdFAIL 如果已经有可用的信号量，所以不能释放该信号量，xSemaphoreGiveFromISR（）API 函数将返回 pdFAIL

下面通过例 6-1 讲解如何使用二进制信号量实现任务与中断的同步。

例 6-1　采用二进制信号量使任务与中断同步

本例使用二进制信号量从中断服务程序中解除任务的阻塞——有效地使任务与中断同步。

使用简单周期性任务每 500 毫秒产生一个软件中断。由于在某些目标环境中接入真正的中断很复杂，因此为了方便起见，使用了软件中断。清单 6-6 显示了周期性任务的实现。请注意，该任务在中断产生之前和之后都会打印字符串。这样，就可以在执行该示例时产生的输出中观察到执行顺序。

清单 6-6　例 6-1 周期性产生软件中断的任务

```
/* 本例使用的软件中断编号。所显示的代码来自 Windows 工程，其中编号 0～2 是
FreeRTOS 在 Windows 中模拟运行本身使用的，所以编号 3 是应用程序可用的第一个编号。*/
#define mainINTERRUPT_NUMBER   3

static void vPeriodicTask ( void *pvParameters )
{
const TickType_t xDelay500ms = pdMS_TO_TICKS ( 500UL );

    /* 和大多数任务一样，本任务在无限循环中实现。*/
    for ( ; ; )
    {
        /* 阻塞到再次产生软件中断的时间。*/
        vTaskDelay ( xDelay500ms );
        /* 产生中断，在中断产生之前和之后都打印信息，所以在输出中可以明显看到执行
顺序。用来产生软件中断的语法取决于所用的 FreeRTOS 移植。下面使用的语法只
能用于 FreeRTOS 在 Windows 上的模拟运行，在这种情况下中断仅仅是仿真的。*/
        vPrintString ( "Periodic task – About to generate an interrupt.\r\n" );
        vPortGenerateSimulatedInterrupt ( mainINTERRUPT_NUMBER );
        vPrintString ( "Periodic task – Interrupt generated.Increased" );
    }
}
```

清单 6-7 显示了将中断处理推迟给任务——通过使用二进制信号量使任务
与中断同步。同样，任务的每次循环执行都会打印字符串，因此从该示例执行
时产生的输出中可以观察到任务和中断的执行顺序。

清单 6-7　例 6-1 将中断处理推迟给任务

```
static void vHandlerTask ( void *pvParameters )
{
    /* 和大多数任务一样，本任务在无限循环中实现。*/
    for ( ; ; )
    {
        /* 使用信号量等待事件。在调度器启动之前创建信号量，所以也是在本任务首次
运行之前。任务无限期阻塞，意味着这个函数调用只有在成功获得信号量后才会返
回——所以不需要检查 xSemaphoreTake ( ) 函数返回的值。*/
        xSemaphoreTake ( xBinarySemaphore, portMAX_DELAY );

        /* 要运行到此处，事件一定已经发生。处理该事件（本例只是打印一条信息）。*/
        vPrintString ("Handler task – Processing event.\r\n");
    }
}
```

需要注意的是，虽然清单 6-7 所示的代码足以满足例 6-1（中断由软件产生）的要求，但却不适合中断由硬件外设产生的情况。下面小节将介绍如何改变代码的结构，使其适合与硬件产生的中断一起使用。

清单 6-8 显示了 ISR。该 ISR 除"释放"信号量解除推迟中断处理任务的阻塞外，几乎什么都没做。

清单 6-8 例 6-1 软件中断的 ISR

```
static uint32_t ulExampleInterruptHandler ( void )
{
BaseType_t xHigherPriorityTaskWoken;

    /* 必须将 xHigherPriorityTaskWoken 参数初始化为 pdFALSE，因为如果需要进行上下文
    切换，中断安全 API 函数会设置该参数为 pdTRUE。*/
    xHigherPriorityTaskWoken = pdFALSE;

    /* "释放"信号量以解除任务的阻塞，将 xHigherPriorityTaskWoken 的地址作为中断安全
    API 函数的 pxHigherPriorityTaskWoken 参数。*/
    xSemaphoreGiveFromISR ( xBinarySemaphore, &xHigherPriorityTaskWoken );

    /* 将 xHigherPriorityTaskWoken 的值传给 portYIELD_FROM_ISR（）宏。如果 xHigher
    PriorityTaskWoken 在 xSemaphoreGiveFromISR（）函数中被设置为 pdTRUE，那么调用
    portYIELD_FROM_ISR（）宏将请求上下文切换；如果 xHigherPriorityTaskWoken 仍然
    是 pdFALSE，那么调用 portYIELD_FROM_ISR（）宏不会有任何作用。与大多数
    FreeRTOS 移植不同，Windows 里的模拟运行要求 ISR 返回一个值——返回语句在
    Windows 版本的 portYIELD_FROM_ISR（）宏中。*/
    portYIELD_FROM_ISR( xHigherPriorityTaskWoken );
}
```

注意如何使用 xHigherPriorityTaskWoken 变量。在调用 xSemaphore GiveFrom ISR（）API 函数之前，将该变量设置为 pdFALSE，然后在调用 portYIELD_FROM_ISR（）宏时作为参数使用。如果 xHigherPriorityTaskWoken 等于 pdTRUE，则会在 portYIELD_FROM_ISR（）宏中请求上下文切换。

ISR 的原型和强制上下文切换的宏对于 FreeRTOS Windows 移植（实际上是模拟运行）都是正确的，但对于其他 FreeRTOS 移植，情况可能有所不同。请参考 FreeRTOS.org 网站上有关移植的具体文档页面，以及 FreeRTOS 下载中提供的例子，以便找到正在移植的 FreeRTOS 所需的语法。

与 FreeRTOS 实际运行的大多数架构不同，FreeRTOS 在 Windows 里的模拟运行需要 ISR 返回一个值。Windows 移植提供了 portYIELD_FROM_ISR（）宏，该宏的实现包含了 return 语句，因此清单 6-8 所示的软件中断的 ISR 并没有显示出明确返回的值。

main（）函数创建二进制信号量，创建任务，安装中断处理程序，然后启

动调度器。main（ ）函数的实现如清单 6-9 所示。

清单 6-9　例 6-1 main（ ）函数的实现

```
int main ( void )
{
    /* 在使用信号量之前，必须先明确地创建信号量。本例创建了一个二进制信号量。*/
    xBinarySemaphore = xSemaphoreCreateBinary ( );
    /* 检查是否成功创建该信号量。*/
    if ( xBinarySemaphore != NULL )
    {
        /* 创建 "处理" 任务，把中断处理推迟给该任务。处理任务将与中断同步。以高优
        先级创建处理任务，以确保该任务在中断退出后立即运行。在目前情况下，选择优
        先级 3。*/
        xTaskCreate ( vHandlerTask, "Handler", 1000, NULL, 3, NULL );
        /* 创建将周期性产生软件中断的任务，该任务的优先级低于处理任务，以确保处理
        任务每次退出阻塞状态时，该任务就被抢占。*/
        xTaskCreate ( vPeriodicTask, "Periodic", 1000, NULL, 1, NULL );
        /* 为软件中断安装处理程序。安装软件中断处理程序所需语法取决于所用的
        FreeRTOS 移植。这里显示的语法只适用于 FreeRTOS Windows 移植，因为只能模拟
        这种中断。*/
        vPortSetInterruptHandler ( mainINTERRUPT_NUMBER, ulExampleInterruptHandler );
        /* 启动调度程序，所以创建的任务开始执行。*/
        vTaskStartScheduler ( );
    }
    /* 和正常情况一样，应该永远不会执行到以下语句行。*/
    for( ; ; );
}
```

例 6-1 产生如图 6-4 所示的输出。正如预期的那样，vHandlerTask（ ）函
数在中断产生后立即进入运行状态，因此任务的输出将周期性任务产生的输出
做了分割。图 6-5 提供了进一步的解释。

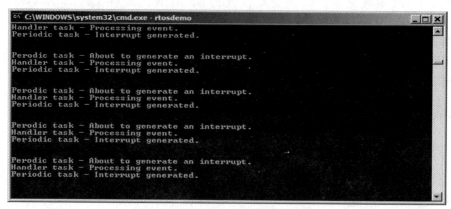

图 6-4　执行例 6-1 时产生的输出

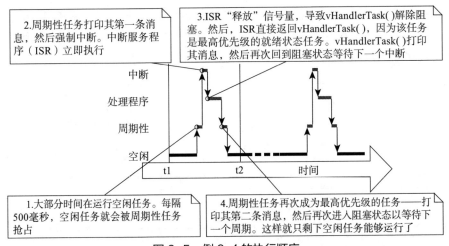

2.周期性任务打印其第一条消息，然后强制中断。中断服务程序（ISR）立即执行

3.ISR "释放" 信号量，导致vHandlerTask( )解除阻塞。然后，ISR直接返回vHandlerTask( )，因为该任务是最高优先级的就绪状态任务。vHandlerTask( )打印其消息，然后再次回到阻塞状态等待下一个中断

中断

处理程序

周期性

空闲

t1　　　　t2　　　　时间

1.大部分时间在运行空闲任务。每隔500毫秒，空闲任务就会被周期性任务抢占

4.周期性任务再次成为最高优先级的任务——打印其第二条消息，然后再次进入阻塞状态以等待下一个周期。这样就只剩下空闲任务能够运行了

图 6-5　例 6-1 的执行顺序

改进例 6-1 中使用的任务

例 6-1 使用二进制信号量使任务与中断同步。执行顺序如下：

（1）中断发生了。

（2）ISR 执行并 "释放" 了用于解除任务阻塞的信号量。

（3）任务在 ISR 之后立即执行，并 "获取" 了信号量。

（4）任务处理事件，然后试图再次 "获取" 信号量——由于信号量尚不可用（另一个中断尚未发生），因此进入阻塞状态。

只有当中断以相对较低的频率发生时，例 6-1 使用的任务结构才是合适的。为了理解原因，请考虑：如果在任务完成第一个中断处理之前，发生第二个中断，然后是第三个中断，会是什么情况？执行顺序如下：

• 当第二个 ISR 执行时，信号量会是空的，所以 ISR 会释放信号量，任务在处理完第一个事件后会立即处理第二个事件。这种情况如图 6-6 所示。

• 当第三个 ISR 执行时，信号量已经可用，阻止 ISR 再次释放信号量，所以任务不会知道第三个事件已经发生。这种情况如图 6-7 所示。

例 6-1 中使用的推迟中断处理任务，如清单 6-7 所示，其结构是每次调用 xSemaphoreTake（ ）API 函数只处理一个事件。这对例 6-1 来说是足够的，因为产生事件的中断是由软件触发的，并且发生在可预测的时间。实际应用中，中断是由硬件产生的，并且发生在不可预测的时间。因此，为了最大限度地减少中断被遗漏的机会，推迟中断处理任务的结构必须使其在每次调用 xSemaphoreTake（ ）API 函数时处理所有已经发生的事件[①]。清单 6-10 对此进行

---

① 或者，还可以使用计数信号量或者直接到任务通知来计数事件。计数信号量在 6.5 节中讨论，直接到任务通知在第 9 章 "任务通知" 中讨论。直接到任务通知是优选方法，因为直接到任务通知在运行时间和 RAM 使用上都是最有效的。

了演示，该清单显示了如何构建 UART 的推迟中断处理程序。清单 6–10 中，假设 UART 在每次接收到一个字符时产生接收中断，并且 UART 将接收到的字符放入硬件 FIFO（硬件缓冲区）。

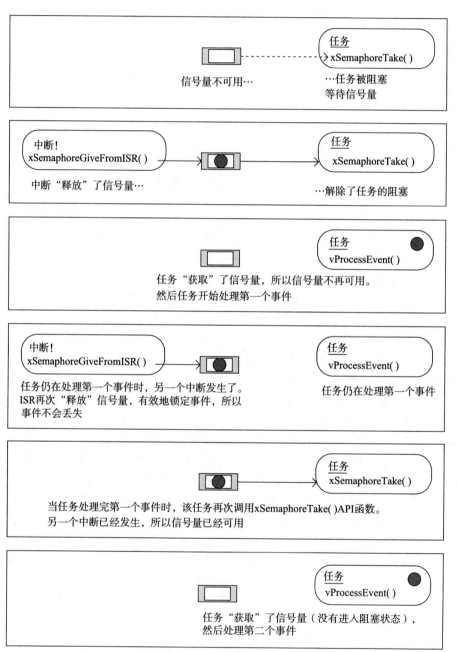

图 6-6　在任务处理完第一个事件之前，发生一次中断的情况

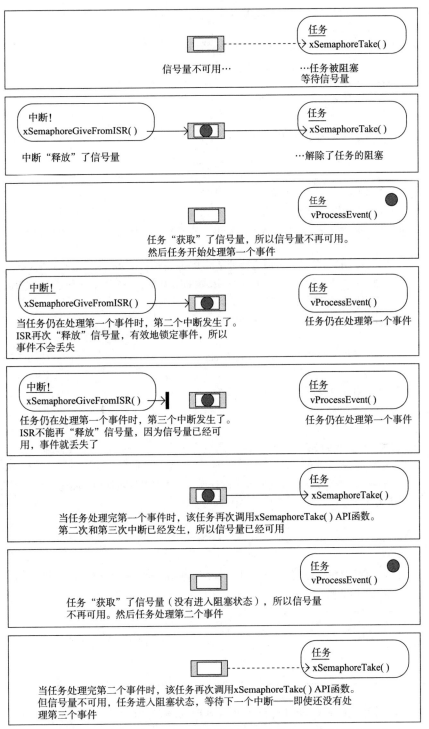

图6-7　在任务处理完第一个事件之前，发生两次中断的情况（续）

清单 6-10   以 UART 接收程序为例，推迟中断处理任务的推荐结构

```
static void vUARTReceiveHandlerTask ( void *pvParameters )
{
/* xMaxExpectedBlockTime 保存两个中断之间的最大预期时间。*/
const TickType_t xMaxExpectedBlockTime = pdMS_TO_TICKS ( 500 );

    /* 和大多数任务一样，本任务在无限循环中实现。*/
    for ( ; ; )
    {
        /* UART 的接收（Rx）中断"释放"信号量。等待下一次中断的最大时间为
        xMaxExpectedBlockTime 个滴答。*/
        if ( xSemaphoreTake ( xBinarySemaphore, xMaxExpectedBlockTime ) == pdPASS )
        {
            /* 获取了信号量。完成所有待处理的 Rx 事件后再次调用 xSemaphoreTake（ ）API
            函数。每个 Rx 事件都会在 UART 的接收 FIFO 中放置一个字符，假设 UART_RxCount
            （ ）函数返回 FIFO 的字符数。*/
            while ( UART_RxCount ( ) > 0 )
            {
                /* 假设 UART_ProcessNextRxEvent（ ）处理一个 Rx 字符，将 FIFO 的字符数
                减 1。*/
                /UART_ProcessNextRxEvent ( );
            }

            /* 没有更多的 Rx 事件待处理（FIFO 中没有更多字符），所以循环回去并调用
            xSemaphoreTake（ ）API 函数等待下一个中断。代码中，这个位置到调用 xSema
            phoreTake（ ）API 函数之间发生的任何中断都会被锁定在信号量上，所以不会
            丢失。*/
        }
        else
        {
        /* 在预期的时间内没有收到事件。检查并在必要时清除 UART 中可能阻止 UART
        产生更多中断的错误条件。*/
        UART_ClearErrors ( );
        }
    }
}
```

例 6-1 使用的推迟中断处理任务还有其他的弱点：在调用 xSemaphoreTake（ ）
API 函数时没有使用超时机制。相反，任务传递了 portMAX_DELAY 作为

xSemaphoreTake（）API 函数的 xTicksToWait 参数，这就导致任务无限期地（没有超时）等待可用信号量。示例代码中经常使用无限期超时，因为这种用法简化了示例的结构，因此使示例更容易理解。然而在实际应用中，无限期超时通常是不好的做法，因为这样做使得从错误中恢复难以进行。举例来说，考虑如下场景：任务正在等待中断释放信号量，但硬件的错误状态阻止了产生中断。故任务的执行情况如下：

- 如果在没有超时的情况下等待，任务将不知道错误状态，会永远等待下去。

- 如果在超时的情况下等待，那么 xSemaphoreTake（）API 函数会在超时到期后返回 pdFAIL，然后任务在下次执行时就可以检测并清除错误。清单 6-10 也演示了这种情况。

6.5　计数信号量

就像可以把二进制信号量认为是长度为 1 的队列一样，可以把计数信号量认为是长度大于 1 的队列。任务对存储在队列中的数据不感兴趣——只对队列数据项的数量感兴趣。FreeRTOSConfig.h 中，必须将 configUSE_COUNTING_SEMAPHORES 设置为 1，才能够使用计数信号量。

每次"释放"计数信号量时，都会使用其队列的另一个空间。队列数据项的数量就是信号量的"计数"值。

通常将计数信号量用于以下两种情况。

1. 计数事件 [①]

在这种情况下，事件处理程序将在每次事件发生时"释放"信号量——导致信号量的计数值在每次"释放"时递增；任务将在每次处理事件时"获取"信号量——导致信号量的计数值在每次"获取"时递减。计数值是已经发生的事件数和已经处理的事件数之间的差值。使用计数信号量来"计数"事件的机制如图 6-8 所示。

以初始计数值为 0 创建用于计数事件的计数信号量。

2. 资源管理

在这种情况下，计数值表示可用资源的数量。为了获得对资源的控制权，任务必须先"获取"信号量——减少信号量的计数值。当计数值达到 0 时，就没有可用资源了。当任务使用完资源后，就会"释放"信号量——递增信号量的计数值。

[①]　与使用计数信号量相比，使用直接到任务通知对事件进行计数的效率更高。直接到任务通知在第 9 章中讨论。

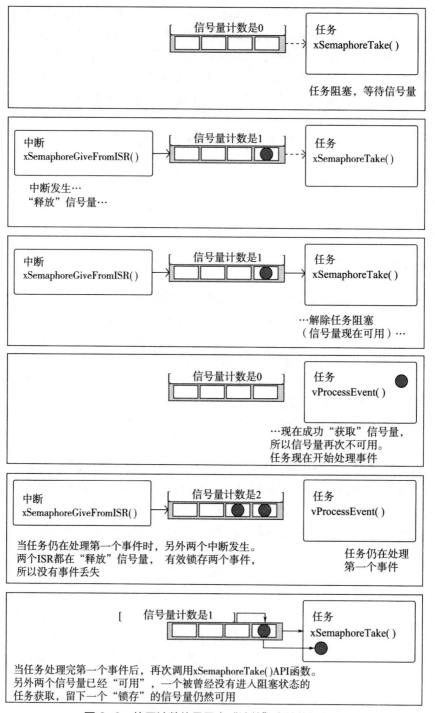

图 6-8　使用计数信号量来"计数"事件的机制

用于管理资源的计数信号量，在创建时使其初始计数值等于可用资源的数量。第 7 章将介绍使用信号量进行资源管理。

下面介绍与计数信号量有关的 API 函数，并通过例 6-2 使用计数信号量实现任务与中断的同步。

xSemaphoreCreateCounting（）API 函数

FreeRTOS V9.0.0 还包括 xSemaphoreCreateCountingStatic（）API 函数，该函数在编译时静态地分配创建计数信号量所需内存。将 FreeRTOS 中各种类型信号量的句柄都存储在 SemaphoreHandle_t 类型的变量中。

在使用信号量之前，必须先明确地创建信号量。要创建计数信号量，可使用 xSemaphoreCreateCounting（）API 函数，该函数的原型如清单 6-11 所示。

清单 6-11　xSemaphoreCreateCounting（）API 函数的原型

```
SemaphoreHandle_t xSemaphoreCreateCounting ( UBaseType_t uxMaxCount,
                                             UBaseType_t uxInitialCount );
```

xSemaphoreCreateCounting（）API 函数的参数和返回值及其说明如表 6-4 所示。

表 6-4　xSemaphoreCreateCounting（）API 函数的参数和返回值及其说明

参数名称 / 返回值	说　　明
uxMaxCount	信号量的最大计数值。仍然和队列类比，uxMaxCount 的值实际上就是队列的长度。 当要使用信号量计数或锁定事件时，uxMaxCount 是可以锁定的最大事件数。 当要使用信号量对资源的访问进行管理时，应该将 uxMaxCount 设置为可用资源的总数量
uxInitialCount	创建信号量后的初始计数值。 当要使用信号量计数或锁定事件时，uxInitialCount 应该被设置为 0——因为当创建信号量时，可能还没有事件发生。 当要使用信号量对资源集的访问进行管理时，uxInitialCount 应该被设置为等于 uxMaxCount——因为当创建信号量时，大概所有的资源都是可用的
返回值	如果返回 NULL，则无法创建信号量，因为 FreeRTOS 没有足够的堆内存分配信号量数据结构。第 2 章提供了更多关于堆内存管理的信息。 如果返回非 NULL 值，则已经成功创建信号量。应该将返回值作为已创建的信号量的句柄存储起来

下面通过例 6-2 介绍计数信号量的使用。

例 6-2　采用计数信号量使任务与中断同步

例 6-2 在例 6-1 实现的基础上做了改进，用计数信号量代替二进制信号量。main（）函数修改为包含对 xSemaphoreCreateCounting（）API 函数的调用，以代替对 xSemaphoreCreateBinary（）API 函数的调用。新的 API 函数调用如清单 6-12 所示。

清单 6-12　调用 xSemaphoreCreateCounting（）API 函数创建例 6-2 的计数信号量

```
/* 在使用信号量之前，必须先明确地创建信号量。本例创建计数信号量，该信号量的
最大计数值为 10，初始计数值为 0。*/
xCountingSemaphore = xSemaphoreCreateCounting ( 10, 0 );
```

为了模拟高频发生的多个事件，修改中断服务程序为每次发生中断时都要多次"释放"信号量，所以每个事件都被锁定在信号量的计数值中。修改后的中断服务程序如清单 6-13 所示。

清单 6-13　例 6-2 使用的中断服务程序

```
static uint32_t ulExampleInterruptHandler ( void )
{
BaseType_t xHigherPriorityTaskWoken;
    /* 必须把 xHigherPriorityTaskWoken 参数初始化为 pdFALSE，因为如果需要进行上下文
    切换，该参数会在中断安全的 API 函数中被设置为 pdTRUE。*/
    xHigherPriorityTaskWoken = pdFALSE;
    /* 多次"释放"信号量。第一次将解除推迟中断处理任务的阻塞，接着的"释放"是
    为了证明信号量锁定了事件，使推迟中断处理任务能够依次处理这些事件，而不会
    丢失事件。这就模拟了处理器接收多个中断，尽管现在这种情况是在发生的一次中断里
    模拟这些事件。*/
    xSemaphoreGiveFromISR ( xCountingSemaphore, &xHigherPriorityTaskWoken );
    xSemaphoreGiveFromISR ( xCountingSemaphore, &xHigherPriorityTaskWoken );
    xSemaphoreGiveFromISR ( xCountingSemaphore, &xHigherPriorityTaskWoken );
    /* 把 xHigherPriorityTaskWoken 的值传递给 portYIELD_FROM_ISR（）宏。如果
    xHigherPriorityTaskWoken 在 xSemaphoreGiveFromISR（）函数中被设置为 pdTRUE，那
    么调用 portYIELD_FROM_ISR（）宏将请求上下文切换；如果 xHigherPriorityTaskWoken
    仍然是 pdFALSE，那么调用 portYIELD_FROM_ISR（）宏将不会有任何影响。与大多
    数 FreeRTOS 移植不同的是，Windows 移植（实际上是模拟运行）要求 ISR 返回一个
    值——返回语句在 Windows 版本的 portYIELD_FROM_ISR（）宏中。*/
    portYIELD_FROM_ISR ( xHigherPriorityTaskWoken );
}
```

例 6-2 中的其他函数与例 6-1 中使用的对应函数相比没有修改。

例 6-2 执行时产生的输出如图 6-9 所示。可以看到，每次产生中断时，推迟中断处理任务都会处理全部的三个模拟事件。这些事件被锁存在信号量的计数值中，允许任务依次处理。

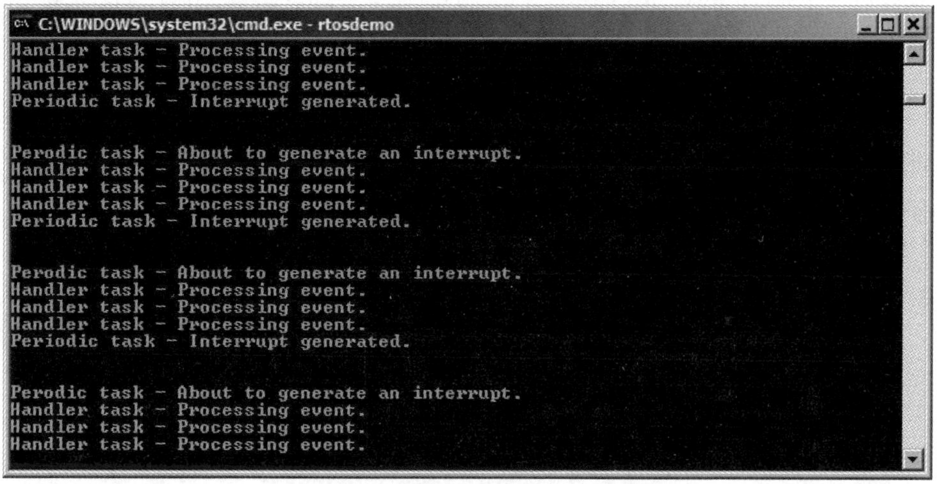

图 6-9　执行例 6-2 时产生的输出

6.6　推迟工作到 RTOS 守护任务

到目前为止，所介绍的推迟中断处理示例都要求编程人员为每个使用推迟处理技术的中断创建一个任务。也可以使用 xTimerPendFunctionCallFromISR（）[1] API 函数将中断处理推迟到 RTOS 守护任务——消除了为每个中断创建单独任务的需要。将中断处理推迟到守护任务称为"集中式推迟中断处理"。

第 5 章介绍了与软件定时器相关的 FreeRTOS API 函数如何在定时器命令队列上向守护任务发送命令。xTimerPendFunctionCall（）和 xTimerPendFunctionCallFromISR（）API 函数使用相同的定时器命令队列向守护任务发送"执行函数"命令。然后发送到守护任务的函数就在守护任务的上下文中执行。

集中式推迟中断处理包括如下优点：

• 降低了资源的使用。

消除了为每个推迟中断创建单独任务的需要。

• 简化了用户模型。

---

[1]　第 5 章已经指出，守护任务最初被称为定时器服务任务，因为最初只使用守护任务执行软件定时器回调函数。因此，xTimerPendFunctionCall（）函数是在 timers.c 中实现的，而且依据将实现函数的文件名称作为函数名称前缀的惯例，函数名称前缀为"Timer"。

推迟中断处理函数是标准的 C 语言函数。

集中式推迟中断处理包括如下缺点：

• 灵活性不够。

不能为每个推迟中断处理任务单独设置优先级。每个推迟中断处理函数以守护任务的优先级执行。正如第 5 章所述，守护任务的优先级由 FreeRTOSConfig.h 中的 configTIMER_TASK_PRIORITY 编译时配置常量设置。

• 确定性降低。

xTimerPendFunctionCallFromISR（）API 函数将命令发送到定时器命令队列的后面。在 xTimerPendFunctionCallFromISR（）API 函数向队列发送"执行函数"命令之前，已经在定时器命令队列的命令将由守护任务处理。

中断不同对时间限制的要求也不同，所以在同一个应用程序中，通常使用两种推迟中断处理方法。

下面介绍将处理推迟到 RTOS 守护任务的 API 函数。

xTimerPendFunctionCallFromISR（）API 函数

xTimerPendFunctionCallFromISR（） 是 xTimerPendFunctionCall（）API 函数的中断安全版本。两个 API 函数都允许 RTOS 守护任务执行编程人员提供的函数，因此是在 RTOS 守护任务的上下文中执行的。要执行的函数和函数的输入参数都会被发送到等待定时器命令队列的守护任务。因此，实际上函数何时执行取决于守护任务相对于应用程序中其他任务的优先级。xTimerPendFunctionCallFromISR（）API 函数的原型如清单 6-14 所示。xTimerPendFunctionCallFromISR（）API 函数的 xFunctionToPend 参数传递的函数必须符合的函数原型如清单 6-15 所示。

清单 6-14　xTimerPendFunctionCallFromISR（）API 函数的原型

```
BaseType_t xTimerPendFunctionCallFromISR ( PendedFunction_t xFunctionToPend,
                                void *pvParameter1,
                                uint32_t ulParameter2,
                                BaseType_t *pxHigherPriorityTaskWoken);
```

清单 6-15　xTimerPendFunctionCallFromISR（）API 函数的 xFunctionToPend 参数
传递的函数必须符合的函数原型

```
void vPendableFunction ( void *pvParameter1, uint32_t ulParameter2 );
```

xTimerPendFunctionCallFromISR（）API 函数的参数和返回值及其说明如

表 6-5 所示。

表 6-5　xTimerPendFunctionCallFromISR（）API 函数的参数和返回值及其说明

参数名称 / 返回值	说　明
xFunctionToPend	指向将在守护任务中执行的函数的指针（实际上只是函数名）。函数的原型必须与清单 6-15 所示的一致
pvParameter1	将该值作为函数的 pvParameter1 参数传递到守护任务执行的函数。该参数是 void * 类型，允许用来传递任意数据类型。例如，可以将整数类型直接转换为 void *，或者可以使用 void * 指向结构体
ulParameter2	将该值作为函数的 ulParameter2 参数传递到守护任务执行的函数
pxHigherPriorityTaskWoken	xTimerPendFunctionCallFromISR（）函数写入定时器命令队列。如果 RTOS 守护任务处于阻塞状态以等待定时器命令队列有可用数据，那么写入定时器命令队列将导致守护任务离开阻塞状态。如果守护任务的优先级高于当前执行任务（被中断的任务）的优先级，那么 xTimerPendFunctionCallFromISR（）函数将把 *pxHigherPriorityTaskWoken 设置为 pdTRUE。 如果 xTimerPendFunctionCallFromISR（）函数将此值设置为 pdTRUE，那么在退出中断前必须进行上下文切换。这将确保中断直接返回守护任务，因为守护任务将是最高优先级的就绪状态任务
返回值	有两种可能的返回值： （1）pdPASS 如果"执行函数"命令被写入定时器命令队列，将返回 pdPASS。 （2）pdFAIL 如果由于定时器命令队列已满而不能将"执行函数"命令写入定时器命令队列，那么将返回 pdFAIL。第 5 章介绍了如何设置定时器命令队列的长度

下面通过例 6-3 介绍集中式推迟中断处理的实现。

例 6-3　集中式推迟中断处理

例 6-3 提供了类似于例 6-1 的功能，但没有使用信号量，也没有专门创建任务来执行中断所需的处理，取而代之的是由 RTOS 守护任务进行处理。

例 6-3 使用的中断服务程序如清单 6-16 所示。该 ISR 调用 xTimerPend

FunctionCallFromISR（）API 函数向守护任务传递名为 vDeferredHandlingFunction（）的函数指针。推迟中断处理由 vDeferredHandlingFunction（）函数执行。

中断服务程序每次执行时都会递增名为 ulParameterValue 的变量。在调用 xTimerPendFunctionCallFromISR（）API 函数时，将 ulParameterValue 用作 ulParameter2 的值，所以当守护任务执行 vDeferredHandlingFunction（）函数时，也会用作调用 vDeferredHandlingFunction（）函数的 ulParameter2 的值。该函数的另一个参数 pvParameter1，在本例中没有使用。

清单 6-16　例 6-3 使用的软件中断处理程序

```
static uint32_t ulExampleInterruptHandler ( void )
{
static uint32_t ulParameterValue = 0;
BaseType_t xHigherPriorityTaskWoken;
    /* 必须把 xHigherPriorityTaskWoken 参数初始化为 pdFALSE，因为如果需要进行上下
文切换，该参数将在中断安全 API 函数中被设置为 pdTRUE。*/
    xHigherPriorityTaskWoken = pdFALSE;
    /* 向守护任务发送指向中断的推迟处理函数的指针。没有使用推迟处理函数的
pvParameter1 参数，所以直接将其设置为 NULL。推迟处理函数的 ulParameter2 参数用
于传递一个数值，该数值在每次执行本中断处理程序时递增 1。*/
    xTimerPendFunctionCallFromISR ( vDeferredHandlingFunction,  /* 要执行的函数。*/
                            NULL,                 /* 未使用。*/
                            ulParameterValue,         /* 递增值。*/
                            &xHigherPriorityTaskWoken );
    ulParameterValue++;
    /* 将 xHigherPriorityTaskWoken 的值传递给 portYIELD_FROM_ISR（）宏。如果 xHigher
PriorityTaskWoken 在 xTimerPendFunctionCallFromISR（）API 函数中被设置为 pdTRUE，那
么调用 portYIELD_FROM_ISR（）宏将请求上下文切换；如果 xHigher PriorityTaskWoken
仍然是 pdFALSE，那么调用 portYIELD_FROM_ISR（）宏将不会有任何影响。与
大多数 FreeRTOS 移植不同，Windows 移植要求 ISR 返回一个值——返回语句在
Windows 版本的 portYIELD_FROM_ISR（）宏中。*/portYIELD_FROM_ISR ( xHigher
PriorityTaskWoken );
}
```

vDeferredHandlingFunction（）函数的实现如清单 6-17 所示。该函数打印固定的字符串，以及 ulParameter2 参数的值。

vDeferredHandlingFunction（）函数必须要有清单 6-15 所示的原型，尽管在本例中，实际上只使用了其中一个参数。

清单 6-17　用于执行例 6-3 中断所需处理的函数

```
static void vDeferredHandlingFunction ( void *pvParameter1, uint32_t ulParameter2 )
{
    /* 处理事件——本例只需打印一条消息和 ulParameter2 的值。本例没有使用 pvParameter1。*/
    vPrintStringAndNumber ( "Handler function – Processing event ", ulParameter2);
}
```

　　例 6-3 使用的 main（ ）函数如清单 6-18 所示。该 main（ ）函数相较于例 6-1 使用的 main（ ）函数要简单些，因为既没有创建信号量，也没有创建任务来执行推迟中断处理。

　　vPeriodicTask（ ）函数是周期性产生软件中断的任务，以优先级低于守护任务优先级的方式创建，以确保一旦守护任务离开阻塞状态，就会被守护任务抢占。

清单 6-18　例 6-3 的 main（ ）函数

```
int main ( void )
{
    /* 以优先级低于守护任务优先级的方式创建产生软件中断的任务。守护任务优先级由
    FreeRTOSConfig.h 中的 configTIMER_TASK_PRIORITY 编译时配置常量设置。*/
    const UBaseType_t ulPeriodicTaskPriority = configTIMER_TASK_PRIORITY – 1 ;
    /* 创建产生周期性软件中断的任务。*/
    xTaskCreate ( vPeriodicTask, "Periodic", 1000, NULL, ulPeriodicTaskPriority, NULL );
    /* 为软件中断安装处理程序。安装软件中断处理程序所需的语法取决于所使用的
    FreeRTOS 移植。这里显示的语法只适用于 FreeRTOS 的 windows 移植，因为这种中断仅
    仅是模拟的。*/
    vPortSetInterruptHandler ( mainINTERRUPT_NUMBER, ulExampleInterruptHandler );
    /* 启动调度器，所以创建的任务开始执行。*/
    vTaskStartScheduler ( );
    /* 和正常情况一样，永远不会执行到下面的语句。*/
    for ( ; ; );
}
```

　　执行例 6-3 产生如图 6-10 所示的输出。守护任务的优先级高于产生软件中断的任务的优先级，所以 vDeferredHandlingFunction（ ）函数在中断产生后就被守护任务执行。这就导致 vDeferredHandlingFunction（ ）函数输出的消息出现在周期性任务输出的两条消息之间，就好像使用了信号量来解除专门的推迟中断处理任务的阻塞。图 6-11 中作了进一步解释。

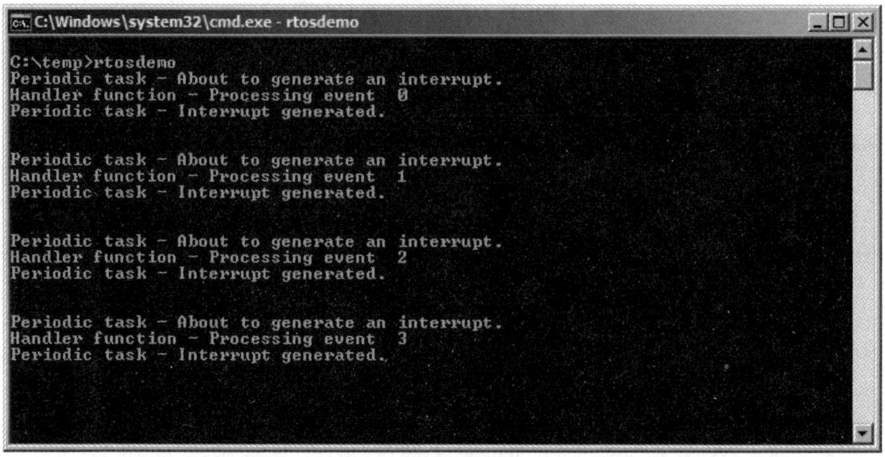

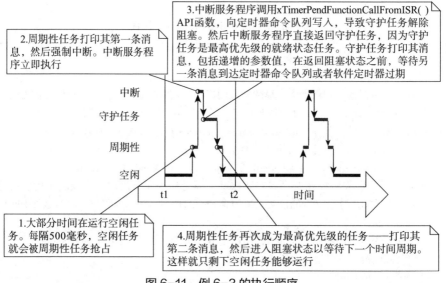

图 6-10　执行例 6-3 时产生的输出

图 6-11　例 6-3 的执行顺序

6.7　在中断服务程序中使用队列

　　二进制和计数信号量用于事件通信，队列用于事件通信和数据传输。

　　xQueueSendToFrontFromISR（）是 xQueueSendToFront（）API 函数在中断服务程序中安全使用的版本，xQueueSendToBackFromISR（）是 xQueueSendToBack（）API 函数在中断服务程序中安全使用的版本，xQueueReceiveFromISR（）是 xQueueReceive（）API 函数在中断服务程序中安全使用的版本。下面介绍 xQueueSendToFrontFromISR（）和 xQueueSendToBackFromISR（）API 函数。

xQueueSendToFrontFromISR（ ）API 函数的原型如清单 6-19 所示。

清单 6-19　xQueueSendToFrontFromISR（）API 函数的原型

```
BaseType_t xQueueSendToFrontFromISR ( QueueHandle_t xQueue,
                                      void *pvItemToQueue,
                                      BaseType_t *pxHigherPriorityTaskWoken
                                      );
```

xQueueSendToBackFromISR（ ）API 函数的原型如清单 6-20 所示。

清单 6-20　xQueueSendToBackFromISR（）API 函数的原型

```
BaseType_t xQueueSendToBackFromISR ( QueueHandle_t xQueue,
                                     void *pvItemToQueue,
                                     BaseType_t *pxHigherPriorityTaskWoken
                                     );
```

xQueueSendFromISR（ ）API 函数 和 xQueueSendToBackFromISR（ ）API 函数在功能上是等价的。

xQueueSendToFrontFromISR（ ） 和 xQueueSendToBackFromISR（ ）API 函数的参数和返回值及其说明如表 6-6 所示。

表 6-6　xQueueSendToFrontFromISR（ ）和 xQueueSendToBackFromISR（ ）
API 函数的参数和返回值及其说明

参数名称 / 返回值	说　　明
xQueue	用于接收发送（写入）数据的队列的句柄。队列句柄从用于创建队列的 xQueueCreate（ ）API 函数调用中返回
pvItemToQueue	指向将被复制到队列的数据的指针。 队列所能容纳的数据项的大小是在创建队列时设置的，所以将把这些数据从 pvItemToQueue 复制到队列存储区
pxHigherPriorityTaskWoken	可能会有一个或多个任务阻塞在队列上，等待队列有可用数据。调用 xQueueSendToFrontFromISR（ ）或 xQueueSendToBackFromISR（ ）API 函数使数据可用，从而使任务离开阻塞状态。如果调用 API 函数导致任务离开阻塞状态，而任务的优先级高于当前执行任务（被中断的任务）的优先级，那么 API 函数将把 pxHigherPriorityTaskWoken 设置为 pdTRUE。 如果 xQueueSendToFrontFromISR（ ）或 xQueueSendToBackFromISR（ ）API 函数将该参数设置为 pdTRUE，那么在退出中断前应进行上下文切换。这样就可以保证中断直接返回最高优先级的就绪状态任务

续表

参数名称 / 返回值	说　明
返回值	有两种可能的返回值： （1）pdPASS 只有当成功将数据发送到队列时，才会返回 pdPASS。 （2）errQUEUE_FULL 如果由于队列已满而不能将数据发送到队列，则返回 errQUEUE_FULL

在 ISR 中使用队列的注意事项

将数据从中断传递到任务，队列提供了一种简单和便捷的方法；但是如果数据到达的频率很高，使用队列的效率并不高。

FreeRTOS 的许多演示程序里包括一个简单的 UART 驱动程序，使用队列从 UART 的接收 ISR 中传递字符。在这些演示中，使用队列有两个原因：一是为了演示在 ISR 中使用队列，二是为了测试 FreeRTOS 移植而故意给系统增加负担。以这种方式使用队列的 ISR 绝对无意代表高效设计，除非数据到达的速度很慢，否则建议生产代码不要复制这种技术。更高效且适合生产代码的技术，包括以下实现方法：

• 使用直接内存访问（DMA）硬件来接收和缓冲字符。这种方法实际上几乎没有软件开销。然后，可以使用直接到任务通知[①]来解除任务阻塞，该任务只有在检测到传输中断后才会处理缓冲区。

• 将接收到的字符复制到线程安全的 RAM 缓冲区[②]。同样，可以使用直接到任务通知来解除任务阻塞，该任务将在接收到完整的消息后或在检测到传输中断后处理缓冲区。

• 直接在 ISR 内处理接收到的字符，然后使用队列只将处理数据的结果(而不是原始数据）发送给任务。这种情况之前已经用图 4-4 演示过。

下面通过例 6-4 介绍使用队列从中断服务程序中接收和发送数据。

例 6-4　从中断的队列发送和接收数据

本例演示了 xQueueSendToBackFromISR（）和 xQueueReceiveFromISR（）API 函数在同一个中断里的使用情况。和之前一样，为了方便起见，中断由软件产生。

创建周期性任务，每 200ms 向队列发送 5 个数字。只有在发送完所有的 5 个数字后，才会产生软件中断。任务实现如清单 6-21 所示。

[①] 直接到任务通知提供了从 ISR 中解除任务阻塞的最有效的方式。直接到任务通知在第 9 章"任务通知"中介绍。

[②] FreeRTOS+TCP 提供的"流缓冲"，可以用于此目的。

清单 6-21　例 6-4 中向队列写入数据的任务

```
static void vIntegerGenerator ( void *pvParameters )
{
TickType_t xLastExecutionTime;
uint32_t ulValueToSend = 0;
int i;
    /* 初始化调用 vTaskDelayUntil（）API 函数时使用的变量。*/
    xLastExecutionTime = xTaskGetTickCount ( );
    for ( ; ; )
    {
        /* 周期性任务，该任务被阻塞到再次运行的时间。该任务每 200ms 执行一次。*/
        vTaskDelayUntil ( &xLastExecutionTime, pdMS_TO_TICKS ( 200 ) );
        /* 向队列发送 5 个数字，每个数字比前一个大 1。这些数字由中断服务程序从队列中
        读取。中断服务程序总是清空队列，所以本任务可以保证能够写入所有的 5 个数字，
        而不需要指定阻塞时间。*/
        for ( i = 0; i < 5; i++ )
        {
            xQueueSendToBack ( xIntegerQueue, &ulValueToSend, 0 );
            ulValueToSend++;
        }
        /* 产生中断，以便中断服务程序能够从队列中读取数字。产生软件中断的语法取决
        于所使用的 FreeRTOS 移植。下面使用的语法只适用于 FreeRTOS Windows 移植，在
        这种情况下，中断仅仅是模拟的。*/
        vPrintString ( "Generator task – About to generate an interrupt.\r\n" );
        vPortGenerateSimulatedInterrupt ( mainINTERRUPT_NUMBER );
        vPrintString ("Generator task – Interrupt generated.\r\n\r\n\r\n" );
    }
}
```

中断服务程序反复调用 xQueueReceiveFromISR（）API 函数，直到读出周期性任务写到队列的所有数字，然后队列被清空。每个数字的最后两位作为一个字符串数组的索引。然后通过调用 xQueueSendFromISR（）API 函数，将对应索引位置的字符串指针发送到不同的队列中。中断服务程序的实现如清单6-22 所示。

清单 6-22　例 6-4 使用的中断服务程序

```
static uint32_t ulExampleInterruptHandler ( void )
{
BaseType_t xHigherPriorityTaskWoken;
uint32_t ulReceivedNumber;
```

```
/* 将以下字符串声明为静态常量，确保不会被分配在中断服务程序的栈中，所以即使在
中断服务程序没有执行时仍然存在。*/
static const char *pcStrings[]=
{
    "String 0\r\n",
    "String 1\r\n",
    "String 2\r\n",
    "String 3\r\n"
};
    /* 如同往常一样，将 xHigherPriorityTaskWoken 参数初始化为 pdFALSE，以便能够检
    测到该参数在中断安全 API 函数中被设置为 pdTRUE。请注意，由于中断安全 API 函数
    只能将 xHigherPriorityTaskWoken 设置为 pdTRUE，因此在调用 xQueueReceiveFromISR
    （）和 xQueueSendToBackFromISR（）API 函数时使用相同的 xHigherPriorityTaskWoken
    变量是安全的。*/
    xHigherPriorityTaskWoken = pdFALSE;
    /* 从队列中读取，直到队列为空。*/
    while（ xQueueReceiveFromISR（xIntegerQueue,
            &ulReceivedNumber,
            &xHigherPriorityTaskWoken）!=errQUEUE_EMPTY）
    {
        /* 将收到的数字截断为最后两位（数值 0 ～ 3 范围内），然后用截断后的数值作
        为 pcStrings[] 数组的索引，选择一个字符串（char *）并将其发送到另一个队列。*/
        ulReceivedNumber &= 0x03;
        xQueueSendToBackFromISR（xStringQueue,
                                &pcStrings[ ulReceivedNumber ],
                                &xHigherPriorityTaskWoken）;
    }
    /* 如果从 xIntegerQueue 接收导致任务离开阻塞状态，并且离开阻塞状态的任务的优
    先级高于运行状态的任务的优先级，那么 xHigherPriorityTaskWoken 将在 xQueueReceive
    FromISR（）API 函数中被设置为 pdTRUE。
    如果向 xStringQueue 发送导致任务离开阻塞状态，并且如果离开阻塞状态的任务的优
    先级高于运行状态的任务的优先级，那么 xHigherPriorityTaskWoken 将在 xQueueSendTo
    BackFromISR（）API 函数中被设置为 pdTRUE。
    将 xHigherPriorityTaskWoken 作为 portYIELD_FROM_ISR（）宏的参数使用。如果
    xHigherPriorityTaskWoken 等于 pdTRUE，那么调用 portYIELD_FROM_ISR（）宏将会请
    求进行上下文切换；如果 xHigherPriorityTaskWoken 仍然是 pdFALSE，那么调用 portYIELD_
    FROM_ISR（）宏将不会有任何影响。
    Windows 移植所使用的 portYIELD_FROM_ISR（）宏包括 return 语句，这就是为什么
    本函数没有明确地返回一个值。*/
    portYIELD_FROM_ISR（ xHigherPriorityTaskWoken ）;
}
```

从中断服务程序接收字符指针的任务阻塞在队列上，直到消息到达，在接收到字符串时打印该字符串。其实现如清单 6-23 所示。

清单 6-23　打印例 6-4 中断服务程序接收到的字符串

```
static void vStringPrinter ( void *pvParameters )
{
char *pcString;
    for ( ; ; )
    {
        /* 阻塞在队列上，等待数据到来。*/
        xQueueReceive ( xStringQueue, &pcString, portMAX_DELAY );
        /* 打印接收到的字符串。*/
        vPrintString ( pcString );
    }
}
```

和正常情况一样，main（ ）函数在启动调度器之前创建所需的队列和任务。其实现如清单 6-24 所示。

清单 6-24　例 6-4 的 main（ ）函数

```
int main ( void )
{
    /* 在使用队列之前，必须先创建队列。创建本例使用的两个队列，一个队列用于存放
    uint32_t 类型的变量，另一个队列用于存放 char* 类型的变量。两个队列都可以最多容
    纳 10 个数据项。真实的应用程序应该检查返回值以确保队列已经被成功创建。*/
    QueueHandle_t xIntegerQueue = xQueueCreate ( 10, sizeof ( uint32_t ) );
    QueueHandle_t xStringQueue = xQueueCreate ( 10, sizeof ( char * ) );
    /* 创建使用队列向中断服务程序传递整数的任务，任务的优先级为 1。*/
    xTaskCreate ( vIntegerGenerator, "IntGen", 1000, NULL, 1, NULL );
    /* 创建打印字符串的任务，字符串由中断服务程序发送给该任务，任务的优先级为 2。*/
    xTaskCreate ( vStringPrinter, "String", 1000, NULL, 2, NULL );
    /* 为软件中断安装处理程序。安装软件中断处理程序所需语法取决于所使用的 FreeRTOS
    移植。这里显示的语法只适用于 FreeRTOS Windows 移植，在这种情况下，中断仅仅是
    模拟的。*/
    vPortSetInterruptHandler ( mainINTERRUPT_NUMBER,ulExampleInterruptHandler );
    /* 启动调度器，所以创建的任务开始执行。*/
    vTaskStartScheduler ( );
    for ( ; ; );
}
```

执行例 6-4 时产生的输出如图 6-12 所示。可以看到，中断接收到全部 5 个整数，并产生 5 个字符串作为响应。更多解释见图 6-13。

```
C:\WINDOWS\system32\cmd.exe - rtosdemo
String 3
String 0
String 1
Generator task - Interrupt generated.

Generator task - About to generate an interrupt.
String 2
String 3
String 0
String 1
String 2
Generator task - Interrupt generated.

Generator task - About to generate an interrupt.
String 3
String 0
String 1
String 2
String 3
Generator task - Interrupt generated.
```

图 6-12　执行例 6-4 时产生的输出

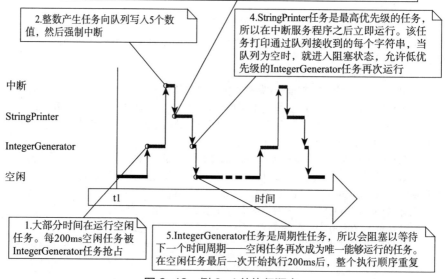

3.中断服务程序既从队列读取又向队列写入，为从另外队列接收的每个整数向队列写入一个字符串。向队列写入字符串解除了StringPrinter任务的阻塞

2.整数产生任务向队列写入5个数值，然后强制中断

4.StringPrinter任务是最高优先级的任务，所以在中断服务程序之后立即运行。该任务打印通过队列接收到的每个字符串，当队列为空时，就进入阻塞状态，允许低优先级的IntegerGenerator任务再次运行

中断

StringPrinter

IntegerGenerator

空闲

t1　　　　　时间

1.大部分时间在运行空闲任务。每200ms空闲任务被IntegerGenerator任务抢占

5.IntegerGenerator任务是周期性任务，所以会阻塞以等待下一个时间周期——空闲任务再次成为唯一能够运行的任务。在空闲任务最后一次开始执行200ms后，整个执行顺序重复

图 6-13　例 6-4 的执行顺序

6.8　中断嵌套

我们在任务优先级和中断优先级之间经常会产生混淆。本节讨论中断优先

级，即中断服务程序（ISR）彼此之间相对而言的执行优先级。分配给任务的优先级与分配给中断的优先级没有任何关系。硬件决定 ISR 何时执行，而软件决定任务何时执行。响应硬件中断而执行的 ISR 会中断任务，但任务不能抢占 ISR。

支持中断嵌套的 FreeRTOS 移植需要在 FreeRTOSConfig.h 中定义表 6-7 中详述的一个或两个常量，configMAX_SYSCALL_INTERRUPT_PRIORITY 和 configMAX_API_CALL_INTERRUPT_PRIORITY 都定义了相同的属性。较老的 FreeRTOS 移植使用 configMAX_SYSCALL_INTERRUPT_PRIORITY，较新的 FreeRTOS 移植使用 configMAX_API_CALL_INTERRUPT_PRIORITY。控制中断嵌套的常量如表 6-7 所示。

表 6-7 控制中断嵌套的常量

常　　量	说　　明
configMAX_SYSCALL_INTERRUPT_PRIORITY 或 configMAX_API_CALL_INTERRUPT_PRIORITY	设置最高中断优先级，在此优先级时可以调用中断安全的 FreeRTOS API 函数
configKERNEL_INTERRUPT_PRIORITY	设置滴答中断使用的中断优先级，并且必须始终设置为尽可能低的中断优先级。 如果正在使用的 FreeRTOS 移植没有使用 configMAX_SYSCALL_INTERRUPT_PRIORITY 常量，那么任何使用中断安全的 FreeRTOS API 函数的中断也必须以 configKERNEL_INTERRUPT_PRIORITY 定义的优先级执行

每个中断源都有一个数字优先级和一个逻辑优先级，两种优先级的含义和关系如下。

• 数字优先级

数字优先级就是分配给中断优先级的数字。例如，如果给中断分配了优先级 7，那么该中断的数字优先级就是 7；同样，如果给中断分配了优先级 200，那么该中断的数字优先级就是 200。

• 逻辑优先级

中断的逻辑优先级描述了该中断相对于其他中断的优先性。

如果两个优先级不同的中断同时发生，那么处理器将先执行两个中断中逻辑优先级较高的中断的 ISR，然后再执行两个中断中逻辑优先级较低的中断的 ISR。

一个中断可以中断（与之嵌套）任何逻辑优先级较低的中断，但一个中断不能中断（与之嵌套）任何逻辑优先级相同或更高的中断。

中断的数字优先级和逻辑优先级之间的关系取决于处理器架构。在某些处理器上，分配给中断的数字优先级越高，该中断的逻辑优先级就越高；而在其他处理器架构上，分配给中断的数字优先级越高，该中断的逻辑优先级就越低。

通过把 configMAX_SYSCALL_INTERRUPT_PRIORITY 设置为比 configKERNEL_INTERRUPT_PRIORITY 更高的逻辑中断优先级，建立起完整的中断嵌套模型。图 6-14 做了演示，该图显示了以下情况：

- 处理器有 7 个独特的中断优先级。
- 分配了数字优先级 7 的中断比分配了数字优先级 1 的中断具有更高的逻辑优先级。
- 将 configKERNEL_INTERRUPT_PRIORITY 设置为 1。
- 将 configMAX_SYSCALL_INTERRUPT_PRIORITY 设置为 3。

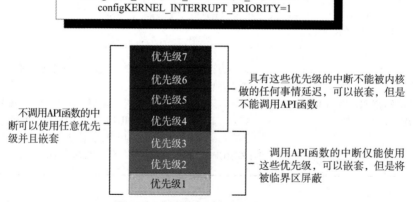

图 6-14　影响中断嵌套行为的常量

参考图 6-14：

- 当内核或应用程序处于临界区时，使用优先级 1 ～ 3（含）的中断将被阻止执行。以这些优先级运行的 ISR 可以使用中断安全的 FreeRTOS API 函数。临界区的知识在第 7 章中讨论。
- 使用优先级 4 及以上的中断不受临界区影响，因此调度器所做的任何事情都不会阻止这些中断立即执行——但在硬件本身的限制范围内。以这些优先级执行的 ISR 不能调用 FreeRTOS API 函数。
- 通常情况下，对时间精度要求非常严格的功能（如电动机控制）会使用高于 configMAX_SYSCALL_INTERRUPT_PRIORITY 的优先级，以确保调度器不会将抖动引入中断响应时间。

ARM Cortex-M[①] 和 ARM GIC 用户注意事项

Cortex-M 处理器上的中断配置很混乱，而且容易出错。为了有助于开发，FreeRTOS 的 Cortex-M 移植会自动检查中断配置，但只有在定义了 configASSERT（ ）宏的情况下才会自动检查。configASSERT（ ）宏在 11.2 节中介绍。

ARM Cortex 内核和 ARM 通用中断控制器（GIC）使用数字上的小优先级数字来表示逻辑上的高优先级中断。这似乎有悖于直觉，而且很容易忘记。如果希望给中断分配逻辑上的低优先级，那么就必须给该中断分配数字上的大数值；如果希望给中断分配逻辑上的高优先级，那么就必须给该中断分配数字上的小数值。

Cortex-M 中断控制器允许最多使用 8 位来指定每个中断的优先级，使 255 成为可能的最低优先级，0 为最高优先级。然而，Cortex-M 微控制器通常只实现了 8 个可能位中的一个子集。实际实现的位数取决于微控制器系列。

当只实现 8 个可能位中的一个子集时，只能使用字节中最高部分的位——留下最低部分的位没有实现。没有实现的位可以取任意值，但正常情况下将其设为 1。图 6-15 演示了这种情况，该图显示了优先级 5（二进制数 0101）如何存储在实现了 4 个优先级位的 Cortex-M 微控制器中。

图 6-15 实现 4 个优先级位的 Cortex-M
微控制器如何存储优先级 5（二进制数 0101）

图 6-15 中，二进制数 0101 已经被移位到字节的最高 4 位中，因为最低 4 位没有实现。没有实现的位已被设置为 1。

一些库函数希望在将优先级数值向上移位到已实现的位（最高位）之后还要指定优先级数值。在使用这种函数时，可以指定图 6-15 所示的优先级为十进制数 95。十进制数 95 是将二进制数 0101 上移 4 位形成二进制数 0101nnnn（其中 n 是未实现位），将未实现位设为 1，形成二进制数 01011111。

一些库函数希望在将优先级数值向上移到已实现的位（最高位）之前就指定优先级数值。在使用这种函数时，必须指定图 6-15 所示的优先级为十进制

---

① 本节仅部分适用于 Cortex-M0 和 Cortex-M0+ 内核。

数 5。十进制数 5 就是没有移位的二进制数 0101。

必须按这种方式设置 configMAX_SYSCALL_INTERRUPT_PRIORITY 和 config KERNEL_INTERRUPT_PRIORITY，以允许将两个常量直接写入 Cortex-M 寄存器，因此是在将优先级数值向上移位到实现的位之后。

必须始终设置 configKERNEL_INTERRUPT_PRIORITY 为可能的最低中断优先级。可以把没有实现的优先级位设置为 1，所以无论实际实现了多少个优先级位，都可以将该常量始终设置为 255。

Cortex-M 中断将默认为优先级 0——这是可能的最高优先级。Cortex-M 硬件的实现不允许将 configMAX_SYSCALL_INTERRUPT_PRIORITY 设置为 0，所以如果中断使用了 FreeRTOS API 函数，该中断的优先级绝对不能留下不管而任由其保持默认值。

第 7 章
资源管理

7.1 本章知识点及学习目标

在多任务系统中，如果任务开始访问资源，但任务还没有完成访问就被转移出运行状态，就有可能出现错误。如果任务使资源处于不一致的状态，那么其他任务或中断对同一资源的访问就可能导致数据损坏或其他类似问题。

比如下面的这些例子。

1. 访问外部设备

考虑以下情况，两个任务试图写入液晶显示器（LCD）。

a. 任务 A 执行后，开始向 LCD 上写入字符串 "Hello world"。

b. 任务 A 在输出开始的字符串——"Hello w" 后，就被任务 B 抢占了。

c. 任务 B 在进入阻塞状态之前向 LCD 写入 "Abort,Retry,Fail?"。

d. 任务 A 从被抢占的点开始继续执行，并继续输出其字符串——剩余字符 "orld"。

现在，LCD 上显示损坏的字符串 "Hello wAbort, Retry, Fail?orld"。

2. 读取、修改、写入操作

清单 7-1 显示了一行 C 代码，以及通常如何将该 C 代码翻译成汇编代码的例子。可以看到，首先从内存中读取 PORTA 的值到寄存器中，在寄存器中修改，然后再写回内存。这就是所谓的读取、修改、写入操作。

清单 7-1 读取、修改、写入顺序示例

```
/* 正在编译的 C 代码。*/
PORTA |= 0x01;

/* 编译该 C 代码时产生的汇编代码。*/
LOAD   R1, [#PORTA]   ; 从 PORTA 中读取值到 R1 中。
MOVE   R2, #0x01      ; 将绝对常数 1 移到 R2 中。
OR     R1, R2         ; R1（PORTA）与 R2（常数 1）按位或。
STORE  R1, [#PORTA]   ; 将新的值存储回 PORTA。
```

这是一个"非原子"操作，因为需要多条指令才能完成，并且可能被中断。考虑以下情况，两个任务试图更新名为 PORTA 的内存映射寄存器。

a. 任务 A 将 PORTA 的值加载到寄存器中——操作的读取部分。

b. 任务 A 在完成同一操作的修改和写入部分之前，被任务 B 抢占。

c. 任务 B 更新 PORTA 的值，然后进入阻塞状态。

d. 任务 A 从被抢占的位置继续执行。在将更新后的值写回 PORTA 之前，任务 A 修改了保存在寄存器中的 PORTA 值的副本。

在这种情况下，任务 A 更新并写回 PORTA 一个过时的值。任务 A 获取 PORTA 值的副本，在任务 A 将其修改后的值写回 PORTA 寄存器之前，任务 B 修改了 PORTA。当任务 A 向 PORTA 写入时，覆盖了任务 B 做的修改，实际上破坏了 PORTA 寄存器的值。

本例使用外设寄存器，但在对变量进行读取、修改、写入操作时，原理是相同的。

3. 变量的非原子访问

更新结构体的多个成员，或者更新大于架构字大小的变量（例如，在 16 位机器上更新 32 位的变量），都是非原子操作的例子。如果这些操作被中断，就会导致数据丢失或损坏。

4. 函数重入

如果函数可以安全地在多个任务中调用，或者既可以从任务中又可以从中断中调用，那么这个函数就是"重入"的。把重入函数称为"线程安全"，因为可以从多个执行线程中访问这些函数，而不会有数据或逻辑操作被破坏的风险。

每个任务都维护自己的栈和一套处理器（硬件）寄存器值。如果函数除了访问存储在栈上的数据或保存在寄存器中的数据外，不访问其他数据，那么这个函数就是重入函数，而且是线程安全的。清单 7-2 是一个重入函数的例子，清单 7-3 是一个非重入函数的例子。

清单 7-2　重入函数的例子

```
/* 传递参数到函数中，这个参数可以在栈中传递，也可以在处理器寄存器中传递。无
论哪种方式都是安全的，因为调用函数的任务或中断会维护自己的栈和一套寄存器值，所以
调用本函数的任务或中断有自己的 lVar1 副本。*/
long lAddOneHundred ( long lVar1 )
{
/* 本函数的作用域变量也将被分配到栈或寄存器中，具体情况取决于编译器和优化级别。
调用本函数的任务或中断有自己的 lVar2 副本。*/
long lVar2;

  lVar2 = lVar1 + 100;
  return lVar2;
}
```

清单 7-3　非重入函数的例子

```
/* 在这种情况下，lVar1 是一个全局变量，所以调用 lNonsenseFunction（ ）函数的任务
都会访问该变量的同一个副本。*/
long lVar1;

long lNonsenseFunction ( void )
{
/* lState 是静态变量，所以没有被分配在栈中。调用本函数的任务都将访问该变量的同一
个副本。*/
static long lState = 0;
long lReturn;

    switch ( lState )
    {
        case 0 : lReturn = lVar1 + 10;
                 lState = 1;
                 Break;

        case 1 : lReturn = lVar1 + 20;
                 lState = 0;
                 Break;
    }
}
```

相互排斥

为了始终确保数据的一致性，对任务之间或任务与中断之间共享的资源进行访问时，必须使用"相互排斥"技术进行管理。其目标是确保一旦任务开始访问非重入和非线程安全的共享资源时，同一任务就可以独占该资源，直到将该资源恢复到一致状态。

FreeRTOS 提供了几个可以用来实现相互排斥的功能，但是最好的相互排斥方法是设计应用程序，使资源不被共享，而且每个资源只被单一任务访问（只能尽量，因为这种做法往往是不切实际的）。

学习目标

本章旨在让读者充分了解以下知识：

- 什么时候及什么原因需要进行资源管理和控制。
- 什么是临界区。
- 什么是相互排斥。
- 什么是暂停调度器。
- 如何使用互斥量。
- 如何创建和使用守门人（gatekeeper）任务。
- 什么是优先级反转，以及优先级继承如何减少（但不能消除）优先级反

转的影响。

7.2 临界区和暂停调度器

基本的临界区

基本的临界区是指分别由调用 taskENTER_CRITICAL（）宏和 taskEXIT_CRITICAL（）宏所包围的代码区域。临界区也被称为关键区域。

taskENTER_CRITICAL（）宏和 taskEXIT_CRITICAL（）宏不接收任何参数，也没有返回值[①]。两个宏的用法如清单 7-4 所示。

清单 7-4 使用临界区保护对寄存器的访问

```
/*通过将 PORTA 寄存器置于临界区，确保对 PORTA 的访问不会被中断。进入临界区。*/
taskENTER_CRITICAL（）;
/* 在调用 taskENTER_CRITICAL（）宏和 taskEXIT_CRITICAL（）宏之间不能切换到另
一个任务。中断仍然可以在允许中断嵌套的 FreeRTOS 移植上执行，但只有逻辑优先级高
于 configMAX_SYSCALL_INTERRUPT_PRIORITY 常量的中断及不允许调用 FreeRTOS API
函数的中断才能执行。*/
PORTA |= 0x01;
/* 对 PORTA 的访问已经结束，所以退出临界区是安全的。*/
taskEXIT_CRITICAL（）;
```

本书所附的示例工程使用名为 vPrintString（）的函数将字符串写入标准输出——当使用 FreeRTOS Windows 移植时（实际上是模拟运行），标准输出就是终端窗口。许多任务调用 vPrintString（）函数，因此理论上，该函数使用临界区能够保护对标准输出的访问，如清单 7-5 所示。

清单 7-5 vPrintString（）函数的一种实现

```
void vPrintString（ const char *pcString )
{
    /* 将字符串写入 stdout，使用临界区作为相互排斥的粗糙方法。*/
    taskENTER_CRITICAL（）;
    {
        printf（ "%s", pcString );
        fflush（ stdout );
    }
    taskEXIT_CRITICAL（）;
}
```

[①] 宏不像真正的函数那样真实地"返回值"。可以把宏简单地当作函数看待，本书对宏使用术语"返回值"。

以这种方式实现的临界区是非常粗糙的相互排斥方法。其工作方式是禁用中断，要么全部，要么根据所使用的 FreeRTOS 移植，禁用到 configMAX_SYSCALL_INTERRUPT_PRIORITY 常量设置的中断优先级。抢占式的上下文切换只能在中断内部发生，所以只要保持禁用中断，就能保证调用 taskENTER_CRITICAL（）宏的任务保持在运行状态，直到退出临界区。

基本的临界区必须保持短小，否则会对中断响应时间产生不利影响。每次调用 taskENTER_CRITICAL（）宏时，必须配对调用 taskEXIT_CRITICAL（）宏。由于这个原因，标准输出（stdout，或计算机写入的输出数据流）不应该使用临界区保护（如清单 7-5 所示），因为向终端写入数据可能是一个相对较长的操作。本章的例子探讨了其他的解决方案。

临界区的嵌套是安全的，因为内核会对嵌套深度进行计数。只有当嵌套深度返回 0 时，才会退出临界区——也就是每次先调用 taskENTER_CRITICAL（）宏，接着就会调用 taskEXIT_CRITICAL（）宏。

FreeRTOS 在处理器上运行时，调用 taskENTER_CRITICAL（）宏和 taskEXIT_CRITICAL（）宏是任务改变处理器中断使能状态的唯一合法方式。通过其他方式改变中断使能状态会使宏的嵌套数无效。

taskENTER_CRITICAL（）宏和 taskEXIT_CRITICAL（）宏没有以 FromISR 结尾，所以不能在中断服务程序中调用。taskENTER_CRITICAL_FROM_ISR（）宏是 taskENTER_CRITICAL（）宏的中断安全版本，taskEXIT_CRITICAL_FROM_ISR（）宏是 taskEXIT_CRITICAL（）宏的中断安全版本。只将这些中断安全版本的宏提供给允许中断嵌套的 FreeRTOS 移植——在不允许中断嵌套的移植中，这些宏应该被淘汰。

taskENTER_CRITICAL_FROM_ISR（）宏返回一个值，必须把这个值传递给匹配调用的 taskEXIT_CRITICAL_FROM_ISR（）宏。这种情况在清单 7-6 中做了演示。

清单 7-6　在中断服务程序中使用临界区

```
void vAnInterruptServiceRoutine ( void )
{
/* 声明变量，用于保存 taskENTER_CRITICAL_FROM_ISR（）宏的返回值。*/
UBaseType_t uxSavedInterruptStatus;
    /* 这部分 ISR 可以被更高优先级的中断所中断。*/
    /* 使用 taskENTER_CRITICAL_FROM_ISR（）宏保护本 ISR 的一段区域。保存从
    taskENTER_CRITICAL_FROM_ISR（）宏返回的值，以便将其传递给匹配调用的
    taskEXIT_CRITICAL_FROM_ISR（）宏。*/
    uxSavedInterruptStatus = taskENTER_CRITICAL_FROM_ISR ();
```

```
/* 这部分 ISR 位于调用 taskENTER_CRITICAL_FROM_ISR（）宏和 taskEXIT_CRITICAL_
FROM_ISR（）宏之间，因此只能被优先级高于 configMAX_SYSCALL_INTERRUPT_
PRIORITY 常量的中断所中断。*/
/* 通过调用 taskEXIT_CRITICAL_FROM_ISR（）宏再次退出临界区，传递匹配调用
taskENTER_CRITICAL_FROM_ISR（）宏返回的值。*/
taskEXIT_CRITICAL_FROM_ISR ( uxSavedInterruptStatus );
/* 这部分 ISR 可以被更高优先级的中断所中断。*/
}
```

执行进入并随后退出临界区的代码比执行实际被临界区保护的代码，使用更多的处理时间是一种浪费。基本的临界区进入速度非常快，退出速度也非常快，而且总是确定性的，因此当被保护的代码区域非常短时，这样使用是非常理想的。

暂停（或锁定）调度器

也可以通过暂停调度器来创建临界区。暂停调度器有时也被称为"锁定"调度器。

基本的临界区保护代码不被其他任务和中断访问。通过暂停调度器来实现的临界区，只能保护代码区域不被其他任务访问，因为中断是保持使能的。

如果临界区太长，无法通过简单地禁用中断来实现，那么就可以通过暂停调度器来实现。然而，当调度器暂停时，中断活动会使恢复（或"解除暂停"）调度器成为一个相对较长的操作，因此必须考虑在各种情况下使用哪种方法最好。

下面介绍暂停和恢复调度器的 API 函数。

vTaskSuspendAll（）API 函数

vTaskSuspendAll（）API 函数的原型如清单 7-7 所示。

清单 7-7　vTaskSuspendAll（）API 函数的原型

```
void vTaskSuspendAll ( void );
```

通过调用 vTaskSuspendAll（）API 函数暂停调度器。暂停调度器可以阻止进行上下文切换，但会让中断保持使能状态。如果中断在调度器暂停时请求上下文切换，那么这个请求将保持待定，只有当恢复（未暂停）调度器时才会执行。

暂停调度器时，不得调用 FreeRTOS API 函数。

xTaskResumeAll（）API 函数

xTaskResumeAll（）API 函数的原型如清单 7-8 所示。

清单 7-8　xTaskResumeAll（）API 函数的原型

清单 7-8　xTaskResumeAll（）API 函数的原型

```
BaseType_t xTaskResumeAll ( void );
```

通过调用 xTaskResumeAll（）API 函数恢复（未暂停）调度器。
xTaskResumeAll（）API 函数的返回值及其说明如表 7-1 所示。

表 7-1　xTaskResumeAll（）API 函数的返回值及其说明

返回值	说　　明
返回值	暂停调度器时请求的上下文切换会保持待定，只有在恢复调度器时才会执行。如果在 xTaskResumeAll（）API 函数返回之前执行了待定的上下文切换，那么将返回 pdTRUE，否则将返回 pdFALSE

嵌套调用 vTaskSuspendAll（）和 xTaskResumeAll（）API 函数是安全的，因为内核会对嵌套深度进行计数。只有当嵌套深度返回 0 的时候，才会恢复调度器——也就是每次先调用 vTaskSuspendAll（）API 函数，接着就会调用 xTaskResumeAll（）API 函数。

清单 7-9 显示了实际的 vPrintString（）函数的实现，该函数暂停调度器以保护对终端输出的访问。

清单 7-9　vPrintString（）函数的实现

```
void vPrintString ( const char *pcString )
{
    /* 将字符串写入 stdout，暂停调度器作为相互排斥的方法。*/
    vTaskSuspendScheduler ( );
    {
        printf ( "%s", pcString );
        fflush ( stdout );
    }
    xTaskResumeScheduler ( );
}
```

7.3　互斥量（和二进制信号量）

互斥量（mutex）是一种特殊类型的二进制信号量，用于控制对资源的访问，该资源由两个或两个以上任务共享。FreeRTOSConfig.h 中，必须将 configUSE_MUTEXES 设置为 1，才能够使用互斥量。

当在相互排斥的场景下使用互斥量时，可以把互斥量当成是与共享资源相关联的令牌。任务想要合法地访问资源，首先必须成功地"获取"令牌（成为令牌持有者）。当令牌持有者完成对资源的访问后，必须"归还"令牌。只有在归还令牌后，别的任务才能成功获取令牌，然后安全地访问共享资源。除非任务持有令牌，否则不允许该任务访问共享资源。这种机制如图 7-1 所示。

尽管互斥量和二进制信号量有许多共同的特点，但图 7-1 所示的情况（其中互斥量用于相互排斥）与图 6-6 所示的情况（其中二进制信号量用于同步）完全不同。获得信号量之后发生的最主要区别如下：

- 总是必须归还用来相互排斥的信号量。
- 通常会丢弃用于同步的信号量，不会归还。

该机制纯粹通过编程人员的约束来工作。没有理由阻止任务随时访问资源，但是任务又都"同意"不能随时访问资源，除非某个任务成为互斥量的持有者。

下面介绍创建互斥量的 API 函数。

xSemaphoreCreateMutex（）API 函数

FreeRTOS V9.0.0 还包括 xSemaphoreCreateMutexStatic（）API 函数，该函数可以在编译时静态地分配创建互斥量所需的内存。互斥量也是一种类型的信号量。把各种类型信号量的句柄都存储在 SemaphoreHandle_t 类型的变量中。

在使用互斥量之前，必须先创建互斥量。要创建互斥量，可使用 xSemaphoreCreateMutex（）API 函数。xSemaphoreCreateMutex（）API 函数的原型如清单 7-10 所示。

清单 7-10　xSemaphoreCreateMutex（）API 函数的原型

SemaphoreHandle_t xSemaphoreCreateMutex (void);

xSemaphoreCreateMutex（）API 函数的返回值及其说明如表 7-2 所示。

表 7-2　xSemaphoreCreateMutex（）API 函数的返回值及其说明

返 回 值	说　　明
返回值	如果返回 NULL，则无法创建互斥量，因为 FreeRTOS 没有足够的堆内存用于分配互斥量数据结构。第 2 章提供了更多关于堆内存管理的信息。 　　一个非 NULL 的返回值表示已经成功创建了互斥量。应将返回值作为创建的互斥量的句柄存储起来

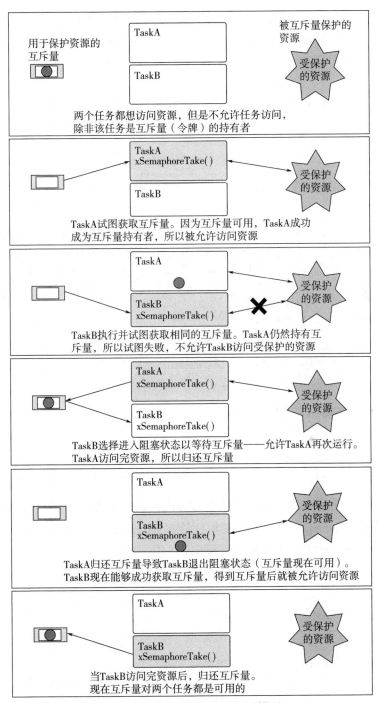

图 7-1　使用互斥量实现相互排斥

下面通过例 7-1，介绍使用互斥量控制对标准输出的访问。

例 7-1　使用信号量重写 vPrintString（）函数

例 7-1 创建名为 prvNewPrintString（）的 vPrintString（）函数的新版本，然后从多个任务中调用这个新函数。prvNewPrintString（）函数在功能上与 vPrintString（）函数相同，但使用互斥量控制对标准输出的访问，而不是通过锁定调度器。prvNewPrintString（）函数的实现如清单 7-11 所示。

清单 7-11　prvNewPrintString（）函数的实现

```
static void prvNewPrintString ( const char *pcString )
{
    /* 在调度器启动之前创建互斥量，所以到执行本任务的时候互斥量已经存在。尝试获
    取互斥量，如果不能立即获取互斥量，就无限期地阻塞等待互斥量。当成功获取互斥
    量时，对 xSemaphoreTake（）API 函数的调用将返回，所以没有必要检查函数的返回
    值。如果使用了超时时间，那么代码必须在访问共享资源（本例是标准输出）前检查
    xSemaphoreTake（）API 函数是否返回了 pdTRUE。正如本书前面所提到的那样，不建
    议在生产代码中使用无限期超时。*/
    xSemaphoreTake ( xMutex, portMAX_DELAY );
    {
        /* 只有在成功获取互斥量后，才会执行下面的语句行。现在可以自由地访问标准
        输出，因为任何时候只有一个任务能够拥有互斥量。*/
        printf ( "%s", pcString );
        fflush ( stdout );
        /* 必须归还互斥量 !*/
    }
    xSemaphoreGive ( xMutex );
}
```

prvNewPrintString（）函数被两个由 prvPrintTask（）函数实现的任务重复调用。调用之间使用随机的延时时间。使用任务参数向任务的每个实例传递唯一的字符串。prvPrintTask（）函数的实现如清单 7-12 所示。

清单 7-12　prvPrintTask（）函数的实现

```
static void prvPrintTask ( void *pvParameters )
{
Char *pcStringToPrint;
const TickType_t xMaxBlockTimeTicks = 0x20;
    /* main（）函数中将创建本任务的两个实例。使用任务参数将字符串传递给任务。将
    参数转换为所需类型。*/
    pcStringToPrint = ( char * ) pvParameters;
    for ( ; ; )
```

```
    {
        /* 使用新函数打印字符串。*/
        prvNewPrintString ( pcStringToPrint );
        /* 等待一段伪随机的时间。请注意，rand（）函数不一定是重入式的，但这种情
        况并不重要，因为代码并不关心返回什么值。在更安全的应用程序中，应该使用
        已知是重入版本的 rand（）函数——或者使用临界区保护对 rand（）函数的调用。*/
        vTaskDelay ( ( rand ( ) % xMaxBlockTimeTicks ) ) ;
    }
}
```

和正常情况一样，main（）函数只是创建互斥量，创建任务，然后启动调度器。main（）函数的实现如清单 7-13 所示。

清单 7-13　main（）函数的实现

```
int main ( void )
{
    /* 在使用信号量之前，必须先明确地创建该信号量。本例创建一个互斥量类型的信号
    量。*/
    SemaphoreHandle_t xMutex = xSemaphoreCreateMutex ( );
    /* 创建任务之前，检查是否成功创建了信号量。*/
    if ( xMutex != NULL )
    {
        /* 创建两个向 stdout 写入的任务实例。将字符串作为任务参数传递给任务。以不同
        的优先级创建任务，所以任务会出现抢占。*/
        xTaskCreate ( prvPrintTask, "Print1", 1000,
            "Task1 *********************************\r\n", 1, NULL );

        xTaskCreate ( prvPrintTask, "Print2", 1000,
            "Task2 -----------------------------------\r\n", 2, NULL );

        /* 启动调度器，所以创建的任务开始执行。*/
        vTaskStartScheduler ( ) ;
    }

    for ( ; ; );
}
```

以不同的优先级创建 prvPrintTask（）函数的两个任务实例，所以低优先级的任务有时会被高优先级的任务抢占。由于使用了互斥量来保证每个任务都能获得对终端的互斥访问，所以即使发生了抢占，显示的字符串也是正确的，不会有任何损坏。可以通过减少任务在阻塞状态下的最长时间来增加抢占的频

率，这个时间由 xMaxBlockTimeTicks 常量设置。

关于 FreeRTOS Windows 移植（实际上是模拟运行）里的例 7-1 的具体说明如下：

· 调用 printf（）函数会产生 Windows 系统调用。Windows 系统调用在 FreeRTOS 的控制范围之外，而且可能引起不稳定。

· Windows 系统调用的执行方式意味着，即使不使用互斥量，也很少会出现损坏的字符串。

图 7-2 中显示了执行例 7-1 时产生的输出，图 7-3 中描述了一种可能的执行顺序。

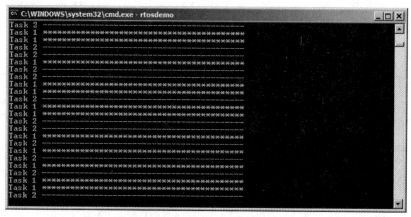

图 7-2　执行例 7-1 时产生的输出

图 7-2 显示，正如预期的那样，在终端上显示的字符串没有损坏。随机排序是由于任务使用的随机延时时间造成的。

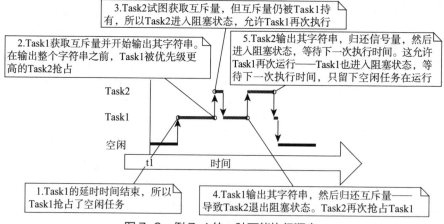

图 7-3　例 7-1 的一种可能执行顺序

下面介绍与互斥量和优先级密切相关的 5 个重要概念。

1. 优先级反转

利用互斥量实现相互排斥具有多个潜在陷阱，图 7-3 展示了其中的一个。图 7-3 描述的执行顺序显示，优先级较高的 Task2 必须等待优先级较低的 Task1 放弃对互斥量的控制。高优先级的任务被低优先级的任务以这种方式延迟，称为"优先级反转"。如果中等优先级的任务开始执行，而高优先级的任务正在等待信号量，那么这种不良行为就会被进一步扩大——结果就是高优先级的任务在等待低优先级的任务——而低优先级的任务甚至不能执行。最坏的情况如图 7-4 所示。

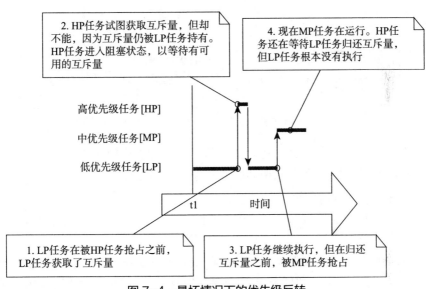

图 7-4　最坏情况下的优先级反转

优先级反转可能是一个很大的问题，但在小型嵌入式系统中，通过仔细考虑如何访问资源，往往可以在系统设计时避免这个问题。

2. 优先级继承

FreeRTOS 的互斥量和二进制信号量非常相似——区别就是，互斥量包括基本的"优先级继承"机制，而二进制信号量则没有。优先级继承是一种将优先级反转的负面影响降到最低的方案。该方案并没有"修复"优先级反转，而只是通过确保优先级反转总是有时间限制来减轻其影响。然而，优先级继承会使系统时序分析复杂化，依靠优先级继承来保证系统的正确运行并不是好的做法。

优先级继承的工作原理是，暂时将互斥量持有者的优先级提高到试图获得相同互斥量的最高优先级任务的优先级。持有互斥量的低优先级任务会"继承"等待该互斥量的任务的优先级。图 7-5 演示了这种情况。当互斥量持有者归还互斥量时，持有者的优先级会被自动重置为其初始值。

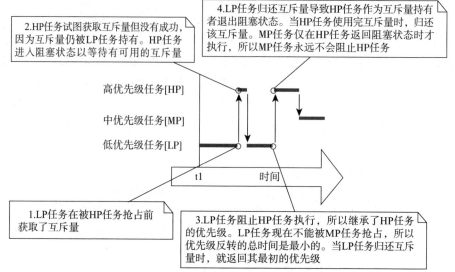

2.HP任务试图获取互斥量但没有成功，因为互斥量仍被LP任务持有。HP任务进入阻塞状态以等待有可用的互斥量

4.LP任务归还互斥量导致HP任务作为互斥量持有者退出阻塞状态。当HP任务使用完互斥量时，归还该互斥量。MP任务仅在HP任务返回阻塞状态时才执行，所以MP任务永远不会阻止HP任务

高优先级任务[HP]

中优先级任务[MP]

低优先级任务[LP]

t1   时间

1.LP任务在被HP任务抢占前获取了互斥量

3.LP任务阻止HP任务执行，所以继承了HP任务的优先级。LP任务现在不能被MP任务抢占，所以优先级反转的总时间是最小的。当LP任务归还互斥量时，就返回其最初的优先级

图 7-5   优先级继承将优先级反转的影响程度降到最低

正如刚才所看到的那样，优先级继承功能会影响到使用互斥量的任务的优先级。出于这个原因，不能从中断服务程序中使用互斥量。

3. 死锁（致命的拥抱）

"死锁"是使用互斥量的另一个潜在陷阱。死锁有时也被更戏剧化地称为"致命的拥抱"。

当两个任务由于都在等待对方持有的资源而无法继续时，就会发生死锁。考虑以下情况，任务 A 和任务 B 都需要获取互斥量 X 和互斥量 Y 来执行某项操作：

（1）任务 A 执行并成功获取互斥量 X。

（2）任务 A 被任务 B 抢占。

（3）任务 B 在尝试获取互斥量 X 之前成功获取了互斥量 Y，但是互斥量 X 被任务 A 持有，因此任务 B 无法使用，任务 B 选择进入阻塞状态，等待互斥量 X 被释放。

（4）任务 A 继续执行，试图获取互斥量 Y——但互斥量 Y 被任务 B 持有，因此任务 A 无法使用。任务 A 选择进入阻塞状态，等待互斥量 Y 被释放。

当这种情况结束时，任务 A 在等待任务 B 持有的互斥量，而任务 B 在等待任务 A 持有的互斥量。因为没有任务可以继续执行，所以死锁就发生了。

与优先级反转一样，避免死锁的最好方法是在设计时仔细考虑潜在的问题，并以确保死锁不会发生的方法设计系统。特别地，正如本书前面描述的

那样，通常情况下，任务无限期地等待而且没有超时以获取互斥量是不好的做法。取而代之的是，使用比预计等待互斥量的最长时间稍长一点的超时时间——那么在这个时间段内不能获取互斥量将是由于设计错误而出现的症状，可能就是一个死锁。

实际上，在小型嵌入式系统中，死锁并不是大问题，因为系统设计人员能够对整个应用有很好的了解，所以可以识别并消除可能发生死锁的地方。

4. 递归互斥量

任务也有可能与自己发生死锁。如果任务在没有首先归还互斥量的情况下，多次尝试获取同一个互斥量，就会发生这种情况。考虑以下情况：

（1）任务成功获取了互斥量。

（2）在持有该互斥量时，任务调用库函数。

（3）库函数的实现试图获取同一个互斥量，然后进入阻塞状态，以等待有可用的互斥量。

在这种情况的最后，任务处于阻塞状态以等待互斥量被归还，但任务已经是互斥量的持有者。由于任务在阻塞状态下等待自己，所以就发生了死锁。

可以通过使用递归互斥量代替标准互斥量来避免这种类型的死锁。

递归互斥量可以被同一个任务多次"获取"，并且只有在对每次先执行调用"获取"递归互斥量接着执行调用"归还"递归互斥量后，才会被归还。

标准互斥量与递归互斥量的创建和使用方法类似：

• 使 用 xSemaphoreCreateMutex（）API 函 数 创 建 标 准 互 斥 量，使 用 xSemaphoreCreateRecursiveMutex（ ）API 函数创建递归互斥量。这两个 API 函数具有相同的原型。

• 使 用 xSemaphoreTake（）API 函 数 "获 取" 标 准 互 斥 量，使 用 xSemaphoreTakeRecursive（）API 函数 "获取" 递归互斥量。这两个 API 函数具有相同的原型。

• 使 用 xSemaphoreGive（）API 函 数 "归 还" 标 准 互 斥 量，使 用 xSemaphoreGiveRecursive（）API 函数 "归还" 递归互斥量。这两个 API 函数具有相同的原型。

清单 7-14 演示了如何创建和使用递归互斥量。

清单 7-14　创建和使用递归互斥量

```
/* 递归互斥量也是 SemaphoreHandle_t 类型的变量。*/
SemaphoreHandle_t xRecursiveMutex ;
/* 创建和使用递归互斥量的任务。*/
void vTaskFunction（ void *pvParameters ）
```

```
{
const TickType_t xMaxBlock20ms = pdMS_TO_TICKS ( 20 ) ;
    /* 在使用递归互斥量之前，必须先明确地创建该递归互斥量。*/
    xRecursiveMutex = xSemaphoreCreateRecursiveMutex ( );
    /* 检查是否成功创建该递归互斥量。configASSERT（）在第 11.2 节中描述。*/
    configASSERT ( xRecursiveMutex );
    /* 和大多数任务一样，本任务在无限循环中实现。*/
    for ( ; ; )
    {
        /* ... */
        /* 获取递归互斥量。*/
        if ( xSemaphoreTakeRecursive ( xRecursiveMutex, xMaxBlock20ms ) == pdPASS )
        {
        /* 成功获取递归互斥量。任务现在可以访问互斥量保护的资源。此时递归调用
        数（即对 xSemaphoreTakeRecursive（）的嵌套调用次数）为 1，因为只获取了
        一次递归互斥量。*/
         /* 当任务已经持有递归互斥量时，任务再次获取该递归互斥量。在实际应用中，
        这种情况只可能发生在这个任务所调用的子函数中，因为没有实际理由要故意多
        次获取同一个递归互斥量。调用任务已经是递归互斥量的持有者，因此第二次调
        用 xSemaphoreTakeRecursive（）API 函数只是将递归调用次数增加到 2。*/
        xSemaphoreTakeRecursive ( xRecursiveMutex, xMaxBlock20ms );
        /* ... */
        /* 任务在访问完递归互斥量保护的资源后归还递归互斥量。此时递归调用次数为 2，
        所以第一次调用 xSemaphoreGiveRecursive（）API 函数时不会归还递归互斥量，而
        是将递归调用次数减为 1。*/
        xSemaphoreGiveRecursive ( xRecursiveMutex );
        /* 下一次调用 xSemaphoreGiveRecursive（）API 函数会将递归调用次数减为 0，所
        以这次会归还递归互斥量。*/
        xSemaphoreGiveRecursive ( xRecursiveMutex );
        /* 现在，每次先调用 xSemaphoreTakeRecursive（）API 函数，接着就执行一次对
        xSemaphoreGiveRecursive（）API 函数的调用，所以任务不再是递归互斥量的持有
        者。*/
        }
    }
}
```

5. 互斥量和任务调度

如果两个不同优先级的任务使用同一个互斥量，那么 FreeRTOS 调度策略会明确任务的执行顺序，能够运行的最高优先级的任务将被选为进入运行状态。例如，如果高优先级的任务在阻塞状态下等待低优先级的任务持有的互斥量，则一旦低优先级的任务归还互斥量，高优先级的任务就会抢占低优先级的任务。高优先级的任务就会成为互斥量的持有者。这种情况已经在图 7-5 中看到了。

然而，当任务具有相同优先级时，通常会对任务的执行顺序做出错误的

假设。如果 Task1 和 Task2 具有相同的优先级，并且 Task1 处于阻塞状态以等待 Task2 持有的互斥量，那么当 Task2 "归还"互斥量时，Task1 不会抢占 Task2。相反，Task2 将保持在运行状态，而 Task1 只是从阻塞状态进入就绪状态。这种情况如图 7-6 所示，图中的竖线标记滴答中断发生的时间。

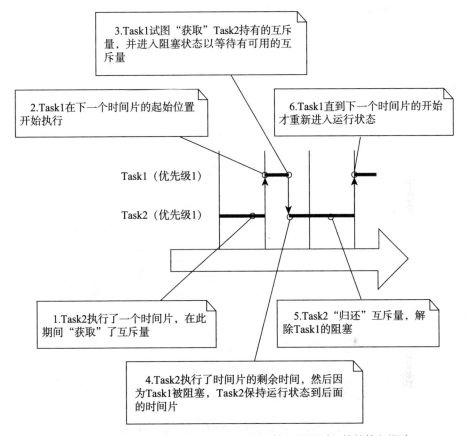

图 7-6　具有相同优先级的任务使用相同的互斥量时可能的执行顺序

在图 7-6 所示的情况中，FreeRTOS 调度器并没有在互斥量可用时立即选择 Task1 为运行状态任务，原因如下：

（1）Task1 和 Task2 具有相同的优先级，所以除非 Task2 进入阻塞状态，否则在下一个滴答中断之前（假设 FreeRTOSConfig.h 中的 configUSE_TIME_SLICING 被设置为 1），不应该发生切换到 Task1 的情况。

（2）如果任务使用了互斥量，并且每次任务"释放"互斥量时都发生了上下文切换，那么这个任务只会在短时间内保持运行状态。如果两个或两个以上任务使用同一个互斥量，那么任务之间的快速切换将浪费处理时间。

如果互斥量被多个任务使用，并且使用互斥量的任务具有相同的优先级，那么就必须确保这些任务获得大致相等的处理时间。图 7-7 展示了任务可能得不到相等处理时间的原因，图中显示了如果以相同的优先级创建清单 7-15 所示任务的两个实例，可能出现的执行顺序。

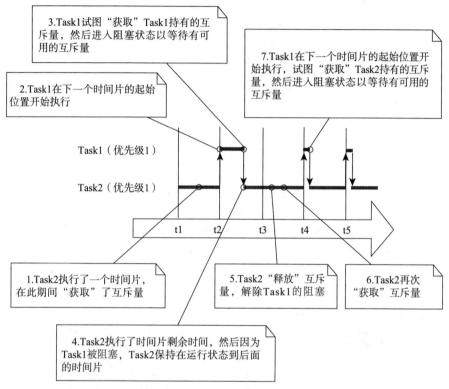

图 7-7　如果以相同的优先级创建清单 7-15 所示任务的两个实例，可能出现的执行顺序

清单 7-15　在紧密循环中使用互斥量的任务

```
/* 在紧密循环中使用互斥量的任务。该任务在本地缓冲区中创建一个文本字符串，然
后将该字符串写到显示。对显示的访问使用互斥量进行保护。*/
void vATask ( void *pvParameter )
{
extern SemaphoreHandle_t xMutex;
char cTextBuffer[128];
    for ( ; ; )
    {
        /* 生成文本字符串——这是快速操作。*/
        vGenerateTextInALocalBuffer ( cTextBuffer );
```

```
        /* 获取对显示访问进行保护的互斥量。*/
        xSemaphoreTake ( xMutex, portMAX_DELAY );
        /* 将生成的文本写到显示——这是慢速操作。*/
        vCopyTextToFrameBuffer ( cTextBuffer );
        /* 文本已被写到显示，所以归还互斥量。 */
        xSemaphoreGive ( xMutex );
    }
}
```

清单 7-15 的注释指出，生成字符串是快速操作，而更新显示是慢速操作。因此，由于在更新显示时持有互斥量，任务将在大部分运行时间内持有互斥量。

图 7-7 中，垂直线标记发生滴答中断的时间。

图 7-7 中的步骤 7 显示了 Task1 重新进入阻塞状态——这种情况发生在 xSemaphoreTake（ ）API 函数内部。

图 7-7 表明，Task1 将被阻止获取互斥量，直到时间片的开始巧合了某个短暂时间，该短暂时间内 Task2 不是互斥量持有者。

通过在调用 xSemaphoreGive（ ）API 函数之后添加对 taskYIELD（ ）函数的调用，可以避免图 7-7 所示的情况。清单 7-16 演示了这种情况，如果在任务持有互斥量时滴答计数发生变化，则调用 taskYIELD（ ）函数。

清单 7-16　确保循环中使用互斥量的任务获得更平等的处理时间，
同时也确保不因任务之间过快切换而浪费处理时间

```
void vFunction ( void *pvParameter )
{
extern SemaphoreHandle_t xMutex;
char cTextBuffer[128];
TickType_t xTimeAtWhichMutexWasTaken;
    for ( ; ; )
    {
        /* 生成文本字符串——这是快速操作。*/
        vGenerateTextInALocalBuffer ( cTextBuffer );
        /* 获取对显示访问进行保护的互斥量。*/
        xSemaphoreTake ( xMutex, portMAX_DELAY );
        /* 记录获取互斥量的时间。*/
        xTimeAtWhichMutexWasTaken = xTaskGetTickCount ( );
        /* 将生成的文本写到显示——这是慢速操作。*/
```

```
        vCopyTextToFrameBuffer ( cTextBuffer );
        /* 文本已被写到显示, 所以归还互斥量 */
        xSemaphoreGive ( xMutex );
        /* 如果每次迭代时都调用 taskYIELD ( ) 函数, 那么这个任务只能在短暂时间内
        保持运行状态, 而快速切换任务会浪费处理时间。因此, 仅在互斥量被任务持有
        时, 如果滴答计数发生变化, 才调用 taskYIELD ( ) 函数。*/
        if ( xTaskGetTickCount ( ) != xTimeAtWhichMutexWasTaken )
        {
            taskYIELD ( );
        }
    }
}
```

7.4 守门人任务

守门人任务提供了一种简捷的方法来实现相互排斥, 而且没有优先权反转或死锁的风险。

守门人任务是指对资源拥有唯一所有权的任务。只允许守门人任务直接访问资源——其他需要访问资源的任务只能通过使用守门人提供的服务间接访问。

下面通过例 7-2 介绍守门人任务的使用。

例 7-2　使用守门人任务重写 vPrintString ( )

例 7-2 提供了 vPrintString ( ) 函数的另一种替代实现。这次, 用守门人任务来管理对标准输出的访问。当任务想要向标准输出写入消息时, 任务不会直接调用打印函数, 而是将消息发送给守门人。

守门人任务使用 FreeRTOS 队列来串行化访问标准输出。守门人任务的内部实现不必考虑相互排斥, 因为守门人任务是唯一被允许直接访问标准输出的任务。

守门人任务的大部分时间都在阻塞状态, 等待队列的消息。当有消息到达队列时, 守门人只需将消息写入标准输出, 然后返回阻塞状态以等待下一条消息。守门人任务的实现如清单 7-17 所示。

清单 7-17　守门人任务

```
static void prvStdioGatekeeperTask ( void *pvParameters )
{
char *pcMessageToPrint ;
    /* 这是唯一被允许向标准输出写入的任务。其他向输出写入字符串的任务都不是直
    接访问标准输出, 而是将字符串发送给本任务。由于只有这个任务访问标准输出, 所以
    实现任务时不需要考虑相互排斥或串行化问题。*/
```

```
for ( ; ; )
{
    /* 等待消息到来。由于指定了无限期的阻塞时间，所以不需要检查返回值——只
    有在成功接收到消息后，函数才会返回。*/
    xQueueReceive ( xPrintQueue, &pcMessageToPrint, portMAX_DELAY );
    /* 输出接收到的字符串。*/
    printf ( "%s", pcMessageToPrint );
    fflush ( stdout );
    /* 循环返回，等待下一条信息。*/
}
}
```

中断可以向队列发送数据，所以中断服务程序也可以安全地使用守门人的
服务向终端写消息。本例中，使用滴答钩子（tick hook）函数，每 200 个滴答
写入一条消息。

滴答钩子（或滴答回调）是每次滴答中断时被内核调用的函数。

要使用滴答钩子函数，必须使用如下的常量设置和函数名称及原型：

（1）在 FreeRTOSConfig.h 中设置 configUSE_TICK_HOOK 为 1。

（2）提供钩子函数的实现，使用清单 7-18 所示的准确函数名和原型。

清单 7-18　滴答钩子函数的名称和原型

```
void vApplicationTickHook ( void );
```

滴答钩子函数在滴答中断的上下文中执行，因此必须保持尽量短小，仅仅
使用适量的栈空间，并且只能调用以 "FromISR（ ）" 结尾的 FreeRTOS API 函数。

调度器总是在滴答钩子函数之后立即执行，所以滴答钩子函数调用的中断
安全版本的 FreeRTOS API 函数不需要使用 pxHigherPriorityTaskWoken 参数，可
以将该参数设置为 NULL。

通过向队列写入实现打印功能的任务如清单 7-19 所示。和之前一样，创建
了两个单独的任务实例，并使用任务参数将任务写入队列的字符串传递给任务。

清单 7-19　例 7-2 打印任务的实现

```
static void prvPrintTask ( void *pvParameters )
{
int iIndexToString;
const TickType_t xMaxBlockTimeTicks = 0x20;
```

```
/* 将在 main( )函数中创建本任务的两个实例。使用任务参数向任务的字符串数组传
递索引，将其转换为所需类型。*/
iIndexToString = ( int ) pvParameters;
for ( ; ; )
{
    /* 打印字符串，不是直接打印，而是通过队列把字符串的指针传给守门人任务。
    队列是在调度器启动前创建的，所以在本任务开始执行时就已经存在了。没有指
    定阻塞时间，因为队列总有空间。*/
    xQueueSendToBack ( xPrintQueue, & ( pcStringsToPrint[ iIndexToString ]), 0 );
    /* 等待一段伪随机时间。请注意，rand ( ) 函数不一定是重入的，但这种情况并
    不重要，因为代码并不关心返回什么值。在更安全的应用程序中，应该使用已知
    是重入版本的 rand ( ) 函数——或者对 rand ( ) 函数的调用使用临界区进行保护。*/
    vTaskDelay ( ( rand ( ) % xMaxBlockTimeTicks ) );
}
}
```

滴答钩子函数会计算自己被调用的次数，每当次数达到 200 时，就会向守
门人任务发送消息。为了便于演示，滴答钩子函数将消息写到队列的前面，而
任务将消息写到队列的后面。滴答钩子函数的实现如清单 7-20 所示。

清单 7-20　滴答钩子函数的实现

```
void vApplicationTickHook ( void )
{
static int iCount = 0;
    /* 每 200 个滴答打印 1 条消息。不是直接打印消息，而是把消息发送给守门人任务。*/
    iCount++;
    if ( iCount >= 200 )
    {
        /* 由于 xQueueSendToFrontFromISR ( ) API 函数是在滴答钩子函数中调用的，所以
        不需要 xHigherPriorityTaskWoken 参数（第三个参数），将该参数设置为 NULL。*/
        xQueueSendToFrontFromISR ( xPrintQueue,
                                   & ( pcStringsToPrint[2] ),
                                   NULL );
        /* 清零计数，准备每 200 个滴答再次打印字符串。*/
        iCount = 0 ;
    }
}
```

和正常情况一样，main ( ) 函数创建了运行例 7-2 所需的队列和任务，然
后启动调度器。main ( ) 函数的实现如清单 7-21 所示。

清单 7-21　例 7-2 中 main（）函数的实现

```
/* 定义任务和中断通过守门人任务打印的字符串。*/
static char *pcStringsToPrint[] =
{
    "Task1 ************************************************\r\n",
    "Task2------------------------------------------------\r\n",
    "Message printed from the tick hook interrupt #############\r\n"
};
/*-------------------------------------------------------------*/
/* 声明 QueueHandle_t 类型的变量。使用队列发送从打印任务和滴答中断到守门人任务的
消息。*/
QueueHandle_t xPrintQueue ;
/* -------------------------------------------------------------*/

int main ( void )
{
    /* 在使用队列之前，必须先明确地创建该队列。创建的队列最多可以容纳 5 个字符指
    针。*/
    xPrintQueue = xQueueCreate ( 5, sizeof ( char * ) );
    /* 检查是否成功创建队列。*/
    if ( xPrintQueue != NULL )
    {
      /* 创建两个向守门人任务发送消息的任务实例。将任务使用的字符串索引通过任务
      参数（xTaskCreate（）函数的第四个参数）传递给任务。以不同的优先级创建任务，
      所以优先级较高的任务偶尔会抢占优先级较低的任务。*/
      xTaskCreate ( prvPrintTask, "Print1", 1000, ( void * ) 0, 1, NULL );
      xTaskCreate ( prvPrintTask, "Print2", 1000, ( void * ) 1, 2, NULL );
      /* 创建守门人任务。该任务是唯一被允许直接访问标准输出的任务。*/
      xTaskCreate ( prvStdioGatekeeperTask, "Gatekeeper", 1000, NULL, 0, NULL );
      /* 启动调度器，所以创建的任务开始执行。*/
      vTaskStartScheduler ( );
    }
    for ( ; ; );
}
```

执行例 7-2 时产生的输出如图 7-8 所示。可以看到，源于任务的字符串和源于中断的字符串都能正确地打印出来，没有损坏。

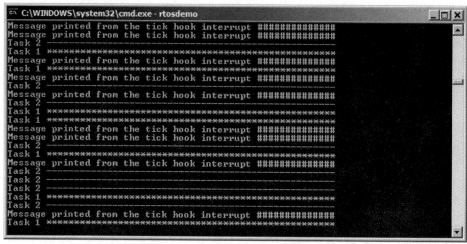

图 7-8　执行例 7-2 时产生的输出

　　给守门人任务分配了比打印任务更低的优先级——所以发送给守门人任务的消息保持在队列中，直到两个打印任务都处于阻塞状态。在某些情况下，给守门人任务分配更高的优先级是恰当的，这样消息就会立即得到处理——但这样做的代价是守门人任务会推迟较低优先级的任务，直到守门人任务完成对受保护资源的访问。

第8章
事件组

8.1　本章知识点及学习目标

前面已经指出，实时嵌入式系统必须对事件做出反应。本书前面章节已经描述了 FreeRTOS 的特性，这些特性允许将事件传达给任务。这些特性的例子包括信号量和队列，都具有以下属性：

- 允许任务在阻塞状态下等待单个事件的发生。
- 当事件发生时，会解除单个任务的阻塞——被解除阻塞的任务是等待事件的最高优先级任务。

事件组是 FreeRTOS 的另一个特性，允许将事件传达给任务。事件组与队列和信号量的区别如下：

- 事件组允许任务在阻塞状态下等待一个或多个事件组合的发生。
- 事件发生时，事件组会解除所有在等待同一个事件或事件组合的任务的阻塞。

事件组的这些独特属性使得事件组在同步多个任务、向多个任务广播事件、允许任务在阻塞状态下等待一组事件中的某个事件发生、允许任务在阻塞状态下等待多个动作完成等方面非常有用。

事件组还提供了机会以减少应用程序使用的 RAM，因为通常可以用一个事件组来代替多个二进制信号量。

事件组功能是可选的。为了使用事件组功能，需要将 FreeRTOS 源文件 event_groups.c 作为工程的一部分。

学习目标

本章旨在让读者充分了解以下知识：

- 事件组的实际用途。
- 事件组相对于其他 FreeRTOS 特性的优缺点。
- 如何在事件组中设置位。
- 如何在阻塞状态下等待事件组中的位被设置。
- 如何使用事件组来同步一组任务。

8.2　事件组的特征

事件组、事件标志和事件位

事件"标志"是一个布尔值（1 或 0），用于指示事件是否发生。事件"组"是一组事件标志。

事件标志只能是 1 或 0，允许将事件标志的状态存储在一个位中，将事件组中所有事件标志的状态存储在一个变量中；事件组中每个事件标志的状态用 EventBits_t 类型变量中的一位来表示。因此，事件标志也称为事件"位"。如果在 EventBits_t 变量中某位被设置为 1，那么该位所代表的事件已经发生；如果在 EventBits_t 变量中某位被设置为 0，那么该位所代表的事件没有发生。

图 8-1 显示了如何把单个事件标志映射到 EventBits_t 类型变量中的各位。

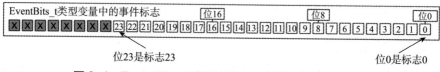

图 8-1　EventBits_t 类型变量中，事件标志到位的映射

举个例子，如果事件组的值是 0x92（二进制数 1001 0010），那么只有事件位 1、4 和 7 被设置，所以只有位 1、4 和 7 所代表的事件发生了。图 8-2 显示了一个类型为 EventBits_t 的变量，该变量的事件位 1、4 和 7 被设置，其他事件位全部被清除，因此事件组的值为 0x92。

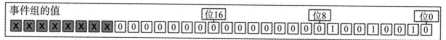

图 8-2　一个事件组，只有位 1、4 和 7 被设置，其他事件标志都被清除，
使得事件组的值为 0x92

由编程人员来指定事件组中各位的含义。

例如，编程人员可能会创建一个事件组，然后按如下所示定义事件位：

- 在事件组中定义位 0，表示"已收到来自网络的消息"。
- 在事件组中定义位 1，表示"准备发送消息到网络上"。
- 在事件组中定义位 2，表示"中止当前网络连接"。

关于 EventBits_t 数据类型的更多信息

事件组的事件位数取决于 FreeRTOSConfig.h 中 configUSE_16_BIT_TICKS[①]

[①]　用于保存 RTOS 滴答计数的类型由 configUSE_16_BIT_TICKS 配置，所以该配置常量看上去与事件组特性没有关系。该配置常量对 EventBits_t 类型的影响是 FreeRTOS 内部实现的结果，也是可取的，因为当 FreeRTOS 在比 32 位类型更有效地处理 16 位类型的架构上运行时，只应该将 configUSE_16_BIT_TICKS 设置为 1。

编译时配置常量的设置：

- 如果 configUSE_16_BIT_TICKS 为 1，那么每个事件组包含 8 个可用的事件位。
- 如果 configUSE_16_BIT_TICKS 为 0，那么每个事件组包含 24 个可用的事件位。

多任务访问

事件组本身就是对象，任何知道其存在的任务或 ISR 都可以访问。任意数量的任务都可以在同一事件组中设置位，任意数量的任务都可以从同一事件组中读取位。

使用事件组的一个实际例子

FreeRTOS+TCP TCP/IP 协议栈的实现提供了一个实际的例子，说明如何使用事件组来简化设计，同时最大限度地减少资源使用。

TCP 套接字必须响应大量不同类型的事件。事件的例子包括接收事件、绑定事件、读取事件和关闭事件。套接字可能期待的事件取决于套接字的状态。例如，如果套接字已经被创建，但还没有绑定地址，那么套接字可能期待收到绑定事件，但不会期待收到读取事件（如果套接字没有地址，就不能读取数据）。

FreeRTOS+TCP 套接字的状态被保存在名为 FreeRTOS_Socket_t 的结构体中。该结构体包含一个事件组，该事件组为套接字必须处理的每个事件定义了事件位。那些 FreeRTOS+TCP API 调用引起阻塞以等待一个事件或一组事件时，只需在事件组上阻塞。

该事件组还包含"中止"位，允许 TCP 连接被中止，无论当时套接字在等待哪个事件。

8.3 使用事件组进行事件管理

xEventGroupCreate（）API 函数

FreeRTOS V9.0.0 还包括 xEventGroupCreateStatic（）API 函数，该函数可以在编译时静态地分配创建事件组所需的内存。在使用事件组之前，必须先明确地创建事件组。

使用 EventGroupHandle_t 类型的变量引用事件组。xEventGroupCreate（）API 函数用于创建事件组，并返回 EventGroupHandle_t 类型的变量以引用事件组。xEventGroupCreate（）API 函数的原型如清单 8-1 所示。

清单 8-1　xEventGroupCreate（）API 函数的原型

```
EventGroupHandle_t xEventGroupCreate ( void );
```

xEventGroupCreate（）API 函数的返回值及其说明如表 8-1 所示。

表 8-1　xEventGroupCreate（）API 函数的返回值及其说明

返 回 值	说　　明
返回值	如果返回 NULL，则不能创建事件组，因为 FreeRTOS 没有足够的堆内存分配事件组的数据结构。第 2 章提供了更多关于堆内存管理的信息。 返回非 NULL 值表示已成功创建事件组。应将返回值作为创建的事件组的句柄存储起来

下面介绍与事件组中事件位的设置和读取有关的 API 函数。

xEventGroupSetBits（）API 函数

xEventGroupSetBits（）API 函数设置事件组中的一个或多个位，通常用于通知任务被设置位所代表的事件已经发生。

注意：千万不要在中断服务程序中调用 xEventGroupSetBits（）API 函数，应该使用中断安全版本的 xEventGroupSetBitsFromISR（）API 函数来替代。

xEventGroupSetBits（）API 函数的原型如清单 8-2 所示。

清单 8-2　xEventGroupSetBits（）API 函数的原型

```
EventBits_t xEventGroupSetBits ( EventGroupHandle_t xEventGroup,
                                 const EventBits_t uxBitsToSet );
```

xEventGroupSetBits（）API 函数的参数和返回值及其说明如表 8-2 所示。

表 8-2　xEventGroupSetBits（）API 函数的参数和返回值及其说明

参数名称 / 返回值	说　　明
xEventGroup	事件组的句柄，该事件组的位正在被设置。事件组句柄从用于创建事件组的 xEventGroupCreate（）API 函数调用中返回
uxBitsToSet	位掩码，用于指定事件组中要被设置为 1 的一个或多个事件位。事件组的值是将事件组现有值与 uxBitsToSet 中传递的值通过按位 OR（或）进行更新的。 例如，将 uxBitsToSet 设置为 0x04（二进制数 0100）将导致事件组的事件位 3 被设置（如果该事件位还没有被设置），同时保持事件组的其他事件位不变
返回值	调用 xEventGroupSetBits（）API 函数时返回的事件组的值。 请注意，返回值不一定具有 uxBitsToSet 指定的位，因为这些位可能已经被不同的任务再次清除

xEventGroupSetBitsFromISR（）API 函数

xEventGroupSetBitsFromISR（）是 xEventGroupSetBits（）API 函数的中断安

全版本。

释放信号量是确定性操作，因为事先知道释放信号量只能导致一个任务离开阻塞状态。当事件组的事件位被设置时，事先并不知道有多少任务会离开阻塞状态，所以在事件组中设置事件位不是确定性操作。

FreeRTOS 的设计和实现标准不允许在中断服务程序内部或者当中断被禁用时执行非确定性操作。因此，xEventGroupSetBitsFromISR（）API 函数并不是直接在中断服务程序内部设置事件位，而是将该操作推迟到 RTOS 守护任务。xEventGroupSetBitsFromISR（）API 函数的原型如清单 8-3 所示。

清单 8-3　xEventGroupSetBitsFromISR（）API 函数的原型

```
BaseType_t xEventGroupSetBitsFromISR ( EventGroupHandle_t xEventGroup,
                    const EventBits_t uxBitsToSet,
                    BaseType_t *pxHigherPriorityTaskWoken );
```

xEventGroupSetBitsFromISR（）API 函数的参数和返回值及其说明如表 8-3 所示。

表 8-3　xEventGroupSetBitsFromISR（）API 函数的参数和返回值及其说明

参数名称 / 返回值	说　明
xEventGroup	事件组的句柄，该事件组的位正在被设置。事件组句柄从用于创建事件组的 xEventGroupCreate（）函数调用中返回
uxBitsToSet	位掩码，用于指定事件组中要设置为1的一个或多个事件位。事件组的值是将事件组现有值与 uxBitsToSet 中传递的值通过按位 OR（或）进行更新的。 例如，将 uxBitsToSet 设置为 0x05（二进制数 0101）将导致事件组中的事件位 3 和事件位 0 被设置（如果这些事件位还没有被设置），同时保持事件组中其他事件位不变
pxHigherPriorityTaskWoken	xEventGroupSetBitsFromISR（）函数不直接在中断服务程序内设置事件位，而是通过在定时器命令队列上发送一条命令，将该动作推迟到 RTOS 守护任务。如果守护任务处于阻塞状态，以等待定时器命令队列上的数据变得可用，那么向定时器命令队列写入将导致守护任务离开阻塞状态。如果守护任务的优先级高于当前执行任务（被中断的任务）的优先级，那么在内部，xEventGroupSetBitsFromISR（）函数将把 pxHigherPriorityTaskWoken 设置为 pdTRUE。 如果 xEventGroupSetBitsFromISR（）函数将该参数设置为 pdTRUE，那么在中断退出前应进行上下文切换。这将确保中断直接返回守护任务，因为守护任务将是最高优先级的就绪状态任务

参数名称 / 返回值	说　明
返回值	有两种可能的返回值： （1）pdPASS 只有当成功发送数据到定时器命令队列时，才会返回 pdPASS。 （2）pdFALSE 如果因为队列已满而无法将"set bits"命令写入定时器命令队列，则返回 pdFALSE

xEventGroupWaitBits（）API 函数

xEventGroupWaitBits（）API 函数允许任务读取事件组的值，并在阻塞状态下可选择地等待事件组中的一个或多个事件位被设置（如果这些事件位还没有被设置）。xEventGroupWaitBits（）API 函数的原型如清单 8-4 所示。

清单 8-4　xEventGroupWaitBits（）API 函数的原型

```
EventBits_t xEventGroupWaitBits ( const EventGroupHandle_t xEventGroup,
                                  const EventBits_t uxBitsToWaitFor,
                                  const BaseType_t xClearOnExit,
                                  const BaseType_t xWaitForAllBits,
                                  TickType_t xTicksToWait );
```

调度器使用的决定任务是否进入阻塞状态，以及任务何时离开阻塞状态的条件称为"解锁条件"。解锁条件由 uxBitsToWaitFor 和 xWaitForAllBits 参数值的组合指定，具体情况如下：

• uxBitsToWaitFor 指定事件组中要测试的事件位。

• xWaitForAllBits 指定是使用按位 OR（或）测试，还是按位 AND（与）测试。

如果调用 xEventGroupWaitBits（）API 函数时，任务的解锁条件得到满足，该任务就不会进入阻塞状态。

表 8-4 中提供了导致任务进入阻塞状态或者退出阻塞状态的条件示例。表 8-4 只显示了事件组和 uxBitsToWaitFor 的值中最低的 4 个二进制位——假设其他位为 0。

表 8-4　uxBitsToWaitFor 和 xWaitForAllBits 参数对任务状态的影响

事件组现有值	uxBitsToWaitFor 值	xWaitForAllBits 值	由此导致的行为
0000	0101	pdFALSE	由于事件组中位 0 或位 2 均未被设置，调用任务将进入阻塞状态；当事件组中位 0 或位 2 被设置时，调用任务将离开阻塞状态
0100	0101	pdTRUE	由于事件组中位 0 和位 2 不全被设置，调用任务将进入阻塞状态；当事件组中位 0 和位 2 都被设置时，调用任务将离开阻塞状态。
0100	0110	pdFALSE	因为 xWaitForAllBits 是 pdFALSE，调用任务不会进入阻塞状态，而且 uxBitsToWaitFor 指定的两位中的一位在事件组中已经被设置了
0100	0110	pdTRUE	因为 xWaitForAllBits 是 pdTRUE，调用任务将进入阻塞状态，而且 uxBitsToWaitFor 指定的两位中只有一位在事件组中已经被设置了。当事件组中位 2 和位 3 都被设置时，调用任务将离开阻塞状态

　　调用任务使用 uxBitsToWaitFor 参数指定要测试的位，调用任务很可能在满足其解锁条件后需要将这些位清零。可以使用 xEventGroupClearBits（）API 函数清除事件位，但使用该函数手动清除事件位将导致应用程序代码中出现竞争条件，如果应用程序具有以下情况：

- 有一个以上的任务使用同一个事件组。
- 事件组中事件位由不同的任务或中断服务程序设置。

　　为了避免这些潜在的竞争条件，xEventGroupWaitBits（）API 函数提供了 xClearOnExit 参数。如果将 xClearOnExit 设置为 pdTRUE，那么事件位的测试和清除在调用任务看来就是一个原子操作（不可被其他任务或中断打断）。

　　xEventGroupWaitBits（）API 函数的参数和返回值及其说明如表 8-5 所示。

表 8-5　xEventGroupWaitBits（）API 函数的参数和返回值及其说明

参数名称 / 返回值	说　　明
xEventGroup	事件组的句柄，该事件组包含正在被读取的事件位。事件组句柄从用于创建事件组的 xEventGroupCreate（）API 函数调用中返回

参数名称 / 返回值	说　明
uxBitsToWaitFor	位掩码，用于指定事件组中要测试的一个或多个事件位。 例如，如果调用任务希望等待事件组中事件位 0 和 / 或事件位 2 被设置，则将 uxBitsToWaitFor 参数设置为 0x05（二进制数 0101）。更多例子请参考表 8-4
xClearOnExit	如果满足调用任务的解锁条件，且将 xClearOnExit 参数设置为 pdTRUE，那么在调用任务退出 xEventGroupWaitBits（）API 函数之前，事件组中由 uxBitsToWaitFor 参数指定的事件位将被清零。 如果将 xClearOnExit 参数设置为 pdFALSE，那么事件组中事件位的状态不会被 xEventGroupWaitBits（）API 函数修改
xWaitForAllBits	uxBitsToWaitFor 参数指定了事件组中要测试的事件位。当一个或多个由 uxBitsToWaitFor 参数指定的事件位被设置时，xWaitForAllBits 参数指定是否应该将调用任务从阻塞状态中移除，或者仅当全部由 uxBitsToWaitFor 参数指定的事件位被设置时调用任务才被移除。 如果将 xWaitForAllBits 参数设置为 pdFALSE，那么当 uxBitsToWaitFor 参数指定的任何一位被设置（或者 xTicksToWait 参数指定的超时时间到期）时，进入阻塞状态以等待其解锁条件得到满足的任务将会离开阻塞状态；如果将 xWaitForAllBits 参数设置为 pdTRUE，那么当 uxBitsToWaitFor 参数指定的所有位被设置（或者 xTicksToWait 参数指定的超时时间到期）时，进入阻塞状态以等待其解锁条件得到满足的任务将会离开阻塞状态。更多例子请参考表 8-4
xTicksToWait	任务保持在阻塞状态的最长时间，以等待其解锁条件得到满足。 如果 xTicksToWait 参数为 0，或者调用 xEventGroupWaitBits（）API 函数时满足了解锁条件，该函数将立即返回。 阻塞时间以滴答周期为单位，所以代表的绝对时间取决于滴答频率。可以使用宏 pdMS_TO_TICKS（）把以毫秒为单位的时间转换为以滴答为单位的时间。 将 xTicksToWait 参数设置为 portMAX_DELAY 会使任务无限期地等待而不会超时，前提是将 FreeRTOSConfig.h 中的 INCLUDE_vTaskSuspend 设置为 1
返回值	如果 xEventGroupWaitBits（）API 函数因为调用任务的解锁条件得到满足而返回，那么返回值就是解锁条件得到满足时事件组的值（如果 xClearOnExit 参数为 pdTRUE，则是在事件位被自动清除之前的事件组的值）。在这种情况下，返回值也将满足解锁条件。 如果 xEventGroupWaitBits（）API 函数返回的原因是 xTicksToWait 参数指定的阻塞时间到期，那么返回值就是阻塞时间到期时事件组的值。在这种情况下，返回值将不满足解锁条件

下面通过例 8-1 讲解事件组，以帮助读者加深对事件组概念和基本用法的理解。

例 8-1 事件组实验

例 8-1 演示了与事件组有关的如下操作：

- 创建事件组。
- 从中断服务程序设置事件组的位。
- 从任务设置事件组的位。
- 阻塞在事件组上。

xEventGroupWaitBits（）API 函数中 xWaitForAllBits 参数的影响，首先通过将 xWaitForAllBits 参数设置为 pdFALSE 执行本例进行演示，然后通过将 xWaitForAllBits 参数设置为 pdTRUE 执行本例进行演示。

事件位 0 和事件位 1 由任务设置，事件位 2 由中断服务程序设置。三个事件位使用清单 8-5 所示的 #define 语句给出描述性名称。

清单 8-5　例 8-1 使用的事件位定义

```
/* 事件组中事件位的定义。*/
#define mainFIRST_TASK_BIT    ( 1UL << 0UL ) /* 事件位 0，由任务设置。*/
#define mainSECOND_TASK_BIT ( 1UL << 1UL ) /* 事件位 1，由任务设置。*/
#define mainISR_BIT                ( 1UL << 2UL ) /* 事件位 2，由中断服务程序设置。*/
```

清单 8-6 显示了设置事件位 0 和 1 的任务。该任务位于循环中，反复设置一个事件位，然后再设置另一个事件位，在调用 xEventGroupSetBits（）API 函数之间有 200ms 延时。在设置每个事件位之前都会打印一个字符串，以便在控制台中看到执行顺序。

清单 8-6　例 8-1 在事件组中设置两个事件位的任务

```
static void vEventBitSettingTask ( void *pvParameters )
{
const TickType_t xDelay200ms = pdMS_TO_TICKS ( 200UL ), xDontBlock = 0;
    for ( ; ; )
    {
        /* 开始下一个循环之前，延时一小段时间。*/
        vTaskDelay ( xDelay200ms );
        /* 打印一条消息，告诉事件位 0 即将被任务设置，然后设置事件位 0。*/
        vPrintString ( "Bit setting task –\t about to set bit 0.\r\n" );
        xEventGroupSetBits ( xEventGroup, mainFIRST_TASK_BIT );
        /* 设置另一个事件位之前，延时一小段时间。*/
        vTaskDelay ( xDelay200ms );
        /* 打印一条消息，告诉事件位 1 即将被任务设置，然后设置事件位 1。*/
```

```
        vPrintString ( "Bit setting task –\t about to set bit 1.\r\n" );
        xEventGroupSetBits ( xEventGroup, mainSECOND_TASK_BIT );
    }
}
```

    清单 8-7 显示了设置事件组中事件位 2 的中断服务程序。同样，在设置事件位之前打印一个字符串，以便在控制台中看到执行顺序。但在目前情况下，由于控制台输出不应直接在中断服务程序中执行，所以使用 xTimerPendFunctionCallFromISR（）API 函数在 RTOS 守护任务的上下文中执行输出。

    与前面的例子一样，中断服务程序由简单的周期性任务触发，该任务强制软件中断。本例中，每 500ms 产生一次中断。

清单 8-7　例 8-1 设置事件组中事件位 2 的 ISR

```
static uint32_t ulEventBitSettingISR ( void )
{
/* 不在中断服务程序中打印字符串，而是将其发送到 RTOS 守护任务中打印。因此该字
符串是静态声明的，以确保编译器不会在 ISR 的栈中分配字符串，因为当字符串被守护
任务打印出来时，ISR 的栈框架将不存在。*/
static const char *pcString = "Bit setting ISR –\t about to set bit 2.\r\n";
BaseType_t xHigherPriorityTaskWoken = pdFALSE;
    /* 打印一条消息，告诉事件位 2 即将被设置。消息不能从 ISR 中打印，所以通过等待
    在 RTOS 守护任务的上下文中运行的函数调用，将实际输出推迟到 RTOS 守护任务。*/
    xTimerPendFunctionCallFromISR  ( vPrintStringFromDaemonTask,
                                    (void * ) pcString,
                                    0,
                                    &xHigherPriorityTaskWoken );
    /* 设置事件组中事件位 2。*/
xEventGroupSetBitsFromISR ( xEventGroup, mainISR_BIT, &xHigherPriorityTaskWoken );
    /* xTimerPendFunctionCallFromISR（）和 xEventGroupSetBitsFromISR（）API 函数都向
    定时器命令队列写入，并且都使用了同一个 xHigherPriorityTaskWoken 参数。如果写入
    定时器命令队列导致 RTOS 守护任务离开阻塞状态，并且如果 RTOS 守护任务的优先级
    高于当前正在执行的任务（被本中断所中断的任务）的优先级，那么 xHigherPriority
    TaskWoken 参数将被设置为 pdTRUE。
    xHigherPriorityTaskWoken 是用于 portYIELD_FROM_ISR（）宏的参数。如果 xHigher
    PriorityTaskWoken 等于 pdTRUE，那么调用 portYIELD_FROM_ISR（）宏会请求上下文
    切换；如果 xHigherPriorityTaskWoken 仍然是 pdFALSE，那么调用 portYIELD_FROM_
    ISR（）将不会有任何影响。
    Windows 移植（实际上是模拟运行）所使用的 portYIELD_FROM_ISR（）宏包括 return
    语句，这就是为什么本函数没有明确地返回一个值。*/
    portYIELD_FROM_ISR ( xHigherPriorityTaskWoken );
}
```

清单 8-8 显示了通过调用 xEventGroupWaitBits（）API 函数阻塞在事件组上的任务。该任务为事件组中设置的每个事件位打印出一个字符串。

清单 8-8　例 8-1 中阻塞以等待事件位被设置的任务

```
static void vEventBitReadingTask ( void *pvParameters )
{
EventBits_t xEventGroupValue;
const EventBits_t xBitsToWaitFor = ( mainFIRST_TASK_BIT   |
                                     mainSECOND_TASK_BIT |
                                     mainISR_BIT );

    for ( ; ; )
    {
        /* 阻塞以等待事件组中事件位被设置。*/
        xEventGroupValue = xEventGroupWaitBits ( /* 要读取的事件组。*/
                                      xEventGroup,
                                      /* 要测试的位。*/
                                      xBitsToWaitFor,
                                      /* 如果满足解锁条件，则在退出时清除
                                      事件位。*/
                                      pdTRUE,
                                      /* 不要等待所有位。此参数在第二次执
                                      行演示程序时被设置为 pdTRUE。*/
                                      pdFALSE,
                                      /* 不使用超时。*/
                                      portMAX_DELAY );
        /* 打印被设置的每个事件位的消息。*/
        if ( ( xEventGroupValue & mainFIRST_TASK_BIT ) != 0 )
        {
            vPrintString ( "Bit reading task –\t Event bit 0 was set\r\n" );
        }
        if ( ( xEventGroupValue & mainSECOND_TASK_BIT ) != 0 )
        {
            vPrintString ( "Bit reading task –\t Event bit 1 was set\r\n" );
        }
        if ( ( xEventGroupValue & mainISR_BIT ) != 0 )
        {
            vPrintString ( "Bit reading task –\t Event bit 2 was set\r\n" );
        }
    }
}
```

xEventGroupWaitBits（）API 函数中 xClearOnExit 参数被设置为 pdTRUE，所以在该 API 函数返回前，导致该 API 函数返回的事件位将被自动清除。

启动调度器之前，main（）函数会创建事件组和任务。main（）函数的实现如清单 8-9 所示。从事件组读取的任务的优先级高于向事件组写入的任务的优先级，以确保每次满足读取任务的解锁条件时，读取任务会抢占写入任务。

清单 8-9　例 8-1 中 main ( ) 函数的实现

```
int main ( void )
{
    /* 在使用事件组之前，必须先创建该事件组。*/
    EventGroupHandle_t xEventGroup = xEventGroupCreate ( );
    /* 创建在事件组中设置事件位的任务。*/
    xTaskCreate ( vEventBitSettingTask, "Bit Setter", 1000, NULL, 1, NULL );
    /* 创建等待事件组中事件位被设置的任务。*/
    xTaskCreate ( vEventBitReadingTask, "Bit Reader", 1000, NULL, 2, NULL );
    /* 创建周期性产生软件中断的任务。*/
    xTaskCreate ( vInterruptGenerator, "Int Gen", 1000, NULL, 3, NULL );
    /* 为软件中断安装处理程序。完成此操作所需语法取决于使用的 FreeRTOS 移植。此处
    显示的语法只能用于 FreeRTOS Windows 移植，在这种情况下中断仅仅是模拟的。*/
    vPortSetInterruptHandler ( mainINTERRUPT_NUMBER, ulEventBitSettingISR );
    /* 启动调度器，所以创建的任务开始执行。*/
    vTaskStartScheduler ( );
    /* 永远不应该运行到以下语句。*/
    for ( ; ; );
    return 0 ;
}
```

在将 xEventGroupWaitBits ( ) API 函数 中 的 xWaitForAllBits 参数设置 为 pdFALSE 的情况下，执行例 8-1 时产生的输出如图 8-3 所示。从图 8-3 中可以看到，由于 xWaitForAllBits 参数被设置为 pdFALSE，所以每次设置任何事件位时，从事件组读取的任务都会离开阻塞状态并立即执行。

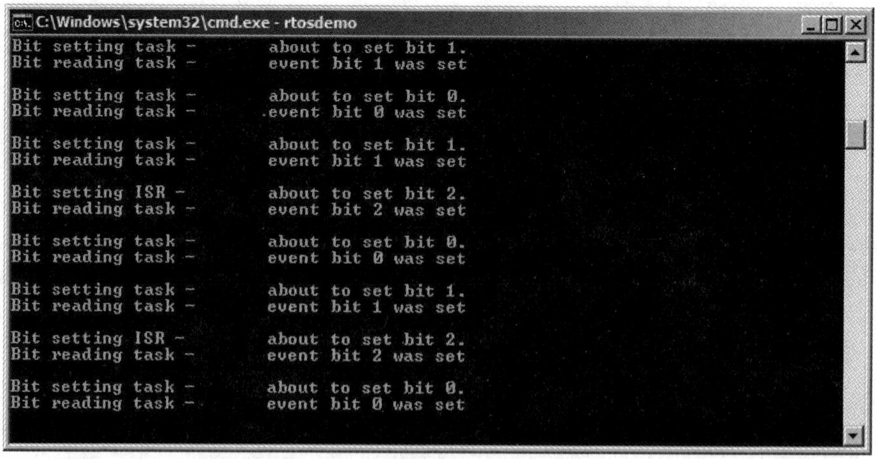

图 8-3　在将 xWaitForAllBits 设置为 pdFALSE 的情况下，执行例 8-1 时产生的输出

在将 xEventGroupWaitBits（）API 函数中的 xWaitForAllBits 参数设置为 pdTRUE 的情况下，执行例 8-1 时产生的输出如图 8-4 所示。从图 8-4 中可以看到，由于 xWaitForAllBits 参数被设置为 pdTRUE，所以从事件组读取的任务只有在三个事件位都被设置后才会离开阻塞状态。

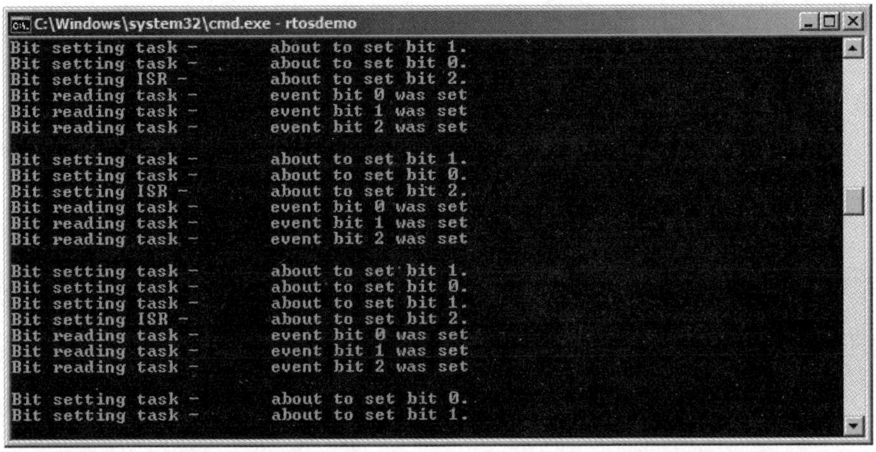

图 8-4　在将 xWaitForAllBits 设置为 pdTRUE 的情况下，执行例 8-1 时产生的输出

8.4　使用事件组进行任务同步

应用程序有时需要两个或多个任务相互同步。例如，考虑以下设计：任务 A 接收一个事件，然后将事件所需的一些处理工作委托给另外三个任务——任务 B、任务 C 和任务 D，如果任务 A 在任务 B、C 和 D 都处理完前一个事件之前不能接收另一个事件，那么这四个任务就需要相互同步。每个任务的同步点将在该任务完成处理后，且在其他任务完成各自的处理之前，不能再继续推进。任务 A 只有在全部四个任务都到达同步点后，才能接收另一个事件。

在 FreeRTOS+TCP 的演示工程中，可以找到一个不太抽象的例子来说明这种类型任务同步的必要性。该演示工程在两个任务之间共享 TCP 套接字：一个任务向该套接字发送数据，另一个任务从该套接字接收数据[1]。任何任务关闭 TCP 套接字都是不安全的，除非该任务确定另一个任务不会再尝试访问该套接字。如果任何任务希望关闭套接字，那么该任务必须将其意图通知另外的任务，然后等待另外的任务停止使用该套接字后再继续。清单 8-10 所示的伪代码演示了向套接字发送数据的任务希望关闭套接字的情况。

---

[1]　在写作本书的时候，这是任务之间共享 FreeRTOS+TCP 套接字的唯一方式。

清单 8-10　两个任务的伪代码，任务之间相互同步，以确保共享的 TCP
套接字在被关闭之前不再被任何任务使用

```
void SocketTxTask ( void *pvParameters )
{
xSocket_t xSocket;
uint32_t ulTxCount = 0UL;
    for ( ; ; )
    {
        /* 创建新的套接字，本任务将向该套接字发送数据，另一个任务将从该套接字接收
        数据。*/
        xSocket = FreeRTOS_socket ( ... );
        /* 连接该套接字 */
        FreeRTOS_connect ( xSocket, ...);
        /* 使用队列将该套接字发送到接收数据的任务。*/
        xQueueSend ( xSocketPassingQueue, &xSocket, portMAX_DELAY );
        /* 关闭该套接字之前，向其发送 1000 条消息。*/
        for ( ulTxCount = 0 ; ulTxCount < 1000 ; ulTxCount++ )
        {
            if ( FreeRTOS_send ( xSocket, ... ) < 0 )
            {
                /* 意外错误——退出循环，然后关闭该套接字。*/
                break;
            }
        }
        /* 让 Rx 任务知道 Tx 任务想关闭该套接字。*/
        TxTaskWantsToCloseSocket ( );
        /* 这是 Tx 任务的同步点，Tx 任务在这里等待 Rx 任务到达其同步点。只有当 Rx 任
        务不再使用套接字时，Rx 任务才会到达其同步点，并且可以安全关闭该套接字。*/
        xEventGroupSync ( ... );
        /* 两个任务都没有使用套接字。关闭连接，然后关闭该套接字。*/
        FreeRTOS_shutdown ( xSocket, ...);
        WaitForSocketToDisconnect ( );
        FreeRTOS_closesocket ( xSocket );
    }
}
/* ------------------------------------------------------------ */
void SocketRxTask ( void *pvParameters )
{
xSocket_t xSocket;
    for ( ; ; )
    {
        /* 等待接收 Tx 任务创建并连接的套接字。*/
```

```
        xQueueReceive ( xSocketPassingQueue, &xSocket, portMAX_DELAY );
        /* 继续从该套接字接收，直到 Tx 任务想关闭该套接字。*/
        while ( TxTaskWantsToCloseSocket ( ) == pdFALSE )
        {
                /* 接收然后处理数据。*/
                FreeRTOS_recv ( xSocket, ...);
                ProcessReceivedData ( );
        }
        /* 这是 Rx 任务的同步点——只有当 Rx 任务不再使用该套接字时才会到达这里，
        因此 Tx 任务关闭该套接字是安全的。*/
        xEventGroupSync (...);
    }
}
```

清单 8-10 演示的场景是比较简单的，因为只有两个任务需要相互同步。但是很容易看到，如果其他任务的处理依赖于套接字的打开，那么情况将变得更加复杂，需要更多的任务加入同步。

可以使用事件组来创建同步点，方法如下：

• 每个必须参与同步的任务在事件组中都被分配了唯一的事件位。

• 每个任务在到达同步点时都会设置自己的事件位。

• 在设置了自己的事件位后，每个任务都会在事件组上阻塞，以等待代表其他同步任务的事件位也被设置。

但是，不能在这种情况下使用 xEventGroupSetBits（）和 xEvent GroupWaitBits（）API 函数。如果使用，那么应该把位的设置（表示任务已经到达其同步点）和位的测试（确定其他同步任务是否已经到达各自的同步点）作为两个独立的操作来执行。为了理解为什么可能出现问题，请考虑一个场景，即任务 A、任务 B 和任务 C 试图使用事件组进行同步，过程如下：

（1）任务 A 和任务 B 已经到达同步点，所以相应的事件位在事件组中被设置，两个任务处于阻塞状态，以等待任务 C 的事件位也被设置。

（2）任务 C 到达同步点，使用 xEventGroupSetBits（）API 函数设置其在事件组的事件位。一旦任务 C 的事件位被设置，任务 A 和任务 B 就会离开阻塞状态，并清除所有的三个事件位。

（3）任务 C 调用 xEventGroupWaitBits（）API 函数来等待三个事件位被全部设置，但此时三个事件位已经被全部清除，任务 A 和任务 B 已经离开了各自的同步点，所以同步失败。

为了成功地使用事件组创建同步点，必须把事件位的设置及随后对事件位的测试作为单一的、不可中断的操作来执行。为此 FreeRTOS 提供了 xEventGroupSync（）API 函数，下面详细介绍该函数。

xEventGroupSync（）API 函数

xEventGroupSync（）API 函数允许两个或两个以上任务使用事件组相互同步。该函数允许任务在事件组中设置一个或多个事件位，然后等待同一事件组的事件位组合被设置，将以上过程作为单一的、不可中断的操作。

xEventGroupSync（）API 函数中的 uxBitsToWaitFor 参数指定了调用任务的解锁条件。如果 xEventGroupSync（）API 函数返回的原因是满足了解锁条件，那么在该 API 函数返回之前，由 uxBitsToWaitFor 参数指定的事件位将被清空为0。xEventGroupSync（）API 函数的原型如清单 8-11 所示。

清单 8-11　xEventGroupSync（）API 函数的原型

```
EventBits_t xEventGroupSync ( EventGroupHandle_t xEventGroup,
                              const EventBits_t uxBitsToSet,
                              const EventBits_t uxBitsToWaitFor,
                              TickType_t xTicksToWait );
```

xEventGroupSync（）API 函数的参数和返回值及其说明如表 8-6 所示。

表 8-6　xEventGroupSync（）API 函数的参数和返回值及其说明

参数名称 / 返回值	说　明
xEventGroup	事件组的句柄，将设置该事件组的事件位，然后测试。事件组句柄从用于创建事件组的 xEventGroupCreate（）API 函数调用中返回
uxBitsToSet	位掩码，用于指定事件组中要被设置为 1 的一个或多个事件位。事件组的值是将事件组现有值与 uxBitsToSet 参数传递的值通过按位 OR（或）进行更新的。 例如，将 uxBitsToSet 参数设置为 0x04（二进制数 0100）将导致事件位 3 被设置（如果该事件位还没有被设置），同时保持事件组的其他事件位不变
uxBitsToWaitFor	位掩码，用于指定在事件组中进行测试的一个或多个事件位。 例如，如果调用任务希望等待事件组的事件位 0、1 和 2 被设置，那么可以将 uxBitsToWaitFor 参数设置为 0x07（二进制数 0111）
xTicksToWait	任务在阻塞状态下等待其解锁条件得到满足的最大时间。 如果 xTicksToWait 为 0，或者在调用 xEventGroupSync（）API 函数时满足解锁条件，该 API 函数将立即返回。 阻塞时间以滴答周期为单位，所以代表的绝对时间取决于滴答频率。可以使用宏 pdMS_TO_TICKS（）把以毫秒为单位的时间转换为以滴答为单位的时间。 将 xTicksToWait 参数设置为 portMAX_DELAY 会使任务无限期地等待而不会超时，前提是将 FreeRTOSConfig.h 中的 INCLUDE_vTaskSuspend 设置为 1

参数名称 / 返回值	说　明
返回值	如果 xEventGroupSync（) API 函数返回的原因是调用任务的解锁条件得到满足，那么返回值就是调用任务的解锁条件得到满足时事件组的值（在事件位被自动清零之前）。在这种情况下，返回值也满足调用任务的解锁条件。 　如果 xEventGroupSync（) API 函数返回的原因是 xTicksToWait 参数指定的阻塞时间到期，那么返回值就是阻塞时间到期时事件组的值。在这种情况下，返回值不满足调用任务的解锁条件

下面通过例 8-2 介绍使用 xEventGroupSync（)API 函数实现任务同步的方法。

例 8-2　同步任务

例 8-2 使用 xEventGroupSync（)API 函数来同步由一个任务实现的三个实例。使用任务参数向每个任务实例传递任务在调用 xEventGroupSync（) API 函数时设置的事件位。

任务在调用 xEventGroupSync（) API 函数之前打印一条消息，并在调用该API 函数返回后再次打印一条消息。每条消息都包含时间戳，允许在产生的输出中观察任务的执行顺序。使用伪随机延时以防止所有任务在同一时间到达同步点。

任务的实现如清单 8-12 所示。

清单 8-12　例 8-2 使用的任务

```
static void vSyncingTask ( void *pvParameters )
{
const TickType_t xMaxDelay = pdMS_TO_TICKS ( 4000UL );
const TickType_t xMinDelay = pdMS_TO_TICKS ( 200UL );
TickType_t xDelayTime;
EventBits_t uxThisTasksSyncBit;
Const EventBits_t uxAllSyncBits = ( mainFIRST_TASK_BIT    |
                                    mainSECOND_TASK_BIT |
                                    mainTHIRD_TASK_BIT );
  /* 创建三个任务实例——每个任务实例在同步中使用不同的事件位。将事件位通过任
  务参数传递给每个任务实例，将事件位存储在 uxThisTasksSyncBit 变量中。*/
uxThisTasksSyncBit = ( EventBits_t ) pvParameters;
  for ( ; ; )
  {
    /* 通过延时一段伪随机时间，模拟任务花了一段时间在执行某个操作。这将防止三个
    任务实例同时到达同步点，从而更容易观察到本例的行为。*/
```

```
        xDelayTime = ( rand ( ) % xMaxDelay ) + xMinDelay;
        vTaskDelay ( xDelayTime );
        /* 打印一条消息以显示本任务已到达其同步点。pcTaskGetTaskName ( ) 是 API 函数,
        返回任务创建时给任务指定的名称。*/
        vPrintTwoStrings ( pcTaskGetTaskName ( NULL ), "reached sync point" );
        /* 等待全部任务到达各自的同步点。*/
        xEventGroupSync ( /* 用于同步的事件组。*/
                        xEventGroup,
                        /* 本任务设置的位,表示已到达同步点。*/
                        uxThisTasksSyncBit,
                        /* 全部要等待的位,每位代表参加同步的任务。*/
                        uxAllSyncBits,
                        /* 无限期地等待全部三个任务到达同步点。*/
                        portMAX_DELAY );
        /* 打印一条信息,显示本任务已通过其同步点。由于使用了无限期延时,因此只有
        在全部任务都到达各自的同步点后,才会执行下面的语句。*/
        vPrintTwoStrings ( pcTaskGetTaskName ( NULL ), "exited sync point" );
    }
}
```

main ( ) 函数创建事件组,创建三个任务,然后启动调度器。main ( ) 函数的实现如清单 8-13 所示。

清单 8-13 例 8-2 使用的 main ( ) 函数

```
/* 定义事件组的事件位。*/
#define mainFIRST_TASK_BIT    ( 1UL << 0UL ) /* 事件位 0,由第一个任务设置。*/
#define mainSECOND_TASK_BIT  ( 1UL << 1UL ) /* 事件位 1,由第二个任务设置。*/
#define mainTHIRD_TASK_BIT    ( 1UL << 2UL ) /* 事件位 2,由第三个任务设置。*/
/* 声明用于同步三个任务的事件组。*/
EventGroupHandle_t xEventGroup;
int main ( void )
{
    /* 在使用事件组之前,必须先创建该事件组。*/
    xEventGroup = xEventGroupCreate ( );
    /* 创建任务的三个实例。每个任务有不同的名称,稍后将名称打印出来,以直观地显
    示哪个任务正在执行。当任务到达其同步点时,将使用的事件位通过任务参数传递给
    任务。*/
    xTaskCreate ( vSyncingTask, "Task1", 1000, mainFIRST_TASK_BIT, 1, NULL );
    xTaskCreate ( vSyncingTask, "Task2", 1000, mainSECOND_TASK_BIT, 1, NULL );
    xTaskCreate ( vSyncingTask, "Task3", 1000, mainTHIRD_TASK_BIT, 1, NULL );
```

```
/* 启动调度器，所以创建的任务开始执行。*/
vTaskStartScheduler ( );
/* 和往常一样，下面的语句永远不会运行。*/
for ( ; ; );
return 0;
}
```

执行例 8-2 时产生的输出如图 8-5 所示。可以看到，尽管每个任务到达同步点的时间不同（伪随机），但每个任务离开同步点的时间是相同的[①]（也就是最后一个任务到达同步点的时间）。

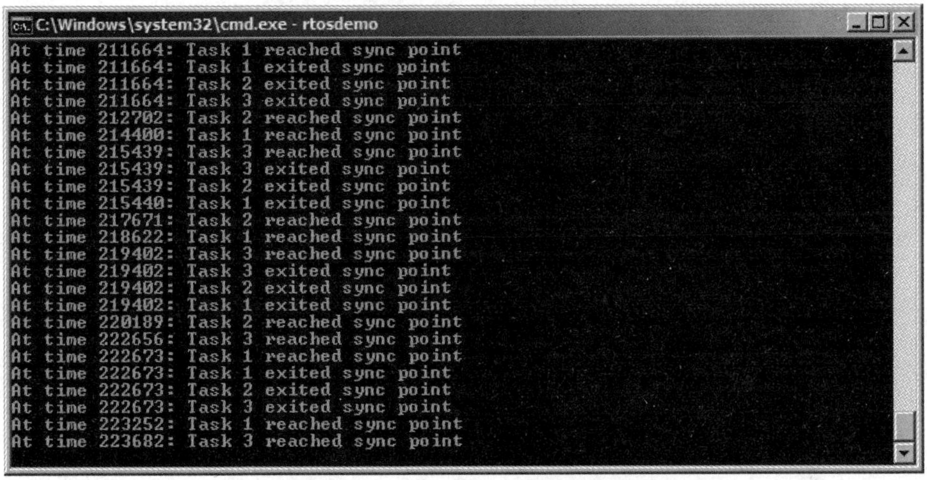

图 8-5　执行例 8-2 时产生的输出

① 图 8-5 显示了 FreeRTOS Windows 移植中运行的例子，例子并没有提供真正的实时行为（特别是当使用 Windows 系统调用打印信息到控制台时），因此会有时间差异，表现在任务离开同步点的时间不是严格相同的。

9.1　本章知识点及学习目标

正如我们已经看到的那样，使用 FreeRTOS 的应用程序被组织成一组独立的任务，而这些自主任务很可能要相互通信，这样任务才能共同提供有用的系统功能。任务之间有如下的通信方式。

1. 通过中介对象进行通信

本书已经介绍了任务之间相互通信的各种方法。到目前为止，所描述的方法都需要创建通信对象。通信对象的例子包括队列、事件组和不同类型的信号量。

当使用通信对象时，不会直接发送事件或数据到接收任务或接收 ISR，而是发送到通信对象。同样，任务或 ISR 从通信对象接收事件或数据，而不是直接从发送事件或数据的任务或 ISR 接收。图 9-1 描述了这种情况。

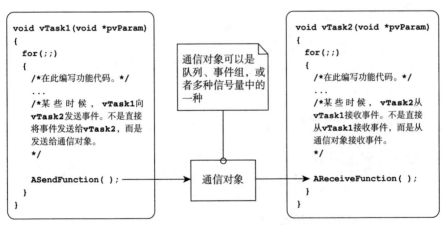

图 9-1　使用通信对象从一个任务向另一个任务发送事件

2. 任务通知——直接到任务通信

任务通知允许任务之间交互，并与 ISR 同步，而不需要单独的通信对象。通过使用任务通知，任务或 ISR 可以直接向接收任务发送事件。图 9-2 描述了这种情况。

任务通知功能是可选的。要包含任务通知功能，可在 FreeRTOSConfig.h 中设置 configUSE_TASK_NOTIFICATIONS 常量为 1。

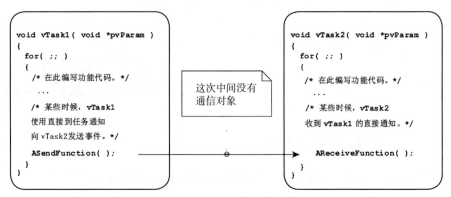

图 9-2　使用任务通知直接从一个任务向另一个任务发送事件

当 configUSE_TASK_NOTIFICATIONS 被设置为 1 时，每个任务都有一个"通知状态"，可以是"待定"或"未定"，还有一个 32 位无符号整数类型的"通知值"。当任务收到通知时，其通知状态被设置为待定；当任务读取通知值时，其通知状态被设置为未定。

任务可以在阻塞状态下等待，并可设置超时时间，等待其通知状态变为待定状态。

学习目标

本章旨在让读者充分了解以下知识：

- 任务的通知状态和通知值。
- 如何以及何时使用任务通知代替通信对象，例如信号量。
- 使用任务通知代替通信对象的优势。

9.2　任务通知：优势和局限

任务通知的性能优势

使用任务通知向任务发送事件或数据，比使用队列、信号量或事件组执行同等操作要快得多。

任务通知的 RAM 占用率优势

同样，使用任务通知向任务发送事件或数据所需 RAM 也比使用队列、信号量或事件组执行同等操作要少得多。这是因为每个通信对象（队列、信号量或事件组）在使用之前必须先创建，而启用任务通知功能后，每个任务的固定开销只有 8 字节 RAM。

任务通知的局限性

任务通知比通信对象更快，使用的 RAM 更少，但任务通知不能在所有场景下使用。不能使用任务通知的场景如下：

（1）向 ISR 发送事件或数据。

通信对象可用于将事件或数据从 ISR 发送到任务，以及从任务发送到 ISR。

任务通知可用于从 ISR 向任务发送事件或数据，但不能用于从任务向 ISR 发送事件或数据。

（2）启用多个接收任务。

任何知道通信对象句柄（可能是队列句柄、信号量句柄或事件组句柄）的任务或 ISR 都可以访问该通信对象。任意数量的任务和 ISR 都可以处理发送到给定通信对象的事件或数据。

任务通知直接发送给接收任务，因此只能由接收通知的任务进行处理。然而在实际情况下限制不大，因为虽然多个任务和 ISR 向同一通信对象发送通知的情况很常见，但多个任务和 ISR 从同一通信对象接收的情况却比较罕见。

（3）缓冲多个数据项。

队列是一种通信对象，可以同时容纳多个数据项。已经发送到队列但尚未从队列接收的数据，会被缓冲在队列内部。

任务通知通过更新接收任务的通知值向任务发送数据。任务的通知值一次只能保持一个值。

（4）向多个任务广播。

事件组是一种通信对象，可以用来同时向多个任务发送事件。

任务通知直接发送给接收任务，所以只能由接收任务处理。

（5）在阻塞状态下等待发送完成。

如果通信对象暂时处于不能再向其写入数据或事件的状态（例如，当队列已满就不能再向队列发送数据），那么试图向该对象写入的任务可以选择进入阻塞状态以等待其完成写入操作。

如果任务试图向已经有待定通知的任务发送任务通知，那么发送任务不可能在阻塞状态下等待接收任务重置其通知状态。正如我们将要看到的那样，使用任务通知的实际情况没有多少限制。

9.3　使用任务通知

选择任务通知 API 函数

任务通知具有非常强大的功能，通常可以用来代替二进制信号量、计数信号量、事件组，有时甚至可以代替队列。为了适应广泛的使用场景，可以通过使用 xTaskNotify（）API 函数来发送任务通知，使用 xTaskNotifyWait（）API 函数来接收任务通知。

然而，在大多数情况下，不需要 xTaskNotify（）和 xTaskNotifyWait（）

API 函数提供的全部灵活功能，更简单的函数就足够了。因此，提供 xTaskNotifyGive（）API 函数作为 xTaskNotify（）的更简单但不太灵活的替代函数，以及 ulTaskNotifyTake（）API 函数作为 xTaskNotifyWait（）的更简单但不太灵活的替代函数。下面介绍与任务通知有关的几个 API 函数。

xTaskNotifyGive（）API 函数

xTaskNotifyGive（）API 函数直接向任务发送通知，并将接收任务的通知值递增（加 1）。调用 xTaskNotifyGive（）API 函数将把接收任务的通知状态设置为待定，如果其状态还不是待定的话。

提供 xTaskNotifyGive（）[①]API 函数的目的是允许将任务通知用作二进制或计数信号量的一个更轻量和更快速的替代。xTaskNotifyGive（）API 函数的原型如清单 9-1 所示。

清单 9-1　xTaskNotifyGive（）API 函数的原型

BaseType_t xTaskNotifyGive (TaskHandle_t xTaskToNotify);

---

xTaskNotifyGive（）API 函数的参数和返回值及其说明如表 9-1 所示。

表 9-1　xTaskNotifyGive（）API 函数的参数和返回值及其说明

参数名称 / 返回值	说　　明
xTaskToNotify	任务的句柄，通知正被发往该句柄引用的任务。请参见 xTaskCreate（）API 函数的 pxCreatedTask 参数，获取任务句柄的信息
返回值	xTaskNotifyGive（）实际上是调用 xTaskNotify（）API 函数的宏。宏传递到 xTaskNotify（）API 函数的参数被设置成 pdPASS，是唯一可能的返回值。xTaskNotify（）API 函数将在本书后面介绍

vTaskNotifyGiveFromISR（）API 函数

vTaskNotifyGiveFromISR（）是 xTaskNotifyGive（）API 函数的另外一个版本，可以用于中断服务程序。vTaskNotifyGiveFromISR（）API 函数的原型如清单 9-2 所示。

清单 9-2　vTaskNotifyGiveFromISR（）API 函数的原型

---

void vTaskNotifyGiveFromISR (TaskHandle_t xTaskToNotify,
　　　　　　　　　　　BaseType_t *pxHigherPriorityTaskWoken);

---

① 　xTaskNotifyGive（）实际上是作为宏来实现的，而不是函数。为了简单起见，本书通篇将其称为函数。

vTaskNotifyGiveFromISR（ ）API 函数的参数和返回值及其说明如表 9-2 所示。

表 9-2　vTaskNotifyGiveFromISR（ ）API 函数的参数和返回值及其说明

参数名称 / 返回值	说　明
xTaskToNotify	任务的句柄，通知正被发往该句柄引用的任务。请参见 xTaskCreate（ ）API 函数的 pxCreatedTask 参数，获取任务句柄的信息
pxHigherPriorityTaskWoken	如果通知要到达的任务在阻塞状态下等待接收该通知，那么发送通知将导致任务离开阻塞状态。 如果调用 vTaskNotifyGiveFromISR（ ）API 函数导致任务离开阻塞状态，并且解除阻塞的任务的优先级高于当前正在执行的任务（被中断的任务）的优先级，那么 vTaskNotifyGiveFromISR（ ）API 函数将把 pxHigherPriorityTaskWoken 参数设置为 pdTRUE。 如果 vTaskNotifyGiveFromISR（ ）API 函数将该参数设置为 pdTRUE，那么在中断退出前应进行上下文切换。这样可以确保中断直接返回最高优先级的就绪状态任务。 与所有的中断安全版本的 API 函数一样，在使用 pxHigherPriorityTaskWoken 参数前必须将其设置为 pdFALSE

ulTaskNotifyTake（ ）API 函数

ulTaskNotifyTake（ ）API 函数允许任务在阻塞状态下等待其通知值大于 0，并在返回前对通知值进行递减（减 1）或清除。

提供 ulTaskNotifyTake（ ）API 函数的目的是允许将任务通知用作二进制或计数信号量的一个更轻量和更快速的替代。ulTaskNotifyTake（ ）API 函数的原型如清单 9-3 所示。

清单 9-3　ulTaskNotifyTake（）API 函数的原型

```
uint32_t ulTaskNotifyTake ( BaseType_t xClearCountOnExit, TickType_t xTicksToWait );
```

ulTaskNotifyTake（ ）API 函数的参数和返回值及其说明如表 9-3 所示。

表 9-3　ulTaskNotifyTake（ ）API 函数的参数和返回值及其说明

参数名称 / 返回值	说　明
xClearCountOnExit	如果将 xClearCountOnExit 参数设置为 pdTRUE，那么在调用 ulTaskNotifyTake（ ）API 函数返回之前，调用任务的通知值将清零。 如果将 xClearCountOnExit 参数设置为 pdFALSE，并且调用任务的通知值大于 0，那么在调用 ulTaskNotifyTake（ ）API 函数返回之前，调用任务的通知值将递减

参数名称 / 返回值	说　明
xTicksToWait	调用任务应保持在阻塞状态以等待其通知值大于 0 的最大时间。 阻塞时间以滴答周期为单位，所以代表的绝对时间取决于滴答频率。可以使用宏 pdMS_TO_TICKS（）把以毫秒为单位的时间转换为以滴答为单位的时间。 将 xTicksToWait 参数设置为 portMAX_DELAY 会使任务无限期地等待而不会超时，前提是将 FreeRTOSConfig.h 中的 INCLUDE_vTaskSuspend 设置为 1
返回值	返回值是调用任务的通知值在清零或递减之前的值，由 xClearCountOnExit 参数的值设置。 如果指定了阻塞时间（xTicksToWait 参数不为 0），且返回值不为 0，那么有可能是调用任务被置于阻塞状态，以等待其通知值大于 0，而其通知值在阻塞时间到期前被更新。 如果指定了阻塞时间（xTicksToWait 参数不为 0），且返回值为 0，那么调用任务被置于阻塞状态，以等待其通知值大于 0，但在那种情况发生之前，指定的阻塞时间已到期

下面通过例 9-1 和例 9-2 采用两种方法介绍任务通知的使用，实现任务通知代替信号量的功能。

例 9-1　使用任务通知代替信号量，方法 1

例 6-1 使用二进制信号量从中断服务程序中解除任务的阻塞——有效地使任务与中断同步。本例复现了例 6-1 的功能，但使用直接到任务通知来代替二进制信号量。

清单 9-4 显示了实现与中断同步的任务。例 6-1 中对 xSemaphoreTake（）API 函数的调用被对 ulTaskNotifyTake（）API 函数的调用所取代。

将 ulTaskNotifyTake（）API 函数中的 xClearCountOnExit 参数设置为 pdTRUE，导致接收任务的通知值在 ulTaskNotifyTake（）API 函数返回之前清零。因此，有必要在调用 ulTaskNotifyTake（）API 函数期间处理所有已经可用的事件。例 6-1 中，因为使用了二进制信号量，所以必须从硬件中确定待定事件的数量，这种情况并不总是实用的。例 9-1 中，待定事件的数量由 ulTaskNotifyTake（）API 函数返回。

在调用 ulTaskNotifyTake（）API 函数期间发生的中断事件会被锁定在任务的通知值中，如果调用任务已经有了待定通知，调用 ulTaskNotifyTake（）API 函数将立即返回。

清单 9-4　例 9-1 将中断处理推迟到任务（与中断同步的任务）

```
/* 周期性任务产生软件中断的速度。*/
const TickType_t xInterruptFrequency = pdMS_TO_TICKS ( 500UL );
static void vHandlerTask ( void *pvParameters )
{
/* 将 xMaxExpectedBlockTime 设置为比事件之间的最大预期时间长一些。*/
const TickType_t xMaxExpectedBlockTime = xInterruptFrequency + pdMS_TO_TICKS ( 10 );
uint32_t ulEventsToProcess ;
    /* 和大多数任务一样，本任务在无限循环中实现。*/
    for ( ; ; )
    {
        /* 等待接收中断服务程序直接向本任务发送的通知。*/
        ulEventsToProcess = ulTaskNotifyTake ( pdTRUE, xMaxExpectedBlockTime );
        if ( ulEventsToProcess != 0 )
        {
            /* 要进入这里，至少要有一个事件发生。在这里循环，直到处理完所有的待定
            事件（在目前这种情况下，只是为每个事件打印一条消息）。*/
            while ( ulEventsToProcess > 0 )
            {
                vPrintString ( "Handler task – Processing event.\r\n" );
                ulEventsToProcess--;
            }
        }
        else
        {
            /* 如果运行到函数的这一部分，说明中断没有在预期时间内到达，而且（实际
            应用程序中）可能需要执行一些错误恢复操作。*/
        }
    }
}
```

用于产生软件中断的周期性任务在中断发生前打印一条信息，在中断发生后再次打印另一条信息，这样就可以在产生的输出中观察到执行的顺序。

清单 9-5 显示了中断处理程序。除了直接向推迟中断处理任务发送通知外，该程序几乎没有做其他事情。

清单 9-5　例 9-1 使用的中断服务程序

```
static uint32_t ulExampleInterruptHandler ( void )
{
```

```
BaseType_t xHigherPriorityTaskWoken ;
    /* 必须将 xHigherPriorityTaskWoken 参数初始化为 pdFALSE，因为如果需要进行上下
    文切换，该参数将在中断安全的 API 函数中被设置为 pdTRUE。*/
    xHigherPriorityTaskWoken = pdFALSE;
    /* 直接向推迟中断处理任务发送通知。*/
    vTaskNotifyGiveFromISR (/* 接收通知的任务的句柄，该句柄在创建任务时保存。*/
                        xHandlerTask,
                        /* xHigherPriorityTaskWoken 按通常用法处理。*/
                        &xHigherPriorityTaskWoken );
    /* 将 xHigherPriorityTaskWoken 参数传入 portYIELD_FROM_ISR（）宏。如果 xHigher
    PriorityTaskWoken 参数在 vTaskNotifyGiveFromISR（）API 函数中被设置为 pdTRUE，
    那么调用 portYIELD_FROM_ISR（）宏将请求上下文切换；如果 xHigherPriorityTask
    Woken 参数仍然是 pdFALSE，那么调用 portYIELD_FROM_ISR（）宏将不会有任何影
    响。Windows 移植所使用的 portYIELD_FROM_ISR（）宏包含了 return 语句，这就是
    为什么本函数没有明确地返回值。*/
    portYIELD_FROM_ISR ( xHigherPriorityTaskWoken );
}
```

执行例 9-1 时产生的输出如图 9-3 所示。正如预期的那样，产生的输出与执行例 6-1 时完全相同。vHandlerTask（）函数在中断发生后立即进入运行状态，因此任务的输出将周期性任务产生的输出分割开来。进一步的解释如图9-4所示。

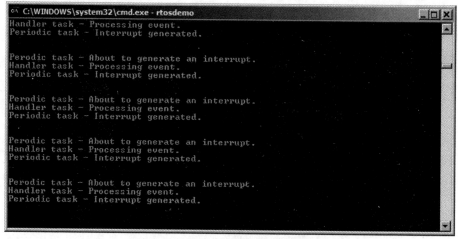

图 9-3 执行例 9-1 时产生的输出

例 9-2 使用任务通知代替信号量，方法 2

例 9-1 中，ulTaskNotifyTake（）API 函数中的 xClearOnExit 参数被设置为 pdTRUE。例 9-2 稍微修改了一下例 9-1，以演示当 ulTaskNotifyTake（）API 函数中的 xClearOnExit 参数被设置为 pdFALSE 时的行为。

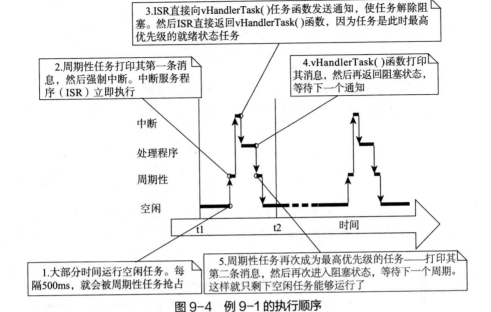

3.ISR直接向vHandlerTask( )任务函数发送通知，使任务解除阻塞。然后ISR直接返回vHandlerTask( )函数，因为任务是此时最高优先级的就绪状态任务

2.周期性任务打印其第一条消息，然后强制中断。中断服务程序（ISR）立即执行

4.vHandlerTask( )函数打印其消息，然后再返回阻塞状态，等待下一个通知

中断

处理程序

周期性

空闲

t1   t2   时间

1.大部分时间运行空闲任务。每隔500ms，就会被周期性任务抢占

5.周期性任务再次成为最高优先级的任务——打印其第二条消息，然后再次进入阻塞状态，等待下一个周期。这样就只剩下空闲任务能够运行了

图 9-4　例 9-1 的执行顺序

当 xClearOnExit 参数为 pdFALSE 时，调用 ulTaskNotifyTake（ ）API 函数只是递减（减 1）调用任务的通知值，而不是将其清零。因此通知值就是已经发生的事件数和已经处理的事件数之间的差值。这样就使得 vHandlerTask（ ）函数的结构可以通过以下两种方式进行简化：

（1）等待处理的事件数量保存在通知值中，所以不需要保存在本地变量中。

（2）调用 ulTaskNotifyTake（ ）API 函数期间只需要处理一个事件。

例 9-2 中使用的 vHandlerTask（ ）函数的实现如清单 9-6 所示。

清单 9-6　例 9-2 推迟中断处理任务（任务与中断同步）

```
static void vHandlerTask ( void *pvParameters )
{
/* xMaxExpectedBlockTime 被设置为比事件之间的最大预期时间长一些。*/
const TickType_t xMaxExpectedBlockTime = xInterruptFrequency + pdMS_TO_TICKS ( 10 );
    /* 和大多数任务一样，本任务在无限循环中实现。*/
    for ( ; ;)
    {
        /* 等待接收中断服务程序直接向本任务发送的通知。xClearCountOnExit 参数现在
        是 pdFALSE，所以任务的通知值将被 ulTaskNotifyTake（ ）API 函数递减，而不是
        清零。*/
        if ( ulTaskNotifyTake ( pdFALSE, xMaxExpectedBlockTime ) != 0 )
        {
            /* 要运行到此处，必须有一个事件发生。处理该事件（本例中只是打印一条信
            息）。*/
```

```
            vPrintString ( "Handler task – Processing event.\r\n" );
    }
    else
    {

        /* 如果运行到本函数的这一部分，说明中断没有在预期时间内到达，（在实际应
        用中）可能需要执行一些错误恢复操作。*/

    }
  }
}
```

为了便于演示，对中断服务程序进行了修改，为每个中断发送多个任务通知，这样就模拟了高频发生的多个中断。例 9-2 中使用的中断服务程序如清单 9-7 所示。

清单 9-7　例 9-2 使用的中断服务程序

```
static uint32_t ulExampleInterruptHandler ( void )
{
BaseType_t xHigherPriorityTaskWoken;
    xHigherPriorityTaskWoken = pdFALSE;
    /* 多次向处理任务发送通知。最初的"释放"将解除任务的阻塞，接下来的"释放"是
    为了证明使用接收任务的通知值计数（锁存）事件——允许任务依次处理每个事件。*/
    vTaskNotifyGiveFromISR ( xHandlerTask，&xHigherPriorityTaskWoken );
    vTaskNotifyGiveFromISR ( xHandlerTask，&xHigherPriorityTaskWoken );
    vTaskNotifyGiveFromISR ( xHandlerTask，&xHigherPriorityTaskWoken );
    portYIELD_FROM_ISR ( xHigherPriorityTaskWoken );
}
```

执行例 9-2 时产生的输出如图 9-5 所示。可以看到，每次产生中断时，vHandlerTask（）函数都会处理所有的三个事件。

xTaskNotify（）和 xTaskNotifyFromISR（）API 函数

xTaskNotify（）是 xTaskNotifyGive（）API 函数的功能更强大的版本，可以通过以下任意方式更新接收任务的通知值：

• 递增（加 1）接收任务的通知值，在这种情况下，xTaskNotify（）相当于 xTaskNotifyGive（）。

• 在接收任务的通知值中设置一个或多个位。这使得任务的通知值可以用作事件组的一个更轻量和更快速的替代。

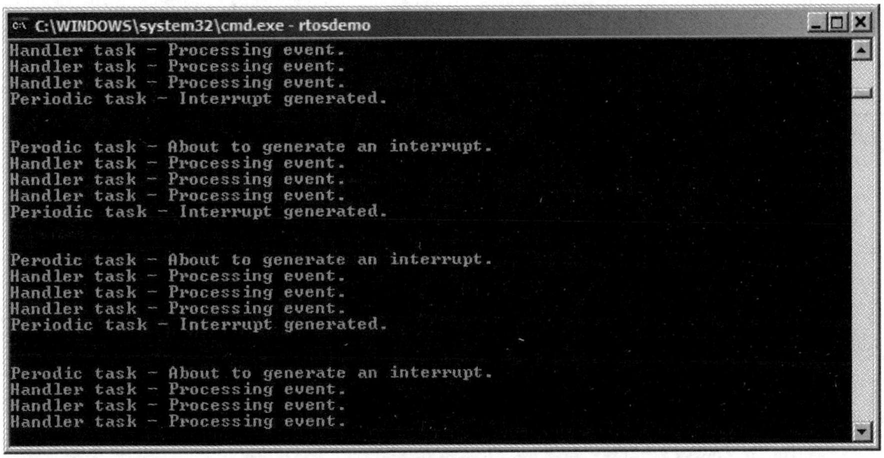

图9-5　执行例9-2时产生的输出

• 在接收任务的通知值中写入全新的数字，但前提是自从通知值上次更新后接收任务已经读取该值。这使得任务的通知值可以提供长度为 1 的队列所提供的类似功能。

• 在接收任务的通知值中写入全新的数字，即使自从通知值上次更新后接收任务没有读取该值。这使得任务的通知值可以提供 xQueueOverwrite（）API 函数提供的类似功能。由此导致的行为有时被称为"邮箱"。

xTaskNotify（）API 函数比 xTaskNotifyGive（）API 函数更灵活、更强大，正因为有了额外的灵活性和强大功能，所以使用起来稍微复杂一些。

xTaskNotifyFromISR（）是 xTaskNotify（）API 函数的可以在中断服务程序中使用的版本，因此有附加的 pxHigherPriorityTaskWoken 参数。

调用 xTaskNotify（）API 函数将始终把接收任务的通知状态设置为待定，如果还没有待定的话。xTaskNotify（）和 xTaskNotifyFromISR（）API 函数的原型如清单 9-8 所示。

清单 9-8　xTaskNotify（）和 xTaskNotifyFromISR（）API 函数的原型

```
BaseType_t xTaskNotify ( TaskHandle_t xTaskToNotify,

                         uint32_t ulValue,

                         eNotifyAction eAction );

BaseType_t xTaskNotifyFromISR ( TaskHandle_t xTaskToNotify,

                         uint32_t ulValue,

                         eNotifyAction eAction,

                         BaseType_t *pxHigherPriorityTaskWoken );
```

xTaskNotify（）API 函数的参数和返回值及其说明如表 9-4 所示。

表 9-4　xTaskNotify（）API 函数的参数和返回值及其说明

参数名称 / 返回值	说　　明
xTaskToNotify	任务的句柄,将通知发往该句柄引用的任务——请参见 xTaskCreate( ) API 函数的 pxCreatedTask 参数，以获取任务句柄的信息
ulValue	如何使用 ulValue 取决于 eNotifyAction 值，详细情况见表 9-5
eNotifyAction	枚举类型，指定如何更新接收任务的通知值，详细情况见表 9-5
返回值	xTaskNotify（）API 函数将返回 pdPASS，但有一种情况除外。该情况见表 9-5

有效的 eNotifyAction 参数值及其对接收任务的通知值的影响如表 9-5 所示。

表 9-5　有效的 eNotifyAction 参数值及其对接收任务的通知值的影响

eNotifyAction 参数值	对接收任务的通知值的影响
eNoAction	将接收任务的通知状态设置为待定，通知值不更新。没有使用 xTaskNotify（）API 函数中的 ulValue 参数。 eNoAction 动作使任务通知可以用作二进制信号量的更快速和更轻量的替代
eSetBits	接收任务的通知值与 xTaskNotify（）API 函数中的 ulValue 参数传递的值进行按位 OR（或）操作。例如，如果设置 ulValue 参数为 0x01，那么接收任务的通知值的位 0 将被设置。再比如，如果 ulValue 参数是 0x06（二进制数 0110），那么接收任务的通知值的位 1 和位 2 将被设置。 eSetBits 动作使任务通知可以用作事件组的更快速和更轻量的替代
eIncremente	递增接收任务的通知值。没有使用 xTaskNotify（）API 函数中的 ulValue 参数。 eIncrement 动作使任务通知可以用作二进制或计数信号量的更快速和更轻量的替代，而且等效于更简单的 xTaskNotifyGive（）API 函数
eSetValueWithoutOverwrite	如果在调用 xTaskNotify（）API 函数之前，接收任务有待定通知，那么就不会采取任何行动，xTaskNotify（）API 函数将返回 pdFAIL。 如果在调用 xTaskNotify（）API 函数之前，接收任务没有待定通知，那么接收任务的通知值就会被设置为 xTaskNotify（）API 函数中 ulValue 参数传递的值
eSetValueWithOverwrite	接收任务的通知值被设置为 xTaskNotify（）API 函数中 ulValue 参数传递的值，不管在调用 xTaskNotify（）API 函数之前接收任务是否有待定通知

xTaskNotifyWait（）API 函数

xTaskNotifyWait（）是 ulTaskNotifyTake（）API 函数的增强版。xTaskNotifyWait（）API 函数允许任务选择超时时间以等待调用任务的通知状态变为待定，如果通知状态还不是待定的话。xTaskNotifyWait（）API 函数还提供了可选项，用于在进入函数和退出函数时清除调用任务的通知值中的某些位。xTaskNotifyWait（）API 函数的原型如清单 9-9 所示。

清单 9-9　xTaskNotifyWait（）API 函数的原型

```
BaseType_t xTaskNotifyWait ( uint32_t ulBitsToClearOnEntry,
                             uint32_t ulBitsToClearOnExit,
                             uint32_t *pulNotificationValue,
                             TickType_t xTicksToWait );
```

xTaskNotifyWait（）API 函数的参数和返回值及其说明如表 9-6 所示。

表 9-6　xTaskNotifyWait（）API 函数的参数和返回值及其说明

参数名称 / 返回值	说　　明
ulBitsToClearOnEntry	如果调用任务在调用 xTaskNotifyWait（）API 函数之前没有待定通知，那么在进入该 API 函数时 ulBitsToClearOnEntry 参数设置的位所对应的任务通知值中的位将被清除。 例如，如果 ulBitsToClearOnEntry 参数为 0x01，那么任务通知值的第 0 位将被清除。再比如，设置 ulBitsToClearOnEntry 参数为 0xffffffffffff（ULONG_MAX）将清除任务通知值中的所有位，从而有效地将该值清零
ulBitsToClearOnExit	如果调用任务因为收到通知而退出 xTaskNotifyWait（）API 函数，或者因为在调用该 API 函数时已经有待定通知，那么在任务退出该 API 函数之前 ulBitsToClearOnExit 参数设置的位所对应的任务通知值中的位将被清除。 任务通知值保存在 pulNotificationValue 后，对应位被清除（见下面对 pulNotificationValue 参数的描述）。 例如，如果 ulBitsToClearOnExit 参数为 0x03，那么在该 API 函数退出之前，任务通知值的位 0 和位 1 将被清除。再比如，设置 ulBitsToClearOnExit 参数为 0xffffffff（ULONG_MAX）将清除任务通知值中的所有位，从而有效地将该值清零
pulNotificationValue	用于将任务通知值传递出来。复制到 pulNotificationValue 的值是任务通知值，而且是在因 ulBitsToClearOnExit 参数设置引起对应位被清除之前的值。 pulNotificationValue 是可选参数，如果不需要可以设置为 NULL

参数名称 / 返回值	说　明
xTicksToWait	调用任务应保持在阻塞状态的最大时间，以等待其通知状态成为待定状态。 阻塞时间以滴答周期为单位，所以代表的绝对时间取决于滴答频率。可以使用宏 pdMS_TO_TICKS（）把以毫秒为单位的时间转换为以滴答为单位的时间。 将 xTicksToWait 参数设置为 portMAX_DELAY 会使任务无限期地等待而不会超时，前提是将 FreeRTOSConfig.h 中的 INCLUDE_vTaskSuspend 常量设置为 1
返回值	有两种可能的返回值： （1）pdTRUE 这表明 xTaskNotifyWait（）API 函数返回的原因是收到了通知；或者是在调用该 API 函数时，调用任务已经有了待定通知。 如果指定了阻塞时间（xTicksToWait 参数不为 0），那么有可能是调用任务进入了阻塞状态，以等待其通知状态成为待定状态，但其通知状态在阻塞时间到期前被设置为待定状态。 （2）pdFALSE 这表明 xTaskNotifyWait（）API 函数在调用任务没有收到任务通知的情况下就返回了。 如果 xTicksToWait 参数不为 0，那么调用任务将一直保持在阻塞状态，以等待其通知状态成为待定状态，但在那种情况发生之前，指定的阻塞时间已经到期

下面通过 UART 和 ADC 示例，介绍任务通知在外设驱动程序中的使用，主要讲解任务通知的一般工作原理。

1. 外设驱动程序中使用的任务通知：UART 示例

外设驱动库提供了在硬件接口上执行常见操作的函数。通常提供此类库的外设包括通用异步接收器和发送器（UART）、串行外设接口（SPI）端口、模数转换器（ADC）和以太网端口。这类库一般提供的函数包括初始化外设、向外设发送数据和从外设接收数据等。

外设上的一些操作需要相对较长的时间才能完成。这类操作的例子包括高精度 ADC 转换，以及在 UART 上传输大的数据包。在这些情况下，驱动库函数的实现可以通过轮询（反复读取）外设的状态寄存器，以确定操作何时完成。然而，以这种方式进行轮询几乎总是浪费的，因为轮询使用了 100% 的处理器时间，而没有进行任何生产性处理。在多任务系统中，这种浪费的代价特别大，因为正在轮询外设的任务可能会阻止优先级较低任务的执行，而优先级较低任务确实有生产性处理要执行。

　　为了避免浪费处理时间这种可能性，高效 RTOS 感知型设备驱动应该是中断驱动的，并给发起冗长操作的任务一个选择，允许其在阻塞状态下等待操作完成。这样，当执行冗长操作的任务处于阻塞状态时，优先级较低任务就可以执行；而且除非能有效地利用处理时间，否则就没有任务使用处理时间。

　　对于 RTOS 感知型驱动库来说，使用二进制信号量将任务置于阻塞状态是一种常见做法。清单 9-10 所示的伪代码演示了这种技术，该清单提供了在 UART 端口上传输数据的 RTOS 感知型库函数的概要。在清单 9-10 中，有如下的结构体和函数：

　　• xUART 是描述 UART 外设的结构体，并保存状态信息。该结构体的 xTxSemaphore 成员是类型为 SemaphoreHandle_t 的变量。假设已经创建该信号量。

　　• xUART_Send（）函数不包括相互排斥的逻辑。如果多个任务要使用 xUART_Send（）函数，那么编程人员必须在应用程序内部管理好相互排斥。例如，某个任务可能需要在调用 xUART_Send（）函数之前获得互斥量。

　　• xSemaphoreTake（）API 函数用于在启动 UART 传输后将调用任务置于阻塞状态。

　　• xSemaphoreGiveFromISR（）API 函数用于在传输完成后，也就是当 UART 外设的传输端中断服务程序执行时，将任务从阻塞状态中移除。

　　演示如何在驱动库传输函数中使用二进制信号量的伪代码如清单9-10所示。

清单 9-10　演示如何在驱动库传输函数中使用二进制信号量的伪代码

```
/* 向 UART 发送数据的驱动库函数。*/
BaseType_t xUART_Send ( xUART *pxUARTInstance, uint8_t *pucDataSource, size_t uxLength )
{
BaseType_t xReturn;
    /* 通过尝试没有超时地获取 UART 传输信号量，确保该信号量尚不可用。*/
    xSemaphoreTake ( pxUARTInstance->xTxSemaphore, 0 );
    /* 开始传输。*/
    UART_low_level_send ( pxUARTInstance, pucDataSource, uxLength );
    /* 阻塞在信号量上，以等待传输完成。如果信号量被获取，则 xReturn 将被设置为
    pdPASS；如果获取信号量超时，则 xReturn 将被设置为 pdFAIL。需要注意的是，如果
    中断发生在调用 UART_low_level_send（）函数和调用 xSemaphoreTake（）API 函数之间，
    那么该事件将被锁存在二进制信号量中，调用 xSemaphoreTake（）API 函数将立即返回。*/
    xReturn = xSemaphoreTake ( pxUARTInstance->xTxSemaphore,pxUARTInstance->xTxTimeout );
    return xReturn;

}
    /* ------------------------------------------------------------ */
```

```
/* UART 发送端的中断服务程序，在最后一字节被发送到 UART 后执行。*/
void xUART_TransmitEndISR ( xUART *pxUARTInstance )
{
BaseType_t xHigherPriorityTaskWoken = pdFALSE;
    /* 清除中断。*/
    UART_lowlevel_interrupt_clear ( pxUARTInstance );
    /* 释放 Tx 信号量，以表示传输结束。如果有任务在阻塞状态下等待该信号量，那么
    将从阻塞状态中移除该任务。*/
    xSemaphoreGiveFromISR ( pxUARTInstance->xTxSemaphore, &xHigherPriorityTaskWoken );
    portYIELD_FROM_ISR ( xHigherPriorityTaskWoken );
}
```

清单 9–10 中演示的技术是完全可行的，确实也是常见的做法，但存在一些缺点：

• 该库使用了多个信号量，这样就增加了 RAM 占用率。

• 信号量在被创建之前不能使用，所以使用信号量的库在被明确初始化之前不能使用。

• 信号量是通用对象，适合于广泛的使用场景；信号量包含逻辑，允许任意数量的任务在阻塞状态下等待可用信号量，并在信号量可用时选择（以确定性的方式）从阻塞状态中移除哪个任务。执行该逻辑需要有限的时间，而这种处理开销在清单 9–10 所示的场景里没有必要，此处任何时候都不会有多个任务在等待该信号量。

清单 9–11 演示了如何通过使用任务通知代替二进制信号量来避免这些缺点。

注意：如果库使用了任务通知，那么该库的文档必须明确指出，调用库函数会改变调用任务的通知状态和通知值。

在清单 9–11 中，有如下的结构体和函数：

• xUART 结构体中的 xTxSemaphore 成员已经被 xTaskToNotify 成员所取代。xTaskToNotify 是类型为 TaskHandle_t 的变量，用于保存任务的句柄，该任务等待 UART 操作完成。

• xTaskGetCurrentTaskHandle（）API 函数用于获取处于运行状态的任务的句柄。

• 该库不会创建任何 FreeRTOS 对象，因此不会产生 RAM 开销，也不需要明确初始化。

• 任务通知会被直接发送给正在等待 UART 操作完成的任务，所以不会执行不必要的逻辑。

xUART 结构体的 xTaskToNotify 成员既可以从任务中访问，也可以从中断服

务程序中访问，需要考虑处理器如何更新其值。方法如下：

• 如果 xTaskToNotify 通过一次内存写入操作进行更新，那么可以在临界区之外进行更新，如清单 9-11 所示。如果 xTaskToNotify 是 32 位的变量（TaskHandle_t 是 32 位类型），并且运行 FreeRTOS 的处理器是 32 位的，就会出现这种情况。

• 如果更新 xTaskToNotify 需要一次以上的内存写入操作，那么 xTaskToNotify 只能在临界区里更新——否则中断服务程序可能会在 xTaskToNotify 处于不一致状态时对其进行访问。如果 xTaskToNotify 是 32 位的变量，并且运行 FreeRTOS 的处理器是 16 位的，就会出现这种情况，因为需要两个 16 位的内存写操作来更新全部的 32 位。

在 FreeRTOS 内部实现中，TaskHandle_t 是一个指针，所以 sizeof（TaskHandle_t）总是等于 sizeof（void *）。

演示如何在驱动库传输函数中使用任务通知的伪代码如清单 9-11 所示。

清单 9-11 演示如何在驱动库传输函数中使用任务通知的伪代码

```
/* 向 UART 发送数据的驱动库函数。*/
BaseType_t xUART_Send (xUART *pxUARTInstance, uint8_t *pucDataSource, size_t uxLength )
{
BaseType_t xReturn ;
    /* 保存调用本函数的任务的句柄。书中有关于下面这行是否需要用临界区进行保护的
    说明。*/
    pxUARTInstance->xTaskToNotify = xTaskGetCurrentTaskHandle ( );
    /* 通过调用 ulTaskNotifyTake（ ）函数，确保调用任务没有待定通知。调用 ulTaskNotifyTake( ）
    函数时，将 xClearCountOnExit 参数设置为 pdTRUE，阻塞时间为 0（不需要阻塞）。*/
    ulTaskNotifyTake ( pdTRUE, 0 );
    /* 开始传输。*/
    UART_low_level_send ( pxUARTInstance, pucDataSource, uxLength );
    /* 阻塞，直到收到传输完成通知。如果收到通知，那么 xReturn 将被设置为 1，因为
    ISR 将把这个任务的通知值增加到 1（pdTRUE）；如果操作超时，那么 xReturn 将被设置为
    0（pdFALSE），因为这个任务的通知值在上面被清零后将不会改变。请注意，如果 ISR
    在调用 UART_low_level_send（ ）函数和调用 ulTaskNotifyTake（ ）函数之间执行，那
    么该事件将被锁存在任务的通知值中，而且调用 ulTaskNotifyTake（ ）函数将立即返回。*/
    xReturn = ( BaseType_t ) ulTaskNotifyTake ( pdTRUE, pxUARTInstance->xTxTimeout );
    return xReturn;
}
/*-----------------------------------------------------------------*/
/* 在最后一字节被发送到 UART 后，ISR 执行。*/
```

```
void xUART_TransmitEndISR ( xUART *pxUARTInstance )
{
BaseType_t xHigherPriorityTaskWoken = pdFALSE;
    /* 除非有任务在等待通知，否则该函数不应执行。用断言来测试这个条件，这一步并
    不是严格需要的，但将有助于调试。configASSERT（）宏在 11.2 节中介绍。*/
    configASSERT ( pxUARTInstance->xTaskToNotify != NULL );
    /* 清除中断。*/
    UART_lowlevel_interrupt_clear ( pxUARTInstance );
    /* 直接向调用 xUART_Send（）函数的任务发送通知。如果该任务处于阻塞状态以等待
    通知，那么将从阻塞状态中移除该任务。*/
    vTaskNotifyGiveFromISR ( pxUARTInstance->xTaskToNotify, &xHigherPriorityTaskWoken );
    /* 现在没有任务等待通知。将 xUART 结构体的 xTaskToNotify 成员设置为 NULL。这一
    步并不是严格需要的，但将有助于调试。*/
    pxUARTInstance->xTaskToNotify = NULL;
    portYIELD_FROM_ISR ( xHigherPriorityTaskWoken );
}
```

任务通知也可以取代接收函数中的信号量，如伪代码清单 9–12 所示，该清单提供了在 UART 端口上接收数据的 RTOS 感知型库函数的概要。在清单 9–12 中，有如下的函数：

• xUART_Receive（）函数不包括相互排斥的逻辑。如果多个任务要使用 xUART_Receive（）函数，那么编程人员必须在应用程序内部管理好相互排斥。例如，某个任务可能需要在调用 xUART_Receive（）函数之前获得互斥量。

• UART 的接收中断服务程序将 UART 接收到的字符放入 RAM 缓冲区。xUART_Receive（）函数从 RAM 缓冲区返回字符。

• xUART_Receive（）函数中的 uxWantedBytes 参数用于指定要接收的字符数。如果 RAM 缓冲区还没有包含所要求的字符数，那么调用任务将进入阻塞状态，以等待缓冲区中字符数已经增加的通知。while（）循环用于重复此顺序，直到接收缓冲区包含所要求的字符数或者超时发生了。

• 调用任务可能不止一次进入阻塞状态。阻塞时间因此被调整，以考虑到从调用 xUART_Receive（）函数以来已经过去的时间。这个调整确保了在 xUART_Receive（）函数内花费的总时间不超过 xUART 结构体的 xRxTimeout 成员所指定的阻塞时间。使用 FreeRTOS 的 vTaskSetTimeOutState（）和 xTaskCheckForTimeOut（）辅助函数调整阻塞时间。

演示如何在驱动库接收函数中使用任务通知的伪代码如清单 9–12 所示。

清单 9-12　演示如何在驱动库接收函数中使用任务通知的伪代码

```
/* 从 UART 接收数据的驱动库函数。*/
size_t xUART_Receive ( xUART *pxUARTInstance, uint8_t *pucBuffer, size_t uxWantedBytes )
{
size_t uxReceived = 0;
TickType_t xTicksToWait;
TimeOut_t xTimeOut;
    /* 记录进入该函数的时间。*/
    vTaskSetTimeOutState ( &xTimeOut );
    /* xTicksToWait 是超时值——最初被设置为该 UART 示例的最大接收超时。*/
    xTicksToWait = pxUARTInstance->xRxTimeout;
    /* 保存调用本函数的任务的句柄。书中有关于下面这行是否需要用临界区进行保护的
    说明。*/
    pxUARTInstance->xTaskToNotify = xTaskGetCurrentTaskHandle ();
    /* 循环，直到缓冲区中包含了需要的字节数，或者出现超时。*/
    while (UART_bytes_in_rx_buffer ( pxUARTInstance ) < uxWantedBytes )
    {
        /* 寻找超时，调整 xTicksToWait 以计入到目前为止在这个函数中花费的时间。*/
        if ( xTaskCheckForTimeOut ( &xTimeOut, &xTicksToWait ) != pdFALSE )
        {
            /* 在需要的字节数可用之前就超时了，退出循环。*/
            break;
        }
    /* 接收缓冲区还没有达到所需的字节数。等待最多 xTicksToWait 滴答时间，以得到接
    收中断服务程序将更多数据放入缓冲区的通知。调用本函数时，调用任务是否已有待
    定通知并不重要，如果有，调用任务就在 while 循环中额外迭代一次。*/
    ulTaskNotifyTake ( pdTRUE, xTicksToWait );
    }
    /* 没有任务等待接收通知，所以将 xTaskToNotify 参数设为 NULL。书中有关于下面这
    行是否需要用临界区进行保护的说明。*/
    pxUARTInstance->xTaskToNotify = NULL;
    /* 试图从接收缓冲区中读取 uxWantedBytes 到 pucBuffer 中。返回实际读取的字节数
    ( 可能小于 uxWantedBytes )。*/
    uxReceived = UART_read_from_receive_buffer ( pxUARTInstance, pucBuffer, uxWantedBytes );
    return uxReceived;
}
/*----------------------------------------------------------------*/
/* UART 接收中断的中断服务程序。*/
void xUART_ReceiveISR ( xUART *pxUARTInstance )
{
BaseType_t xHigherPriorityTaskWoken = pdFALSE;
    /* 将接收到的数据复制到该 UART 的接收缓冲区，并且清除中断。*/
```

```
UART_low_level_receive ( pxUARTInstance );
/* 如果某个任务正在等待新数据通知，那么现在就通知该任务。*/
if ( pxUARTInstance->xTaskToNotify != NULL )
{
    vTaskNotifyGiveFromISR ( pxUARTInstance->xTaskToNotify, &xHigherPriorityTaskWoken );
    portYIELD_FROM_ISR ( xHigherPriorityTaskWoken );
}
}
```

2. 外设驱动程序中使用的任务通知：ADC 示例

前面演示了如何使用 vTaskNotifyGiveFromISR（ ）API 函数从中断向任务发送任务通知。vTaskNotifyGiveFromISR（ ）虽然简单易用，但其功能有限，只能以无数值事件的形式发送任务通知，不能发送数据。下面演示如何通过 xTaskNotifyFromISR（ ）API 函数使用任务通知事件发送数据。该技术通过清单 9-13 所示的伪代码演示，提供了模数转换器（ADC）的 RTOS 感知型中断服务程序的概要。对清单 9-13 中函数实现的功能说明如下：

- 假设至少每 50ms 启动一次 ADC 转换。
- ADC_ConversionEndISR（ ）函数是 ADC 转换结束中断的中断服务程序，也就是每次有新的 ADC 值可用时执行的中断。
- 由 vADCTask（ ）函数实现的任务处理 ADC 产生的值。假设创建该任务时，任务的句柄存储在 xADCTaskToNotify 中。
- ADC_ConversionEndISR（ ）函数使用 xTaskNotifyFromISR（ ）API 函数，将 eAction 参数设置为 eSetValueWithoutOverwrite，向 vADCTask（ ）任务发送任务通知，并将 ADC 转换结果写入任务通知值中。
- vADCTask（ ）任务使用 xTaskNotifyWait（ ）API 函数来等待接收有新 ADC 值可用的通知，并从其通知值中恢复 ADC 转换结果。

演示如何使用任务通知向任务传递数值的伪代码如清单 9-13 所示。

清单 9-13　演示如何使用任务通知向任务传递数值的伪代码

```
/* 使用 ADC 的任务。*/
void vADCTask ( void *pvParameters )
{
uint32_t ulADCValue;
BaseType_t xResult;
/* 触发 ADC 转换频率。*/
const TickType_t xADCConversionFrequency = pdMS_TO_TICKS ( 50 );
```

```
for ( ; ; )
{
    /* 等待下一个 ADC 转换结果。*/
    xResult = xTaskNotifyWait (
            /* 新的 ADC 值将覆盖旧值，所以在等待新的通知值之前不需要清除任
            何位。*/
            0,
            /* 未来的 ADC 值将覆盖现有值，所以在退出 xTaskNotifyWait（）API
            函数之前不需要清除任何位。*/
            0,
            /* 任务的通知值所在的变量地址（保存最新的 ADC 转换结果）将被
            复制。*/
            &ulADCValue,
            /* 每经过 xADCConversionFrequency 个滴答，就应该会收到一个新的
            ADC 值。*/
            xADCConversionFrequency * 2 );
    if ( xResult == pdPASS )
    {
        /* 收到一个新的 ADC 值，现在处理。*/
        ProcessADCResult ( ulADCValue );
    }
    else
    {
        /* 对 xTaskNotifyWait（）API 函数的调用没有在预期时间内返回，触发 ADC 转
        换的输入或 ADC 本身一定出了问题。在这里处理该问题。*/
    }
}
}
/*-----------------------------------------------------------*/
/* 每当 ADC 转换完成时，执行的中断服务程序。*/
void ADC_ConversionEndISR ( xADC *pxADCInstance )
{
uint32_t ulConversionResult;
BaseType_t xHigherPriorityTaskWoken = pdFALSE, xResult;
    /* 读取 ADC 的新值并清除中断。*/
    ulConversionResult = ADC_low_level_read ( pxADCInstance );
    /* 直接向 vADCTask（）函数发送通知和 ADC 转换结果。*/
    xResult = xTaskNotifyFromISR ( xADCTaskToNotify,      /* xTaskToNotify 参数。*/
                                  ulConversionResult,    /* ulValue 参数。*/
                                  eSetValueWithoutOverwrite, /* eAction 参数。*/
                                  &xHigherPriorityTaskWoken );
    /* 如果调用 xTaskNotifyFromISR（）API 函数返回 pdFAIL，那么任务就没有跟上产生
    ADC 值的速度。configASSERT（）宏在 11.2 节中介绍。*/
    configASSERT ( xResult == pdPASS );
    portYIELD_FROM_ISR ( xHigherPriorityTaskWoken );
}
```

3.应用程序中直接使用的任务通知

本节通过演示任务通知在一个假设应用程序中的使用，来增强任务通知的功能。该假设应用程序包含以下功能：

（1）应用程序通过慢速的互联网连接进行通信，向远程数据服务器发送数据，并向其请求数据。从这里开始，将远程数据服务器称为云服务器。

（2）从云服务器请求数据后，请求任务必须在阻塞状态下等待接收请求的数据。

（3）向云服务器发送数据后，发送任务必须在阻塞状态下等待云服务器正确接收数据后发出的确认。

软件设计的示意图如图 9-6 所示。图 9-6 中读取和写入函数按如下方式实现；

• 将处理多个互联网连接到云服务器的复杂操作封装在 FreeRTOS 任务中。该任务在 FreeRTOS 应用程序中充当代理服务器，将其称为服务器任务。

• 应用程序的任务通过调用 CloudRead（ ）函数从云服务器读取数据。CloudRead（ ）函数不是直接与云服务器通信，而是将读取请求通过队列发送给服务器任务，并以任务通知的形式从服务器任务中接收请求的数据。

• 应用程序的任务通过调用 CloudWrite（ ）函数向云服务器写入数据。CloudWrite（ ）函数并不是直接与云服务器通信，而是将写入请求通过队列发送给服务器任务，并以任务通知的形式从服务器任务中接收写入操作的结果。

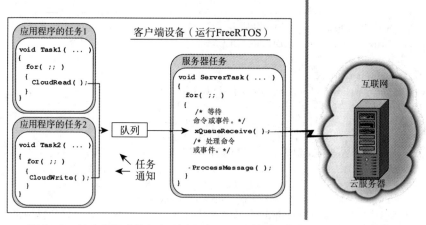

图 9-6　从应用程序的任务到云服务器，再从云服务器到任务的通信路径

CloudRead（ ）函数和 CloudWrite（ ）函数向服务器任务发送的结构体如清单 9-14 所示。

清单 9-14　通过队列发送结构体和数据类型到服务器任务

```
typedef enum CloudOperations
{
    eRead,                              /* 发送数据到云服务器。*/
    eWrite,                             /* 从云服务器接收数据。*/
} Operation_t ;
typedef struct CloudCommand
{
    Operation_t eOperation ;           /* 要执行的操作（读或写）。*/
    uint32_t ulDataID ;                /* 标识被读取或写入的数据。*/
    uint32_t ulDataValue ;             /* 只在向云服务器写入数据时才使用。*/
    TaskHandle_t xTaskToNotify ;       /* 执行操作的任务的句柄。*/
} CloudCommand_t ;
```

　　云读取 CloudRead（）函数的伪代码如清单 9-15 所示。该函数将其请求发送给服务器任务，然后调用 xTaskNotifyWait（）API 函数在阻塞状态下等待，直到收到有请求数据可用的通知。

清单 9-15　云读取 CloudRead（）函数的实现

```
/* ulDataID 标识要读取的数据。pulValue 是变量的地址，该变量用于写入从云服务器接收
的数据。*/
BaseType_t CloudRead ( uint32_t ulDataID, uint32_t *pulValue )
{
CloudCommand_t xRequest;
BaseType_t xReturn;
    /* 正确设置 CloudCommand_t 结构体成员，使其适用于读取请求。*/
    xRequest.eOperation = eRead;    /* 这是读取数据的请求。*/
    xRequest.ulDataID = ulDataID;  /* 识别要读取数据的代码。*/
    xRequest.xTaskToNotify = xTaskGetCurrentTaskHandle ( ); /* 调用任务的手柄。*/
    /* 以阻塞时间为 0 来读取通知值，确保没有待定通知，然后将结构体发送给服务器任
    务。*/
    xTaskNotifyWait ( 0, 0, NULL, 0 );
    xQueueSend ( xServerTaskQueue, &xRequest, portMAX_DELAY );
    /* 等待服务器任务的通知。服务器任务将从云服务器接收到的值直接写入该任务的通
    知值中，因此在进入或退出 xTaskNotifyWait（）API 函数时无须清除通知值的任意位。
    将接收到的值写入 pulValue，所以 pulValue 作为写入通知值的变量的地址传递。*/
    xReturn = xTaskNotifyWait ( 0,            /* 进入时没有位被清除。*/
                                0,            /* 退出时不清除任意位。*/
                                pulValue,     /* 通知值存入 pulValue。*/
                                pdMS_TO_TICKS ( 250 )); /* 最多等待 250ms。*/
```

```
/*如果 xReturn 为 pdPASS, 则获得了通知值; 如果 xReturn 为 pdFAIL, 则说明请求超时。*/
return xReturn ;
}
```

服务器任务如何管理读取请求的伪代码如清单 9-16 所示。当从云服务器接收到数据后，服务器任务解除应用程序任务的阻塞，并将接收到的数据发送给应用程序任务，方法是调用 xTaskNotify（）API 函数，并将 eAction 参数设置为 eSetValueWithOverwrite。

清单 9-16　处理读取请求的服务器任务

```
void ServerTask ( void *pvParameters )
{
CloudCommand_t xCommand;
uint32_t ulReceivedValue;
  for ( ; ; )
  {
    /* 等待从任务中接收下一个 CloudCommand_t 结构体。*/
    xQueueReceive ( xServerTaskQueue, &xCommand, portMAX_DELAY );
    switch ( xCommand.eOperation ) /* 是读取还是写入请求? */
    {
      case eRead:
      /* 从远端云服务器获取请求的数据项。*/
      ulReceivedValue = GetCloudData ( xCommand.ulDataID );
      /* 调用 xTaskNotify（）API 函数，将通知和从云服务器接收到的值同时发送给提出
      请求的任务。任务的句柄从 CloudCommand_t 结构体中提取。*/
      xTaskNotify ( xCommand.xTaskToNotify, /* 任务的句柄在结构体中。*/
                  ulReceivedValue,          /* 作为通知值发送的云数据。*/
                  eSetValueWithOverwrite );
      break;
      /* 其他 switch case 语句放置在此处。*/
    }
  }
}
```

清单 9-16 显示了简化场景，因为假设 GetCloudData（）函数不需要等待从云服务器获取数值。

云写入 CloudWrite（）函数的伪代码如清单 9-17 所示。为便于演示，CloudWrite（）函数返回位状态码，状态码的每位都被赋予了唯一的含义。清

单 9-17 顶部的 #define 语句显示了四个状态位示例。

任务清除四个状态位，向服务器任务发送请求，然后调用 xTaskNotifyWait（）API 函数在阻塞状态下等待状态通知。

清单 9-17　云写入 CloudWrite（）函数的实现

```
/* 云写操作使用的状态位。*/
#define SEND_SUCCESSFUL_BIT              ( 0x01 << 0 )
#define OPERATION_TIMED_OUT_BIT          ( 0x01 << 1 )
#define NO_INTERNET_CONNECTION_BIT       ( 0x01 << 2 )
#define CANNOT_LOCATE_CLOUD_SERVER_BIT ( 0x01 << 3 )
/* 四个状态位设置的掩码。*/
#define CLOUD_WRITE_STATUS_BIT_MASK      ( SEND_SUCCESSFUL_BIT |
                                           OPERATION_TIMED_OUT_BIT |
                                           NO_INTERNET_CONNECTION_BIT |
                                           CANNOT_LOCATE_CLOUD_SERVER_BIT )
uint32_t CloudWrite ( uint32_t ulDataID, uint32_t ulDataValue )
{
CloudCommand_t xRequest;
uint32_t ulNotificationValue;
    /* 正确设置 CloudCommand_t 结构体成员，使其适用于写入请求。*/
    xRequest.eOperation = eWrite;          /* 这是写入数据的请求。*/
    xRequest.ulDataID = ulDataID;          /* 识别正在写入的数据的代码。*/
    xRequest.ulDataValue = ulDataValue;  /* 写入云服务器的数据值。*/
    xRequest.xTaskToNotify = xTaskGetCurrentTaskHandle ( ); /* 调用任务的句柄。*/
    /* 以 ulBitsToClearOnExit 参数设置为 CLOUD_WRITE_STATUS_BIT_MASK 和阻塞时间
    为 0 的方式调用 xTaskNotifyWait（）API 函数，清除与写操作相关的三个状态位。不
    需要当前的通知值，所以将 pulNotificationValue 参数设置为 NULL。*/
    xTaskNotifyWait ( 0, CLOUD_WRITE_STATUS_BIT_MASK, NULL, 0 );
    /* 向服务器任务发送请求。*/
    xQueueSend ( xServerTaskQueue, &xRequest, portMAX_DELAY );
    /* 等待服务器任务的通知。服务器任务会将位状态码写入任务的通知值，本例写入
    ulNotificationValue。*/
    xTaskNotifyWait ( 0,                                    /* 进入时没有位被清除。*/
                CLOUD_WRITE_STATUS_BIT_MASK, /* 退出时将相关位清除为 0。*/
                &ulNotificationValue,                      /* 通知值。*/
                pdMS_TO_TICKS ( 250 ));                  /* 最多等待 250ms。*/
    /* 将状态码返回给调用任务。*/
    return ( ulNotificationValue & CLOUD_WRITE_STATUS_BIT_MASK );
```

演示服务器任务如何管理写入请求的伪代码如清单 9-18 所示。当发送数据到云服务器时，服务器任务会解除应用程序任务的阻塞，并将位状态码发送给应用程序任务，方法是调用 xTaskNotify（）API 函数，并在调用时将其中的 eAction 参数设置为 eSetBits。只有 CLOUD_WRITE_STATUS_BIT_MASK 常量定义的位可以在接收任务的通知值中得到改变，所以接收任务可以将其通知值中的其他位用于其他目的。

清单 9-18　处理发送请求的服务器任务

```
void ServerTask ( void *pvParameters )
{
CloudCommand_t xCommand;
uint32_t ulBitwiseStatusCode;
  for ( ; ; )
  {
    /* 等待下一条信息。*/
    xQueueReceive ( xServerTaskQueue, &xCommand, portMAX_DELAY );
    /* 是读取还是写入请求？ */
    switch ( xCommand.eOperation )
    {
      case eWrite:
        /* 将数据发送到远端云服务器。SetCloudData（）函数返回一个仅使用 CLOUD_
        WRITE_STATUS_BIT_MASK 定义位的状态代码（如清单 9-17 所示）。*/
        ulBitwiseStatusCode = SetCloudData ( xCommand.ulDataID, xCommand.ulDataValue );
        /* 向提出写入请求的任务发送通知。使用 eSetBits 操作，所以 ulBitwiseStatusCode
        中设置的状态位会设置任务通知值的对应位，其他位保持不变。任务的句柄从
        CloudCommand_t 结构体中提取。*/
        xTaskNotify ( xCommand.xTaskToNotify,      /* 任务的句柄在结构体中。*/
                    ulBitwiseStatusCode,          /* 云数据作为通知值发送。*/
                    eSetBits );
        break;
        /* 其他 switch case 语句放置在此处。*/
    }
  }
}
```

清单 9-18 显示了简化场景，因为假设 SetCloudData（）函数不必等待从远端云服务器获取确认。

第 10 章

低功耗支持

10.1 本章知识点及学习目标

本章首先简要介绍节能模式及与节能相关的宏，然后以应用广泛的 ARM Cortex-M 微控制器为例，结合该系列微控制器的低功耗特性和无滴答空闲模式介绍低功耗的配置示例。

由于低功耗与具体的微控制器有关，编程人员在学习本章知识点的基础上，需根据使用的微控制器特性，在 FreeRTOS 官网上搜索相关背景知识和示例并进一步学习，便于顺利实现系统的低功耗功能。

学习目标

本章旨在让读者充分了解以下知识：

• 使用宏 portSUPPRESS_TICKS_AND_SLEEP( ) 实现节能。

• ARM Cortex-M 微控制器的节能配置，重点是合理选择 SysTick 频率、核心频率、外部时钟并进行相应设置，使用 WFI（等待中断）指令实现特定于微控制器的低功耗特性。

10.2 节能及与节能有关的宏

为了减少运行 FreeRTOS 的微控制器的功耗，常见的方法是使用空闲任务钩子将微控制器置于低功耗状态。这种方法比较简单，但是微控制器能够达到的节能效果是有限的，原因是为了处理滴答中断，微控制器必须定期退出然后再重新进入低功耗状态。此外，如果滴答中断的频率太高，那么除了最省电的节能模式外，每次滴答时进入和退出低功耗状态所消耗的电量和时间将超过任何潜在的节能收益。

FreeRTOS 的无滴答空闲模式在空闲期（没有任务能够执行的时期）停止周期性的滴答中断，然后在滴答中断重新启动时对 RTOS 的滴答计数值进行修正。停止滴答中断使微控制器保持在深度节能状态，直到产生中断或者 RTOS 内核将某个任务转换到就绪状态。

下面介绍与节能有关的宏。

portSUPPRESS_TICKS_AND_SLEEP（ ）宏

通过把 FreeRTOSConfig.h 中的 configUSE_TICKLESS_IDLE 定义为 1（对于支持

此特性的 FreeRTOS 移植），可以启用内置的无滴答空闲功能；通过把 FreeRTOSConfig.h 中的 configUSE_TICKLESS_IDLE 定义为 2，可以为任何 FreeRTOS 移植（包括具有内置实现的移植）提供用户定义的无滴答空闲功能。启用无滴答空闲功能后，在以下两个条件同时为真时，内核将调用 portSUPPRESS_TICKS_AND_SLEEP（）：

（1）空闲任务是唯一能够运行的任务，因为应用程序的任务不是处于阻塞状态就是处于暂停状态。

（2）在内核将应用程序的某个任务从阻塞状态转换出来之前，至少还要经过 n 个完整的滴答周期，其中 n 由 FreeRTOSConfig.h 中的 configEXPECTED_IDLE_TIME_BEFORE_SLEEP 定义设置。

portSUPPRESS_TICKS_AND_SLEEP（）的唯一参数值等于任务进入就绪状态前的总滴答周期数。因此，该参数值是微控制器在停止（抑制）滴答中断的情况下，可以安全地保持在深度睡眠状态的时间。

注意：如果 eTaskConfirmSleepModeStatus（）从 portSUPPRESS_TICKS_AND_SLEEP（）中调用时返回 eNoTasksWaitingTimeout，那么微控制器可以无限期地保持在深度睡眠状态。只有在以下条件为真时，eTaskConfirmSleepModeStatus（）才会返回 eNoTasksWaitingTimeout：

（1）没有使用软件定时器，所以在未来的任何时间调度器都不会执行定时器回调函数。

（2）应用程序的任务要么处于暂停状态，要么处于无限超时的阻塞状态（超时值为 portMAX_DELAY），所以在未来的任何固定时间调度器都不会将某个任务从阻塞状态转换出来。

为了避免竞争条件，在调用 portSUPPRESS_TICKS_AND_SLEEP（）之前，RTOS 调度器暂停，并在 portSUPPRESS_TICKS_AND_SLEEP（）完成后恢复。这样就确保了在微控制器退出低功率状态和 portSUPPRESS_TICKS_AND_SLEEP（）完成执行之间，应用程序的任务无法执行。而且 portSUPPRESS_TICKS_AND_SLEEP（）有必要在停止滴答源和微控制器进入睡眠状态之间创建一小段临界区。应该从这段临界区调用 eTaskConfirmSleepModeStatus（）。现在所有基于 GCC、IAR 和 ARM Cortex-M 微控制器的 FreeRTOS 移植都提供了默认的 portSUPPRESS_TICKS_AND_SLEEP（）实现。随着时间的推移，其他的 FreeRTOS 移植也将添加默认的 portSUPPRESS_TICKS_AND_SLEEP（）实现。

下面介绍 portSUPPRESS_TICKS_AND_SLEEP（）的实现。

如果使用的 FreeRTOS 移植没有提供 portSUPPRESS_TICKS_AND_SLEEP（）的默认实现，那么编程人员可以通过在 FreeRTOSConfig.h 中定义 portSUPPRESS_TICKS_AND_SLEEP（）来自己实现；如果使用的 FreeRTOS 移植提供了

portSUPPRESS_TICKS_AND_SLEEP（）的默认实现，那么编程人员可以通过在
FreeRTOSConfig.h 中定义 portSUPPRESS_TICKS_AND_SLEEP（）来覆盖此默认
实现。

　　代码清单 10-1 是编程人员可能实现的 portSUPPRESS_TICKS_AND_SLEEP()
示例。该示例是基本的，会在内核维护的时间和日历时间之间引入一些延误。
FreeRTOS 的官方版本试图通过提供更复杂的实现来尽可能地消除任何延误。在本
示例显示的函数调用中，只有 vTaskStepTick（）和 eTaskConfirmSleepModeStatus（）
是 FreeRTOS API 函数的一部分。其他函数是针对具体硬件的时钟和节能模式
的，所以必须由编程人员提供。

　　　清单 10-1　用户定义的 portSUPPRESS_TICKS_AND_SLEEP（）的实现示例

```
/* 首先定义 portSUPPRESS_TICKS_AND_SLEEP（）宏，参数是以滴答为单位的时间，指
定内核下一次的执行时间。*/
#define portSUPPRESS_TICKS_AND_SLEEP ( xIdleTime ) ApplicationSleep ( xIdleTime )

/* 定义 portSUPPRESS_TICKS_AND_SLEEP（）调用的函数。*/
void vApplicationSleep ( TickType_t xExpectedIdleTime )
{
    unsigned long ulLowPowerTimeBeforeSleep, ulLowPowerTimeAfterSleep;
    eSleepModeStatus eSleepStatus;

    /* 当微控制器处于低功耗状态时，从保持运行的时钟源读取当前时间。*/
    ulLowPowerTimeBeforeSleep = ulGetExternalTime ( );

    /* 停止产生滴答中断的定时器。*/
    prvStopTickInterruptTimer ( );

    /* 进入临界区，该临界区不影响使微控制器脱离睡眠模式的中断。*/
    disable_interrupts ( );

    /* 确信进入睡眠模式仍然是 OK 的。*/
    eSleepStatus = eTaskConfirmSleepModeStatus( );

    if ( eSleepStatus == eAbortSleep )
    {
        /* 自从本宏执行以来，某个任务被移出了阻塞状态，或者某个上下文切换被暂停。
        不进入睡眠状态。重新启动滴答并退出临界区。*/
        prvStartTickInterruptTimer ( );
        enable_interrupts ( );
    }
```

```
else
{
    if ( eSleepStatus == eNoTasksWaitingTimeout )
    {
        /* 没有必要配置中断来使微控制器在未来的某个固定时间脱离低功耗状态。*/
        prvSleep ( );
    }
    else
    {
        /* 配置中断，使微控制器在内核下次需要执行的时候脱离低功耗状态。中断必须由
        一个在微控制器处于低功耗状态时仍可运行的源产生。*/
        vSetWakeTimeInterrupt( xExpectedIdleTime );

        /* 进入低功耗状态。*/
        prvSleep( );

        /* 确定微控制器实际处于低功耗状态的时间，如果微控制器是由 vSetWakeTimeInterrupt( )
        调用所配置的中断以外的中断移出低功耗模式，则该时间将小于 xExpectedIdleTime。
        注意，在调用 portSUPPRESS_TICKS_AND_SLEEP ( ) 之前，调度器暂停，在 portSUPPRESS_
        TICKS_AND_SLEEP ( ) 返回时恢复。因此在本函数完成之前，没有其他任务会执行。*/
        ulLowPowerTimeAfterSleep = ulGetExternalTime ( );

        /* 修正内核的滴答计数值，以考虑到微控制器在低功耗状态下的时间。*/
        vTaskStepTick ( ulLowPowerTimeAfterSleep – ulLowPowerTimeBeforeSleep );
    }

        /* 退出临界区——调用 prvSleep ( ) 后也许可以立即执行。*/
        enable_interrupts ( );

        /* 重启产生滴答中断的定时器。*/
        prvStartTickInterruptTimer ( );
    }
}
```

10.3　ARM Cortex-M 微控制器的低功耗实现

本节讨论 ARM Cortex-M 微控制器的节能，是对 10.2 节介绍的低功耗无滴答空闲模式的补充，并提供 ARM Cortex-M FreeRTOS 移植的节能配置示例。

• 当 SysTick 频率不等于核心频率时，定义 SysTick 频率

默认情况下，ARM Cortex-M FreeRTOS 移植使用 24 位的 SysTick 定时器来

产生滴答中断。

· 当 SysTick 以内核速度时钟化时

大多数 ARM Cortex-M 微控制器以与 ARM Cortex-M 内核相同的频率为 SysTick 定时器提供时钟。在这种情况下，高时钟频率和 24 位分辨率的结合严重限制了可以实现的最大无滴答周期。为了获得非常高的节能效果，有必要使用一种采用替代时间源的实现方式来覆盖内置实现的无滴答空闲模式。如果 SysTick 定时器的频率等于核心频率，那么必须把 configSYSTICK_CLOCK_HZ 定义为等于 FreeRTOSConfig.h 中的 configCPU_CLOCK_HZ；或者省略 configSYSTICK_CLOCK_HZ 的定义，在这种情况下，它会默认等于 configCPU_CLOCK_HZ。

· 当 SysTick 以低于内核速度时钟化时

当 SysTick 定时器的频率低于核心的频率时，可以实现的最大无滴答周期会急剧增加。如果 SysTick 定时器的频率不等于核心频率，那么必须在 FreeRTOSConfig.h 中定义 configSYSTICK_CLOCK_HZ，使其等于 SysTick 的频率（以 Hz 为单位）。

· 从 SysTick 以外的时钟产生滴答中断

7.3.0 版之前的 FreeRTOS 总是从 SysTick 定时器产生滴答中断。从 FreeRTOS 7.3.0 版本开始，编程人员可以选择提供他们自己的滴答中断源。编程人员可能希望如此，以延长最大的无滴答周期，或者使用一个在微控制器处于深度睡眠模式时仍然有效的定时器来产生滴答中断。要定义一个替代的定时器源，需按如下步骤操作：

（1）设置定时器中断。

定义一个函数来配置定时器，使其产生周期性中断。该函数必须要有如下的名称和原型：

```
void vPortSetupTimerInterrupt(void)
```

中断的频率必须等于 configTICK_RATE_HZ 的值，该值在 FreeRTOSConfig.h 中定义。

（2）安装中断服务程序。

将 FreeRTOS 的滴答中断处理程序称为 xPortSysTickHandler（）。必须把 xPortSysTickHandler（）安装为由应用程序定义的 vPortSetupTimerInterrupt（）函数配置的定时器处理程序。

（3）确保 CMSIS 名称没有被使用。

一些 FreeRTOS 演示程序将 FreeRTOS 滴答中断处理程序的名称映射为默认的 CMSIS SysTick 处理程序名称，即 SysTick_Handler（）。可以通过在 FreeRTOSConfig.h 中加入如下一行来实现：

```
#define xPortSysTickHandler SysTick_Handler
```

如果滴答中断是由 SysTick 以外的定时器产生的，则不能这样操作。一些由第三方发布的 FreeRTOS 软件包更进一步地，在 FreeRTOS 的 port.c 源文件中把 xPortSysTickHandler（）改名为 SysTick_Handler（）。如果是这种情况，那么 FreeRTOSConfig.h 中的 #define 可以用来改变这种变化，如下所示：

```
#define SysTick_Handler xPortSysTickHandler
```

在任何情况下，如果 SysTick 定时器不是中断源，那么必须确保 FreeRTOS 的滴答中断处理程序不被安装为 SysTick 处理程序。

使用特定于微控制器的低功耗特性

内置实现的无滴答空闲模式使用 WFI（等待中断）指令，在停止滴答中断后暂停执行。以下两个钩子宏允许在 WFI 指令的两侧插入特定的节能代码，实际上是用特定的应用替代指令取代 WFI：

• configPRE_SLEEP_PROCESSING（xExpectedIdleTime）

configPRE_SLEEP_PROCESSING（）在 WFI 指令之前立即执行，可以用来关闭外围时钟，并激活微控制器特定的低功耗功能。传递作为唯一参数的预期空闲时间（滴答数），该参数也可以由宏的实现来修改。如果将 xExpectedIdleTime 设置为 0，那么将不会调用 WFI。这使得宏的实现可以覆盖默认的睡眠模式。将 xExpectedIdleTime 设置为 0 以外的任何值都是很危险的！

• configPOST_SLEEP_PROCESSING（xExpectedIdleTime）

configPOST_SLEEP_PROCESSING（）在微控制器离开低功耗状态后立即执行，可以用来逆转 configPRE_SLEEP_PROCESSING（）的动作，这样就可以使微控制器返回到完全的工作状态。预期的空闲时间（滴答数）是唯一的参数，也可以通过宏的实现来修改。在微控制器离开低功耗状态后修改预期的空闲时间，只能由完全了解内置 ARM Cortex-M 低功率实现的专家级用户来尝试（通过查看厂家提供的源代码注释）。

configPRE_SLEEP_PROCESSING（）和 configPOST_SLEEP_PROCESSING（）可以在 FreeRTOSConfig.h 中定义。

低功耗配置示例

当 SysTick 频率等于核心频率时，使用内置实现的无滴答空闲模式，需按如下步骤操作：

将 FreeRTOSConfig.h 中的 configUSE_TICKLESS_IDLE 设置为 1。

当 SysTick 频率不等于核心频率时，使用内置实现的无滴答空闲模式，需按如下步骤操作：

（1）将 FreeRTOSConfig.h 中的 configUSE_TICKLESS_IDLE 设置为 1。

（2）将 configSYSTICK_CLOCK_HZ 设置为等于以 Hz 为单位的 SysTick 时钟

频率。

当使用 SysTick 以外的时钟来产生滴答中断时，使用内置实现的无滴答空闲模式，这种情况没有有效的配置。

使用 SysTick 以外的时钟来产生滴答中断，不能使用内置实现的无滴答空闲模式，需编程人员提供自定义的无滴答空闲模式，要按如下步骤操作：

（1）将 FreeRTOSConfig.h 中的 configUSE_TICKLESS_IDLE 设置为 2。

（2）提供 vPortSetupTimerInterrupt（）的实现，以 FreeRTOSConfig.h 中的 configTICK_RATE_HZ 常数指定的频率产生中断。

（3）安装 xPortSysTickHandler（）作为定时器中断的处理程序，并确保 xPortSysTickHandler（)没有被映射为 FreeRTOSConfig.h 中的 SysTick_Handler（), 也没有在 port.c 中被重命名为 SysTick_Handler（)。

（4）定义 portSUPPRESS_TICKS_AND_SLEEP（），如同 10.2 节所描述的无滴答空闲模式。

另外，也可以通过覆盖弱定义的 vPortSetupTimerInterrupt（）和 vPortSuppress TicksAndSleep（）来实现。在这种情况下，将 configUSE_TICKLESS_IDLE 设置为 1。用户需要提供 vPortSetupTimerInterrupt（）和 vPortSuppressTicksAndSleep（）的匹配实现。而且这些函数的定义不应具有弱属性。用户还需要安装 xPortSysTickHandler（），如上所述。

11.1 本章知识点及学习目标

本章重点介绍 FreeRTOS 的一系列特性，这些特性通过以下方式最大限度地提高设计开发效率：

- 深入了解应用程序的运行情况。
- 强调优化机会。
- 在错误发生处就将错误捕获。

学习目标

本章旨在让读者充分了解以下知识：

- configASSERT( ) 宏的作用，如何在开发和调试 FreeRTOS 应用程序时使用该宏。
- 第三方公司提供的 Trace 应用程序动态行为信息捕获工具及其常见跟踪视图。
- 使用 uxTaskGetSystemState( ) 和 vTaskGetRunTimeStats( ) 函数获取任务运行时统计。
- 常用的跟踪钩子宏及其应用于创建完整而详细的调度器活动跟踪和剖析日志。

11.2 configASSERT（ ）

C 语言中，assert（ ）宏用于验证程序所做的断言（假设）。将该断言写成 C 语言表达式，如果表达式的值为 false（0），则认为该断言失败。例如，清单 11-1 测试了指针 pxMyPointer 不是 NULL 的断言。

清单 11-1　使用标准 C assert（）宏检查 pxMyPointer 不是 NULL

```
/* 测试 pxMyPointer 不是 NULL 的断言。*/
assert（pxMyPointer != NULL）;
```

编程人员通过 assert（ ）宏的实现来指定在断言失败时要采取的行动。

FreeRTOS 源代码没有调用 assert（ ）宏，因为该宏并不是所有 FreeRTOS 编译器都能够使用的。取而代之的是，FreeRTOS 源代码中包含了大量调用名为 configASSERT（）的宏，该宏可以由编程人员在 FreeRTOSConfig.h 中定义，其行为与标准 C 语言 assert（）宏完全相同。

失败的断言必须被当作致命的错误对待。不要试图越过断言失败的语句行继续执行。

使用 configASSERT（）宏可以立即捕捉和识别大量最常见的错误来源，从而提高设计开发效率。强烈建议在开发或调试 FreeRTOS 应用程序时定义 configASSERT（）宏。

定义 configASSERT（）宏将对运行时调试有很大的帮助，但同时也将增加应用程序代码量，从而减慢其执行速度。如果没有提供 configASSERT（）定义，那么将使用默认的空定义，所有对 configASSERT（）宏的调用将被 C 预处理器完全删除。

configASSERT（）定义示例

清单 11-2 所示的 configASSERT（）定义对处于调试器控制下执行应用程序非常有用，将停止执行没有通过断言的语句行。因此当调试会话暂停时，调试器将显示没有通过断言的语句行。

清单 11-2　一个简单的 configASSERT（）定义，在调试器控制下执行时很有用

```
/* 禁用中断，所以滴答中断停止执行，然后处于循环中，使执行不会越过断言失败的语句
行。如果硬件支持调试中断指令，那么可以使用调试中断指令来代替 for（）循环。*/
#define configASSERT ( x ) if ( ( x ) == 0 )
{
    taskDISABLE_INTERRUPTS ();
    for ( ; ;);
}
```

清单 11-3 所示的 configASSERT（）定义对于应用程序不在调试器控制下执行时很有用，能够打印出或者以其他方式记录未能通过断言的源代码行。使用标准的 C__FILE__ 宏来获取源文件名称，使用标准的 C__LINE__ 宏来获取源文件行号，就可以确定没有通过断言的源代码行。

清单 11-3　一个 configASSERT（）定义，记录了未能通过断言的源代码行

```
/* 本函数必须在 C 源文件中定义，而不是在 FreeRTOSConfig.h 头文件中定义。*/
void vAssertCalled ( const char *pcFile, uint32_t ulLine )
{
    /* 在本函数中，pcFile 包含检测到错误行的源文件名称，ulLine 包含源文件行号。在进
    入下面的无限循环之前，可以打印出 pcFile 和 ulLine 的值，或者用其他方式记录。*/
    RecordErrorInformationHere ( pcFile, ulLine );
    /* 禁用中断，滴答中断停止执行，然后处于循环中，所以执行不会越过断言失败的语
    句行。*/
    taskDISABLE_INTERRUPTS ();
```

```
    for ( ; ; );
}
/*-----------------------------------------------------------------*/
/* 必须把下面两行放在 FreeRTOSConfig.h 中。*/
extern void vAssertCalled ( const char *pcFile, uint32_t ulLine );
#define configASSERT ( x ) if ( ( x ) == 0 ) vAssertCalled ( __FILE__, __LINE__ )
```

11.3　FreeRTOS+Trace

FreeRTOS+Trace 是由我们的合作伙伴 Percepio 公司提供的运行时诊断和优化工具软件。

FreeRTOS+Trace 可以捕获有价值的动态行为信息，然后将捕获的信息以相互关联的图形化视图方式呈现出来。该工具软件还能够显示多个同步视图。

在分析、进行故障排除或者仅仅优化 FreeRTOS 应用程序时，捕获的信息非常宝贵。

FreeRTOS+Trace 可以与传统的调试器并列使用，并且以更高层次的基于时间的视角补充调试器的观察内容。

图 11-1 ～图 11-6 显示了 FreeRTOS+Trace 包括的 6 个常见的相互关联的跟踪视图。

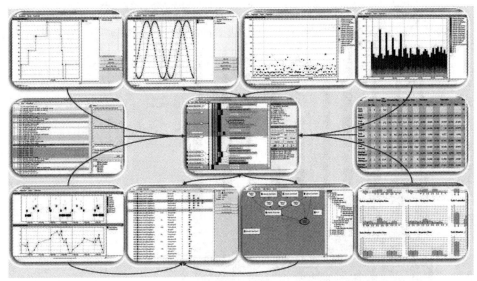

图 11-1　FreeRTOS+Trace 包括 20 多个相互关联的视图

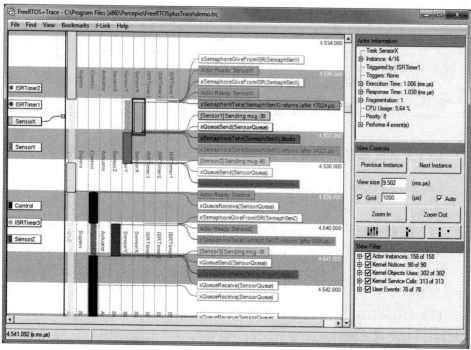

图 11-2 FreeRTOS+Trace 主跟踪视图——20 多个相互关联的跟踪视图之一

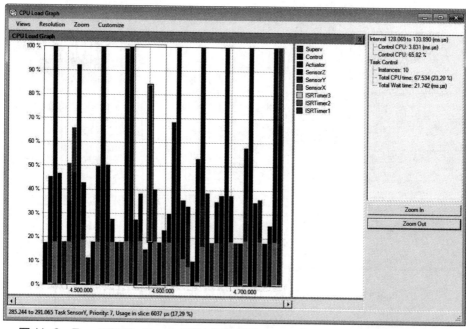

图 11-3 FreeRTOS+Trace CPU 负载视图——20 多个相互关联的跟踪视图之一

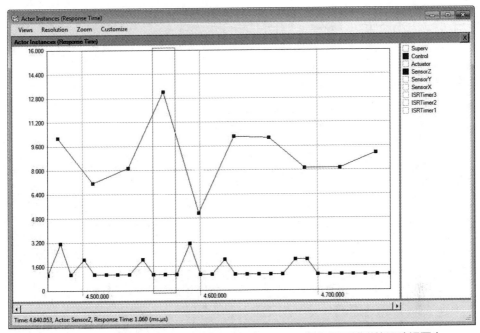

图 11-4　FreeRTOS+Trace 响应时间视图——20 多个相互关联的跟踪视图之一

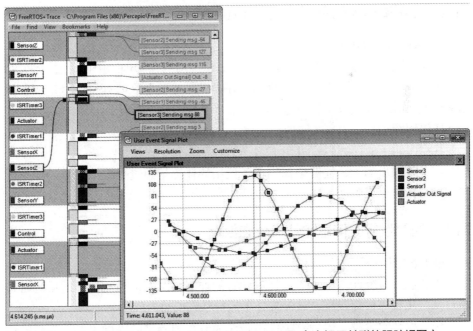

图 11-5　FreeRTOS+Trace 用户事件视图——20 多个相互关联的跟踪视图之一

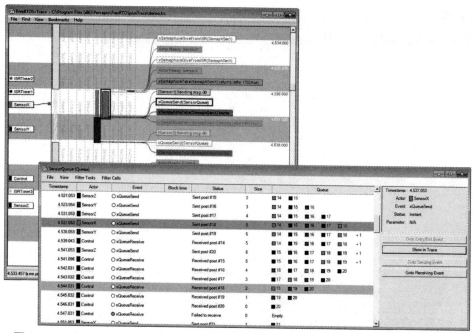

图 11-6　FreeRTOS+Trace 内核对象历史视图——20 多个相互关联的跟踪视图之一

11.4　与调试相关的钩子（回调）函数

malloc 失败的钩子

malloc 失败的钩子（或回调）已在第 2 章"堆内存管理"中讨论过。

定义 malloc 失败的钩子，能够确保在尝试创建任务、队列、信号量或事件组失败时，编程人员立即得到通知。

栈溢出钩子

栈溢出钩子的详细内容将在 12.3 节"栈溢出"中讨论。

定义栈溢出钩子，能够确保当任务使用的栈容量超过分配给任务的栈空间时，编程人员会得到通知。

11.5　查看运行时信息和任务状态信息

任务运行时统计

任务运行时统计提供了每个任务获得的处理时间的信息。任务的运行时是指自从应用程序启动以来，该任务处于运行状态的总时间。

在工程开发阶段，运行时统计用来作为分析和调试的辅助工具，提供的信息仅在用作运行时统计时钟的计数器溢出之前才有效。收集运行时统计会增加任务上下文切换时间。

要获得二进制运行时统计信息，需调用 uxTaskGetSystemState（）API 函数；要以我们可读的 ASCII 表格形式获得运行时统计信息，需调用 vTaskGetRunTimeStats（）辅助函数。

运行时统计时钟

运行时统计需要测量滴答周期的分数部分。因此，没有采用 RTOS 的滴答计数作为运行时统计时钟，而是由应用程序的代码提供时钟。建议运行时统计时钟的频率比滴答中断的频率快 10 ～ 100 倍。运行时统计时钟越快，统计的精度就越高，但时间值也会越早溢出。

在理想情况下，时间值将由一个自由运行的 32 位外设定时器 / 计数器产生，其值可以在没有其他处理开销的情况下读取。如果现有的外设和时钟速度不能使用这种技术，那么可以考虑如下可供选择但效率较低的技术：

（1）配置外设以所需的运行时统计时钟频率产生周期性中断，然后采用产生的中断计数作为运行时统计时钟。

如果使用周期性中断只是为了提供运行时统计时钟，那么这种方法效率很低。但是如果应用程序已经使用了频率合适的周期性中断，那么在现有的中断服务程序中加入产生中断次数的计数，就很简单而且高效。

（2）用自由运行的 16 位外设定时器的当前值作为 32 位值的低 16 位，用定时器溢出的次数作为 32 位值的高 16 位，产生一个 32 位值。

通过适当且稍微复杂的操作，将 RTOS 的滴答计数与 ARM Cortex-M SysTick 定时器的当前值结合起来，可以生成运行时统计时钟。下载中的一些 FreeRTOS 示例工程演示了如何实现这一功能。

配置应用程序以收集运行时统计

表 11-1 详细介绍了收集任务运行时统计所需的宏。原本这些宏应该包含在 RTOS 移植层中，这就是为什么这些宏的前缀是 port，但已经证明，在 FreeRTOSConfig.h 中定义这些宏更为实用。

表 11-1　收集运行时统计数据使用的宏

宏	说　明
configGENERATE_RUN_TIME_STATS	必须将 FreeRTOSConfig.h 中该宏设置为 1。当该宏被设置为 1 时，调度器将在适当的时候调用本表中详细介绍的其他宏
portCONFIGURE_TIMER_FOR_RUN_TIME_STATS()	必须提供这个宏，初始化用于实现运行时统计时钟的外设
portGET_RUN_TIME_COUNTER_VALUE()，或 portALT_GET_RUN_TIME_COUNTER_VALUE(Time)	必须提供这两个宏中的一个来返回当前的运行时统计时钟值。这是自从应用程序启动以来，应用程序已经运行的以运行时统计时钟为单位的总时间。 如果使用第一个宏，必须定义为评估到当前时钟值；如果使用第二个宏，必须定义为设置其"时间"参数为当前时钟值

下面介绍三个与查看运行时信息和任务状态信息有关的 API 函数及辅助函数。

uxTaskGetSystemState（）API 函数

uxTaskGetSystemState（）API 函数提供了在 FreeRTOS 调度器控制下每个任务的状态信息快照。这些信息以 TaskStatus_t 结构体数组形式提供，数组中每个索引对应一个任务。uxTaskGetSystemState（）API 函数的原型如清单 11-4 所示。

清单 11-4　uxTaskGetSystemState（）API 函数的原型

```
UBaseType_t uxTaskGetSystemState ( TaskStatus_t * const pxTaskStatusArray,
const UBaseType_t uxArraySize, uint32_t * const pulTotalRunTime );
```

uxTaskGetSystemState（）API 函数的参数和返回值及其说明如表 11-2 所示。

表 11-2　uxTaskGetSystemState（）API 函数的参数和返回值及其说明

参数名称 / 返回值	说　　明
pxTaskStatusArray	指向 TaskStatus_t 结构体数组的指针。 数组必须包含每个任务的至少一个 TaskStatus_t 结构体。任务的数量可以使用 uxTaskGetNumberOfTasks（）API 函数确定
uxArraySize	pxTaskStatusArray 参数指向的数组的大小。大小是以数组中的索引数（数组中包含的 TaskStatus_t 结构体的数量）指定的，而不是以数组的字节数指定的
pulTotalRunTime	如果将 FreeRTOSConfig.h 中的 configGENERATE_RUN_TIME_STATS 设置为 1，那么 pulTotalRunTime 被 uxTaskGetSystemState（）API 函数设置为自从目标启动以来的总运行时间（由应用程序提供的运行时统计时钟定义）。 pulTotalRunTime 是可选的，如果不需要总运行时间，可以设置为 NULL
返回值	返回 uxTaskGetSystemState（）API 函数填充的 TaskStatus_t 结构体的数量。 返回值应该等于 uxTaskGetNumberOfTasks（）API 函数返回的数字，但如果 uxArraySize 参数中传递的值太小，则为 0

TaskStatus_t 结构体如清单 11-5 所示。

清单 11-5　TaskStatus_t 结构体

```
typedef struct xTASK_STATUS
{
TaskHandle_t xHandle;
const char          *pcTaskName;
UBaseType_t  xTaskNumber;
eTaskState          eCurrentState;
UBaseType_t  uxCurrentPriority;
UBaseType_t  uxBasePriority;
uint32_t            ulRunTimeCounter;
uint16_t            usStackHighWaterMark;
} TaskStatus_t ;
```

TaskStatus_t 结构体成员及其说明如表 11-3 所示。

表 11-3　TaskStatus_t 结构体成员及其说明

成　员	说　明
xHandle	结构体中的信息所涉及的任务的句柄
pcTaskName	任务的人们可读文本名称
xTaskNumber	每个任务都有唯一的 xTaskNumber 值。 如果应用程序在运行时创建和删除任务，那么任务有可能与之前被删除的任务具有相同的句柄。提供 xTaskNumber 是为了允许应用程序代码和内核感知调试器区分仍然有效的任务和被删除的任务，而被删除的任务具有和有效任务一样的句柄
eCurrentState	保存任务状态的枚举类型。eCurrentState 可以是以下值中的一种：eRunning、eReady、eBlocked、eSuspended、eDeleted。 只有在通过调用 vTaskDelete（ ）API 函数删除任务到空闲任务释放分配给被删除任务的内部数据结构和栈所用内存这段短暂时间内，才会报告任务处于 eDeleted 状态。此后，任务将不再以任何形式存在，试图使用其句柄是无效的
uxCurrentPriority	调用 uxTaskGetSystemState（ ）API 函数时任务运行的优先级。只有当任务根据 7.3 节 "互斥量（和二进制信号量）" 中描述的优先级继承机制被临时分配了更高的优先级时，uxCurrentPriority 才会高于编程人员分配给任务的优先级
uxBasePriority	编程人员分配给任务的优先级。 uxBasePriority 只有在将 FreeRTOSConfig.h 中的 configUSE_MUTEXES 设置为 1 时才有效。

成　　员	说　　明
ulRunTimeCounter	自从任务被创建以来，任务使用的总运行时间。以绝对时间方式提供总运行时间，该绝对时间使用了编程人员为了收集运行时统计提供的时钟。ulRunTimeCounter 只有在将 FreeRTOSConfig.h 中的 configGENERATE_RUN_TIME_STATS 设置为 1 时才有效
usStackHighWaterMark	任务栈的高水位线。自从任务被创建以来，这是任务剩余的最小数量的栈空间，表明任务离溢出栈的距离有多近。该值越接近于 0，任务越接近于溢出栈。usStackHighWaterMark 以字节为单位

vTaskList（）辅助函数

vTaskList（）辅助函数提供了类似于 uxTaskGetSystemState（）API 函数所提供的任务状态信息，但以人们可读的 ASCII 表格而不是以二进制数组的形式显示信息。

vTaskList（）辅助函数是非常耗费处理器的函数，会使调度器暂停一段时间。因此，建议该函数仅用于调试阶段，不要用在最终的实时系统中。

如果将 FreeRTOSConfig.h 中的 configUSE_TRACE_FACILITY 和 configUSE_STATS_FORMATTING_FUNCTIONS 都设置为 1，就可以使用 vTaskList（）辅助函数了。vTaskList（）辅助函数的原型如清单 11-6 所示。

清单 11-6　vTaskList（）辅助函数的原型

```
void vTaskList ( signed char *pcWriteBuffer );
```

vTaskList（）辅助函数的参数及其说明如表 11-4 所示。

表 10-4　vTaskList（）辅助函数的参数及其说明

参 数 名 称	说　　明
pcWriteBuffer	指向字符缓冲区的指针，用于将格式化的人们可读的表格写入该缓冲区。因为不会执行边界检查，所以缓冲区必须足够大以容纳整个表格

vTaskList（）辅助函数产生的输出示例如图 11-7 所示。输出中行和列的信

息如下：

tcpip	R	3	393	0
Tmr Svc	R	3	111	48
QConsB1	R	1	143	3
QProdB5	R	0	144	7
QConsB6	R	0	143	8
PolSEM1	R	0	145	11
PolSEM2	R	0	145	12
GenQ	R	0	155	17
MuLow	R	0	147	18
Rec3	R	0	141	30
SUSP_RX	R	0	148	36
Math1	R	0	167	38
Math2	R	0	167	39

图 11-7　vTaskList（ ）辅助函数产生的输出示例

- 每一行提供一个任务的信息。
- 第一列是任务的名称。
- 第二列是任务的状态，其中 R 表示 Ready（就绪），B 表示 Blocked（阻塞），S 表示 Suspended（暂停），D 表示任务已被删除。只有在通过调用 vTaskDelete（ ）API 函数删除任务到空闲任务释放分配给被删除任务的内部数据结构和栈所用内存这段短暂时间内，才会报告任务处于删除状态。此后，任务将不再以任何形式存在，试图使用其句柄是无效的。
- 第三列是任务的优先级。
- 第四列是任务栈的高水位线，参见表 11-3 中对 usStackHighWaterMark 的描述。
- 第五列是分配给任务的唯一编号，参见表 11-3 中对 xTaskNumber 的描述。

vTaskGetRunTimeStats（ ）辅助函数

vTaskGetRunTimeStats（ ）辅助函数将收集到的运行时统计信息格式化为人们可读的 ASCII 表格。

vTaskGetRunTimeStats（ ）辅助函数非常耗费处理器，会让调度器暂停一段时间。因此，建议该函数仅用于调试阶段，不要用在最终的实时系统中。

只有在将 FreeRTOSConfig.h 中的 configGENERATE_RUN_TIME_STATS 和 configUSE_STATS_FORMATTING_FUNCTIONS 都设置为 1 时，才可以使用 vTask GetRunTimeStats（ ）辅助函数。该辅助函数的原型如清单 11-7 所示。

清单 11-7　vTaskGetRunTimeStats（ ）辅助函数的原型

```
void vTaskGetRunTimeStats ( signed char *pcWriteBuffer );
```

vTaskGetRunTimeStats（）辅助函数的参数及其说明如表 11-5 所示。

表 11-5　vTaskGetRunTimeStats（）辅助函数的参数及其说明

参数名称	说　明
pcWriteBuffer	指向字符缓冲区的指针，用于将格式化的人们可读的表格写入该缓冲区。因为不会执行边界检查，所以缓冲区必须足够大以容纳整个表格

vTaskGetRunTimeStats（）辅助函数产生的输出示例如图 10-8 所示。输出中行和列的信息如下：

PolSEM1	994	<1%
PolSEM2	23248	1%
GenQ	194479	16%
MuLow	3690	<1%
Rec3	229450	18%
CNT1	242720	19%
PeeKL	94	<1%
CNT_INC	165	<1%
CNT2	243166	20%
SYSO_PX	243192	20%
IDLE	55	<1%

图 11-8　vTaskGetRunTimeStats（）辅助函数产生的输出示例

- 每一行提供一个任务的信息。
- 第一列是任务名称。
- 第二列是任务在运行状态下花费的时间，为绝对值，参见表 11-3 中对 ulRunTimeCounter 的描述。
- 第三列是任务在运行状态下花费的时间占目标启动后总时间的百分比。图中显示的百分比时间的总和通常会小于 100%，因为统计数据是用整数来收集和计算的，而整数计算时会用到四舍五入的方法取最接近的整数值。

下面通过一个工作实例，介绍产生和显示运行时统计的方法。

产生和显示运行时统计，一个工作实例

本例使用假设的 16 位定时器来产生一个 32 位的运行时统计时钟。将计数器配置为每次 16 位值达到其最大值时产生中断——有效地创建溢出中断。中断服务程序对溢出发生次数进行计数。

用溢出发生次数作为 32 位值的最高的 2 字节，用当前 16 位计数器值作为 32

位值的最低的 2 字节，组合为 32 位值。中断服务程序的伪代码如清单 11-8 所示。

清单 11-8 用于定时器溢出计数的 16 位定时器溢出中断处理程序

```
void TimerOverflowInterruptHandler ( void )
{
    /* 只计算中断次数。*/
    ulOverflowCount++;
    /* 清除中断。*/
    ClearTimerInterrupt ( );
}
```

清单 11-9 显示了添加到 FreeRTOSConfig.h 中的宏，以实现运行时统计数据的收集。

清单 11-9 添加到 FreeRTOSConfig.h 中的宏，以实现运行时统计数据收集

```
/* 将 configGENERATE_RUN_TIME_STATS 设置为 1，使能运行时统计数据收集。这一步完
成后，必须同时定义 portCONFIGURE_TIMER_FOR_RUN_TIME_STATS ( ) 和 portGET_RUN_
TIME_COUNTER_VALUE ( ) 或 portALT_GET_RUN_TIME_COUNTER_VALUE ( x )。*/
#define configGENERATE_RUN_TIME_STATS 1
/* 定义 portCONFIGURE_TIMER_FOR_RUN_TIME_STATS ( ) 是为了调用设置假设的 16
位定时器的函数（函数的实现没有显示）。*/
void vSetupTimerForRunTimeStats ( void );
#define portCONFIGURE_TIMER_FOR_RUN_TIME_STATS ( ) vSetupTimerForRunTimeStats ( )
/* 定义 portALT_GET_RUN_TIME_COUNTER_VALUE ( ) 是为了将其参数设置为当前的运行时
计数器 / 时间值。返回的时间值为 32 位，是通过将 16 位定时器溢出的计数移位到 32 位数的
两个高字节中，然后将结果与当前的 16 位计数器值进行按位 OR（或）运算形成的。*/
#define portALT_GET_RUN_TIME_COUNTER_VALUE ( ulCountValue )
{
    extern volatile unsigned long ulOverflowCount;
    /* 断开计数器的时钟，所以使用计数器值时，计数器不变。*/
    PauseTimer ( );
    /* 溢出的数被移位到返回的 32 位值的最高的 2 字节。*/
    ulCountValue = ( ulOverflowCount << 16UL );
    /* 当前的计数器值用作返回的 32 位值的最低的 2 字节。*/
    ulCountValue |= ( unsigned long ) ReadTimerCount ( );
    /* 重新连接计数器的时钟。*/
    ResumeTimer ( );
}
```

任务每 5s 打印收集到的运行时统计信息，如清单 11-10 所示。

清单 11-10　打印运行时统计信息的任务

```
/* 为了清晰起见，本代码列表中省略调用 flush（）函数。*/
static void prvStatsTask ( void *pvParameters )
{
TickType_t xLastExecutionTime;
/* 用于保存格式化的运行时统计文本的缓冲区要足够大。因此，静态声明该缓冲区，以
确保不会被分配到任务栈中。这样就使本函数成为非重入函数。*/
static signed char cStringBuffer[512];
/* 任务每 5s 运行一次。*/
const TickType_t xBlockPeriod = pdMS_TO_TICKS ( 5000 );
    /* 将 xLastExecutionTime 初始化为当前时间，这是唯一需要明确写入该变量的时候。
    之后，该变量将在 vTaskDelayUntil（）API 函数中进行更新。*/
    xLastExecutionTime = xTaskGetTickCount ();
    /* 和大多数任务一样，本任务在无限循环中实现。*/
    for ( ; ; )
    {
        /* 等待，直到再次运行本任务。*/
        vTaskDelayUntil ( &xLastExecutionTime, xBlockPeriod );
        /* 从运行时统计信息产生文本表格，该表格必须能填入 cStringBuffer 数组中。*/
        vTaskGetRunTimeStats ( cStringBuffer );
        /* 打印运行时统计表格的列标题。*/
        printf ( "\nTask\t\tAbs\t\t\t%%\n" );
        printf ( " \------------------------------------------------------n" );
        /* 打印运行时统计信息。数据表格包含多行，所以调用 vPrintMultipleLines（）函
        数，而不是直接调用 printf（）函数。vPrintMultipleLines（）函数只是对每行单独
        调用 printf（）函数，以确保行缓冲正如预期那样起作用。*/
        vPrintMultipleLines ( cStringBuffer );
    }
}
```

11.6　跟踪钩子宏

跟踪宏是被放置在 FreeRTOS 源代码关键点的宏。默认情况下，这些宏是空的，因此不会产生任何代码，也没有运行时间开销。通过覆盖默认的空实现，编程人员可以实现如下功能：

• 在不修改 FreeRTOS 源文件的情况下，将代码插入 FreeRTOS 中。

• 通过目标硬件上的可用方式输出详细的执行顺序信息。将足够多的跟踪宏用在 FreeRTOS 源代码中，可以创建一个完整而详细的调度器活动跟踪和剖析日志。

可用的跟踪钩子宏

如果在这里详细介绍每个宏，会占用太多篇幅。最常用的跟踪钩子宏及其说明如表 11-6 所示，通常认为这些宏对编程人员最有用。

表 11-6 中有多处说明都提到名为 pxCurrentTCB 的变量。pxCurrentTCB 是 FreeRTOS 的私有变量，持有处于运行状态的任务的句柄，而且任何从 FreeRTOS/Source/tasks.c 源文件中调用的宏都可以使用该变量。

表 11-6　最常用的跟踪钩子宏及其说明

宏	说　明
traceTASK_INCREMENT_ TICK(xTickCount)	在递增滴答计数之后，在滴答中断期间调用。xTickCount 参数将新的滴答计数值传递给宏
traceTASK_SWITCHED_OUT( )	在选择新任务运行之前调用。此时 pxCurrentTCB 包含即将离开运行状态的任务的句柄
traceTASK_SWITCHED_IN( )	在选择任务运行之后调用。此时 pxCurrentTCB 包含即将进入运行状态的任务的句柄
traceBLOCKING_ON_QUE_ RECEIVE(pxQueue)	在试图从空队列读取或试图"获取"空信号量或互斥量后，在当前执行的任务进入阻塞状态前立即调用。pxQueue 参数将目标队列或信号量的句柄传递给宏
traceBLOCKING_ON_QUE_ SEND(pxQueue)	在尝试向已满队列写入后，在当前执行的任务进入阻塞状态前立即调用。pxQueue 参数将目标队列的句柄传递给宏
traceQUEUE_SEND(pxQueue)	当队列发送或信号量"释放"成功时，从函数 xQueue Send( )、xQueueSendToFront( )、xQueue SendToBack( ) 或任何信号量"释放"函数中调用。pxQueue 参数将目标队列或信号量的句柄传递给宏
traceQUEUE_SEND_ FAILED(pxQueue)	当队列发送或信号量"释放"操作失败时，从函数 xQueueSend（ ）、xQueueSendToFront（ ）、xQueue SendToBack（ ）或任何信号量"释放"函数中调用。如果队列已满，并且在指定的阻塞时间内一直是满的，那么队列发送或信号量"释放"操作就会失败。pxQueue 参数将目标队列或信号量的句柄传递给宏
traceQUEUE_RECEIVE(pxQueue)	当队列接收或信号量"获取"成功时，从函数 xQueueReceive（ ）或任何信号量"获取"函数中调用。pxQueue 参数将目标队列或信号量的句柄传递给宏

宏	说　明
traceQUEUE_RECEIVE_ FAILED(pxQueue)	当队列或信号量接收操作失败时，从函数 xQueue Receive（）或任何信号量"获取"函数中调用。如果队列或信号量是空的，并且在指定的阻塞时间内一直是空的，队列接收或信号量"获取"操作将失败。pxQueue 参数将目标队列或信号量的句柄传递给宏
traceQUEUE_SEND_FROM_ ISR(pxQueue)	当发送操作成功时，从 xQueueSendFromISR（）函数中调用。pxQueue 参数将目标队列的句柄传递给宏
traceQUEUE_SEND_FROM_ISR_ FAILED(pxQueue)	当发送操作失败时，从 xQueueSendFromISR（）函数中调用。如果队列已满，发送操作将失败。pxQueue 参数将目标队列的句柄传递给宏
traceQUEUE_RECEIVE_FROM_ ISR(pxQueue)	当接收操作成功时，从 xQueueReceiveFromISR（）函数中调用。pxQueue 参数将目标队列的句柄传递给宏
traceQUEUE_RECEIVE_FROM_ ISR_FAILED(pxQueue)	当接收操作由于队列已空而失败时，从 xQueue ReceiveFromISR（）函数中调用。pxQueue 参数将目标队列的句柄传递给宏
traceTASK_DELAY_UNTIL（）	在调用任务进入阻塞状态之前，立即从 vTask DelayUntil（）函数中调用
traceTASK_DELAY（）	在调用任务进入阻塞状态之前，立即从 vTaskDelay（）函数中调用

定义跟踪钩子宏

每个跟踪宏都有默认的空定义。默认定义可以通过在 FreeRTOSConfig.h 中提供新的宏定义来覆盖。如果跟踪宏的定义变得很长或很复杂，那么可以在一个新的头文件中实现，而这个头文件本身就包含在 FreeRTOSConfig.h 中。

根据软件工程的最佳实践，FreeRTOS 保持了严格的数据隐藏策略。跟踪宏允许添加用户代码到 FreeRTOS 源文件中，因此跟踪宏可见的数据类型将不同于应用程序代码可见的数据类型。以任务句柄和队列句柄为例，数据隐藏策略的具体情况如下：

• 在 FreeRTOS/Source/tasks.c 源文件中，任务句柄是指向描述任务的数据结构（任务的任务控制块，或 TCB）的指针；在 FreeRTOS/Source/tasks.c 源文件之外，任务句柄是指向 void 的指针。

• 在 FreeRTOS/Source/queue.c 源文件中，队列句柄是指向描述队列的数据结构的指针；在 FreeRTOS/Source/queue.c 源文件之外，队列句柄是指向 void 的指针。

如果通常是私有的 FreeRTOS 数据结构被跟踪宏直接访问，则需要特别谨慎，因为私有数据结构可能随着 FreeRTOS 版本的不同而发生变化。

FreeRTOS Aware 调试器插件

插件提供一些 FreeRTOS 认知功能，可以用于以下列表中的集成开发环境（IDE）。注意，这个列表不一定完整：

- Eclipse（StateViewer）
- Eclipse（ThreadSpy）
- IAR
- ARM DS-5
- Atollic TrueStudio
- Microchip MPLAB
- iSYSTEM WinIDEA

插件示例如图 11-9 所示。

图 11-9　Code Confidence 公司的 FreeRTOS ThreadSpy Eclipse 插件

12.1　本章知识点及学习目标

本章重点介绍刚接触 FreeRTOS 的用户所遇到的最常见问题。首先，本章集中在三个问题上：不正确的中断优先级分配，栈溢出，以及不恰当地使用 printf（）函数。已有证据表明，这三个问题是多年来最常见的请求技术支持的来源。然后，本章以 FAQ 的方式简要地介绍其他的常见错误、可能原因及解决方法。

使用 configASSERT（）宏可以立即捕捉和识别多种最常见的错误来源，从而提高工作效率。强烈建议在开发或调试 FreeRTOS 应用程序时定义 configASSERT（）宏。configASSERT（）宏已在 11.2 节中讨论过。

学习目标

本章旨在让读者充分了解以下知识：

• 中断优先级与特定处理器的关系，中断嵌套、默认中断优先级和中断函数库等的差异化。

• 栈溢出及应用程序运行时栈检查的两种方法。

• 慎用 printf( ) 和 sprintf( ) 函数调试应用程序。

• 应用程序故障的其他 7 种常见来源。

12.2　中断优先级

注意：这是请求技术支持中排在第一位的问题，在大多数移植中，定义 configASSERT（）宏会立即捕捉到这种错误！

如果使用的 FreeRTOS 移植支持中断嵌套，并且中断服务程序使用了 FreeRTOS API 函数，那么必须将中断优先级设置为等于或低于 configMAX_SYSCALL_INTERRUPT_PRIORITY，相关知识已在 6.8 节 "中断嵌套" 中介绍过。如果不这样设置，将导致临界区无效，进而导致间歇性故障。

如果在以下类型的处理器上运行 FreeRTOS，则需要特别注意：

• 中断优先级默认为具有可能的最高优先级，这在某些 ARM Cortex 处理器上如此，可能在其他处理器上也是如此。在这些处理器上，使用 FreeRTOS API 函数的中断，其优先级必须被初始化。

• 高优先级数字代表逻辑上的低中断优先级，这似乎有悖于直觉，因此会引起混淆。再一次地，这种情况在 ARM Cortex 处理器上如此，可能在其他处理器上也是如此。

例如，在那样的处理器上，以优先级 5 执行的中断可以被优先级 4 的中断所中断。因此，如果 configMAX_SYSCALL_INTERRUPT_PRIORITY 被设置为 5，那么任何使用了 FreeRTOS API 函数的中断都只能分配高于或等于 5 的优先级。在这种情况下，中断优先级 5 或 6 是有效的，但中断优先级 3 肯定是无效的。

• 不同的库实现希望以不同的方式指定中断优先级。同样，这尤其与针对 ARM Cortex 处理器的库有关，因为这种处理器的中断优先级在写入硬件寄存器之前进行了移位操作。一些库将自己执行移位，而其他库则希望在将优先级传递到库函数之前执行移位。

• 同一架构的不同实现往往具有不同数量的中断优先级位。例如，某个制造商的 Cortex-M 处理器可能实现 3 个优先级位，而另一个制造商的 Cortex-M 处理器可能实现 4 个优先级位。

• 定义中断优先级的位可以被拆分为定义抢占优先级的位和定义子优先级的位。确保分配全部位来指定抢占优先级，所以不使用子优先级。

在某些 FreeRTOS 移植中，configMAX_SYSCALL_INTERRUPT_PRIORITY 有另外的替代名字 configMAX_API_CALL_INTERRUPT_PRIORITY。

12.3 栈溢出

栈溢出是第二个最常见的请求技术支持的来源。FreeRTOS 提供了几项功能来协助捕获及调试与栈相关的问题[①]。下面介绍与栈溢出有关的 API 函数。

uxTaskGetStackHighWaterMark（）API 函数

每个任务维护自己的栈，栈的总大小是在创建任务时指定的。uxTaskGetStackHighWaterMark( )API 函数用于查询任务距离溢出分配的栈空间有多近。这个值被称为栈"高水位线"。uxTaskGetStackHighWaterMark（）API 函数的原型如清单 12-1 所示。

清单 12-1　uxTaskGetStackHighWaterMark（）API 函数的原型

UBaseType_t uxTaskGetStackHighWaterMark (TaskHandle_t xTask);

uxTaskGetStackHighWaterMark（）API 函数的参数和返回值及其说明如表 12-1 所示。

---

① 这些功能在 FreeRTOS Windows 移植中不可用。

表 12-1　uxTaskGetStackHighWaterMark（）API 函数的参数和返回值及其说明

参数名称 / 返回值	说　　明
xTask	任务句柄，正在查询该任务（主题任务）的栈高水位线——关于获取任务句柄的信息，请参见 xTaskCreate（）API 函数的 pxCreatedTask 参数。 　任务可以通过传递 NULL 代替有效的任务句柄来查询自己的栈高水位线
返回值	随着执行任务和处理中断的进行，任务所使用的栈会增长或缩小。uxTaskGetStackHighWaterMark( )API 函数返回自从任务开始执行以来可用的剩余栈空间的最小值。这是栈使用量达到最大（或最深）值时仍未使用的栈大小。高水位线越接近 0，任务就越接近溢出栈

运行时栈检查——概述

FreeRTOS 包含两个可选的运行时栈检查机制，这两个机制由 FreeRTOSConfig.h 中的 configCHECK_FOR_STACK_OVERFLOW 编译时配置常量控制。两个机制都会增加执行上下文切换的时间。

栈溢出钩子（或栈溢出回调）是当内核检测到栈溢出时调用的函数。要使用栈溢出钩子函数，必须进行如下操作：

（1）将 FreeRTOSConfig.h 中的 configCHECK_FOR_STACK_OVERFLOW 设置为 1 或 2，如下面的小节所述。

（2）提供钩子函数的实现，使用清单 12-2 所示的准确函数名称和原型。

清单 12-2　栈溢出钩子函数的原型

```
void vApplicationStackOverflowHook ( TaskHandle_t *pxTask, signed char *pcTaskName );
```

提供栈溢出钩子是为了更容易地捕获和调试栈错误，但当栈溢出发生时，并没有真正的方法来恢复。该函数的参数将栈已经溢出的任务的句柄和名称传递给钩子函数。

从中断的上下文中调用栈溢出钩子。

有些微控制器在检测到错误的内存访问时会产生一个故障异常，而且在内核还没来得及调用栈溢出钩子函数时，就有可能触发故障。

下面介绍运行时栈检查的两种方法。

运行时栈检查——方法 1

将 configCHECK_FOR_STACK_OVERFLOW 设置为 1 时，选择方法 1。

每次当任务被切换出去的时候，任务的整个执行上下文都会保存到任务的栈中，此时很可能是栈使用率达到峰值的时候。当 configCHECK_FOR_STACK_OVERFLOW 被设置为 1 时，内核会检查栈指针在上下文被保存后是否还在有效的栈空间内。如果发现栈指针在其有效范围之外，就会调用栈溢出钩子。

方法 1 执行速度快，但可能错过上下文切换期间发生的栈溢出。

运行时栈检查——方法 2

方法 2 在方法 1 所述检查的基础上执行额外的检查。将 configCHECK_FOR_STACK_OVERFLOW 设置为 2 时，选择方法 2。

当创建任务时，采用已知模式填充任务的栈。方法 2 测试任务栈空间的最后有效的 20 字节，以验证这种模式没有被覆盖。如果这 20 字节中的任意字节发生了与预期值不同的变化，就会调用栈溢出钩子函数。

方法 2 的执行速度不如方法 1 快，但相对还是较快的，因为只测试了 20 字节。最有可能的是，将捕获所有的栈溢出；但是有可能会漏掉一些溢出，虽然这种情况极不可能出现。

12.4 函数 printf（）和 sprintf（）的不当使用

不恰当地使用 printf()函数是常见的错误来源，而且如果不了解这种情况，编程人员通常还会进一步增加调用 printf（）函数来帮助调试，这样做就会使已有问题更加严重。

很多交叉编译器厂商会提供适合在小型嵌入式系统中使用的 printf()函数。即使如此，这个函数也可能不是线程安全的，可能不适合在中断服务程序中使用，而且根据输出的方向，执行起来需要比较长的时间。

如果没有专门为小型嵌入式系统设计的 printf（）函数，而采用通用的 printf（）函数，则必须特别注意，比如可能出现以下问题：

• 仅仅是调用函数 printf（）或 sprintf（）就可能大大增加应用程序的可执行文件大小。

• 函数 printf（）和 sprintf（）可能会调用 malloc（）函数，如果使用的是 heap_3 以外的内存分配方案，那么该调用可能是无效的。更多信息请参见 2.2 节 "内存分配方案示例"。

• 函数 printf（）和 sprintf（）可能需要比原来大许多倍的栈。

printf-stdarg.c

许多 FreeRTOS 演示工程使用了名为 printf-stdarg.c 的文件，该文件提供了一个最小的、节省栈空间的 sprintf()函数，可以用来代替标准库里面的版本。在大多数情况下，这将允许分配小得多的栈给每个调用 sprintf（）和相关函数的任务。

printf-stdarg.c 还提供了一种机制，可以逐字符地将 printf（）函数的输出引导到端口，虽然速度缓慢，但却可以进一步减少栈的使用。

请注意，并不是所有包含在 FreeRTOS 下载中的 printf-stdarg.c 副本都实现了 snprintf( )函数。没有实现 snprintf( )函数的副本只是忽略了缓冲区大小参数，因为这些副本直接映射到 sprintf（ ）函数。

printf-stdarg.c 是开源的，但由第三方拥有，因此与 FreeRTOS 是分开授权的。许可证条款包含在源文件的顶部。

12.5 错误的其他常见来源

1. 症状：在演示工程中添加一个简单的任务会导致演示工程崩溃

创建任务需要从堆中获取内存。许多演示工程将堆的尺寸精确到足以创建演示任务的程度——因此创建任务后，就没有足够的剩余堆空间来添加更多的任务、队列、事件组或信号量。

当调用 vTaskStartScheduler（ ）API 函数时，空闲任务和可能的 RTOS 守护任务会被自动创建。vTaskStartScheduler（ ）API 函数只有在没有足够的堆内存来创建这些任务时才会返回。在调用 vTaskStartScheduler（ ）API 函数之后加入空循环 [for (;;);] 可以更容易调试这个错误。

为了能够添加更多任务，可以增加堆的大小，或者删除一些已有的演示任务。更多信息请参见 2.2 节 "内存分配方案示例"。

2. 症状：中断使用 API 函数会导致应用程序崩溃

不要在中断服务程序中使用 API 函数，除非 API 函数的名称以 FromISR( )结尾。特别是除非使用中断安全宏，否则不要在中断里创建临界区。更多信息请参见 6.2 节 "在 ISR 中使用 FreeRTOS API"。

在支持中断嵌套的 FreeRTOS 移植中，不要在分配了高于 configMAX_SYSCALL_INTERRUPT_PRIORITY 优先级的中断里使用任何 API 函数。更多信息请参见 6.8 节 "中断嵌套"。

3. 症状：有时应用程序在中断服务程序中崩溃

首先要检查的是该中断是否导致了栈溢出。有些移植只检查任务里的栈溢出，而不检查中断里的栈溢出。

不同的移植和编译器对中断的定义和使用方式是有差别的。因此第二步要检查中断服务程序里使用的语法、宏和调用惯例是否与相应移植的文档页面上的描述完全一致，以及是否与为移植提供的演示程序中的示例完全一致。

如果应用程序运行在使用数字上的低优先级代表逻辑上的高优先级的处理器上，那么确保分配给每个中断的优先级都考虑到这种情况，因为这种情况可能看起来有悖直觉。如果应用程序运行在将全部中断的优先级默认为最大可能优先级的处理器上，那么确保中断的优先级不留在其默认值上。请参阅 6.8 节"中断嵌套"和 12.2 节"中断优先级"，了解更多信息。

4. 症状：调度器在试图启动第一个任务时崩溃

确保 FreeRTOS 中断处理程序已经安装完毕。请参阅 FreeRTOS 移植的文档页面以了解相关信息，并把为该移植提供的演示程序作为参考示例。

有些处理器在启动调度器之前必须处于特权模式。最简单的实现方法是在调用 main（）函数之前，在 C 语言启动代码中把处理器置于特权模式。

5. 症状：中断被意外地禁用或临界区不能正确嵌套

如果 FreeRTOS API 函数在调度器启动前被调用，那么中断将被故意禁用，直到第一个任务开始执行时才重新启用。这样做是为了保护系统，避免在系统初始化过程中，在调度器启动前，以及在调度器处于不一致状态时，由于中断试图使用 FreeRTOS API 函数而导致系统崩溃。

除了调用宏 taskENTER_CRITICAL（）和 taskEXIT_CRITICAL（）以外，不要使用任何方法改变微控制器中断使能位或优先级标志。这些宏保持对其调用嵌套深度的计数，以确保只有当调用嵌套计数完全回到 0 时，才会再次启用中断。要当心一些库函数本身可能会启用和禁用中断。

6. 症状：应用程序甚至在调度器启动前就崩溃了

在调度器启动之前，不允许执行有可能导致上下文切换的中断服务程序。这同样适用于任何试图向 FreeRTOS 对象（如队列或信号量）发送或从这些对象接收的中断服务程序。在启动调度器之前，上下文切换不能发生。

在启动调度器之后，才能够调用 API 函数。最好将 API 函数的使用限制在任务、队列和信号量等对象的创建上，而不是这些对象的使用上，直到调用 vTaskStartScheduler（）API 函数之后。

7. 症状：暂停调度器时调用 API 函数或者从临界区调用 API 函数，导致应用程序崩溃

通过调用 vTaskSuspendAll（）API 函数暂停调度器，通过调用 xTaskResumeAll（）API 函数恢复调度器。通过调用 taskENTER_CRITICAL（）宏进入临界区，通过调用 taskEXIT_CRITICAL（）宏退出临界区。

不要在调度器暂停时调用 API 函数，也不要在临界区内部调用 API 函数。

FreeRTOS 的新版本和新特性

A.1　FreeRTOS 版本 9

请参阅更改历史记录，了解有关 FreeRTOS V9.0.0 最终发行版本与其先前候选版本之间差异的完整信息——特别是与新的 xTaskCreateStatic（）API 函数的原型相关的信息。

FreeRTOS V9 有以下亮点。

向后兼容

FreeRTOS V9.xx 直接兼容替代 FreeRTOS V8.xx，包含新功能、增强功能和支持新的移植。

完全静态内存分配的系统

引入了两个新的配置常量，允许选择性地使用 FreeRTOS，该选择无须进行动态内存分配。更多信息请参阅对常量 configSUPPORT_STATIC_ALLOCATION 和 configSUPPORT_DYNAMIC_ALLOCATION 的描述——特别需要注意的是，当把 configSUPPORT_STATIC_ALLOCATION 设置为 1 时，编程人员需要提供两个回调函数。

提供了位于 /FreeRTOS/demo/WIN32–MSVC–Static–Allocation–Only 目录下的 Win32 演示程序，作为参考如何创建完全不包含 FreeRTOS 堆的工程，因此可以保证不会执行动态内存分配。

使用静态分配的 RAM 创建任务和其他 RTOS 对象

每个 [object]Create（）RTOS API 函数现在都有新的、等效的 [object]CreateStatic（）API 函数。更简单的 Create（）函数使用动态内存分配，而更强大的 CreateStatic（）函数使用编程人员传递给函数的内存，这允许使用静态分配或者动态分配的内存创建任务、队列、信号量、软件定时器、互斥量和事件组。例如，下面的 API 函数：

- xTaskCreate（）API 函数动态分配创建任务所需的内存。xTaskCreateStatic（）API 函数不会执行动态内存分配，而是使用通过函数参数传递给函数的内存。
- xQueueCreate（）API 函数动态分配创建队列所需的内存。xQueueCreateStatic（）API 函数不会执行动态内存分配，而是使用通过函数参数传递给函数的内存。
- 同样地，可以使用 API 函数 xEventGroupCreate（）或者 xEvent GroupCreateStatic（）

创建事件组，可以使用 API 函数 xTimerCreate（ ）或者 xTimerCreateStatic（ ）创建软件定时器，可以使用 API 函数 xSemaphoreCreateBinary（ ）或者 xSemaphoreCreateBinaryStatic（ ）创建二进制信号量，可以使用 API 函数 xSemaphoreCreateCounting（ ）或者 xSemaphoreCreateCountingStatic（ ）创建计数信号量，可以使用 API 函数 xSemaphoreCreateMutex（ ）或者 xSemaphoreCreateMutexStatic（ ）创建互斥量。

必须把 FreeRTOSConfig.h 中的 configSUPPORT_DYNAMIC_ALLOCATION 设置为 1(或未定义，因为默认为 1)，才能使用创建函数的"动态内存分配"版本。

必须把 FreeRTOSConfig.h 中的 configSUPPORT_STATIC_ALLOCATION 设置为 1，才能使用创建函数的"静态内存分配"版本——另外请注意，当把 configSUPPORT_STATIC_ALLOCATION 设置为 1 时，编程人员需要提供两个回调函数。

提供了 StaticAllocation.c 标准演示任务，演示如何使用新的 CreateStatic（ ）API 函数。

强制 RTOS 任务离开阻塞状态

RTOS 任务进入阻塞状态以确保任务在等待时间过去或事件发生时不使用处理时间。例如，如果任务调用 vTaskDelay（100），任务将进入阻塞状态 100 个滴答。再比如，如果任务调用 xSemaphoreTake（ xSemaphore, 50 ），那么任务将进入阻塞状态，直到信号量变得可用或者超时，其中超时是因为 50 个滴答过去了而没有可用信号量 [注意：在实际应用中，最好使用 pdMS_TO_TICKS( ) 宏以毫秒而不是以滴答为单位指定时间]。

新的 xTaskAbortDelay（ ）API 函数使一个任务可以立即强制另一个任务退出阻塞状态成为可能。在系统中其他地方发生的事件意味着处于阻塞状态的任务应该停止等待事件，或者处于阻塞状态的任务有更紧急的事情要处理，在这些情况下，如此操作是可取的。

必须把 FreeRTOSConfig.h 中的 INCLUDE_xTaskAbortDelay 设置为 1，才能使用 xTaskAbortDelay（ ）API 函数。

提供了 AbortDelay.c 标准演示任务，演示如何使用 xTaskAbortDelay（ ）API 函数。

删除任务

在版本 9 之前的 FreeRTOS 版本中，每当删除任务时，FreeRTOS 分配给该任务的内存都会被空闲任务释放。在 FreeRTOS 版本 9 中，如果一个任务删除了另一个任务，那么 FreeRTOS 分配给已删除任务的内存会被立即释放。但是，如果任务删除了自己，那么 FreeRTOS 分配给该任务的内存仍然将由空闲任务释放。请注意，在所有情况下，只有 RTOS 分配给任务的栈和任务控制块（TCB）

才会自动释放。

从任务名称获取任务句柄

新的 xTaskGetHandle（）API 函数可以从任务的人们可读的文本名称中获取任务句柄。

xTaskGetHandle（）API 函数使用多个字符串比较操作，因此建议每个任务只调用该函数一次。然后可以把 xTaskGetHandle（）API 函数返回的句柄存储在本地供以后再用。

其他变化

更多详细的相关信息，请参阅更改历史记录。

- 允许 FreeRTOS 在 64 位架构上运行所需的更新。
- 增强 GCC ARM Cortex-A 移植层，该增强与移植如何使用浮点单位相关。
- 更新通过（MPU）使用内存保护的 ARM Cortex-M RTOS 移植。
- 添加了 vApplicationDaemonTaskStartupHook（）API 函数，该函数在 RTOS 守护任务（以前称为定时器服务任务）开始运行时执行。在启动调度器后，如果应用程序里包含可以从执行中受益的初始化代码，这将非常有用。
- 添加了 pcQueueGetName（）API 函数，该函数从队列的句柄获取队列的名称。
- 当 configUSE_PREEMPTION 为 0 时，也可以使用无滴答空闲（适用于低功耗应用）。
- 如果使用任务通知从 ISR 解除任务阻塞，但没有使用 xHigherPriorityTaskWoken 参数，则搁置上下文切换，该上下文切换将在下一个滴答中断期间发生。
- heap_1.c 和 heap_2.c 现在使用 configAPPLICATION_ALLOCATED_HEAP 设置，该设置以前仅由 heap_4.c 使用。configAPPLICATION_ALLOCATED_HEAP 允许编程人员声明将用作 FreeRTOS 堆的数组，并将堆放在特定的内存位置。
- 用于获取任务详细信息的 TaskStatus_t 结构体，现在包括任务栈的基地址。
- 添加了 vTaskGetInfo（）API 函数，该函数返回包含与某个任务有关的信息的 TaskStatus_t 结构体。以前，此信息作为 TaskStatus_t 结构体数组只能同时被所有任务获取。
- 添加了 uxSemaphoreGetCount（）API 函数。
- 在一些 Cortex-M3 移植层中复制了先前的 Cortex-M4F 和 Cortex-M7 优化。
- 通用重构。
- 支持多种附加设备。

A.2　FreeRTOS 版本 10

向后兼容

FreeRTOS V10 包含新的源文件 stream_buffers.c，为了保持一致性，已将 StackMacros.h 头文件重新命名为 stack_macros.h。但是，V10 是 FreeRTOS V9.xx 的直接兼容替代品，因为新的源文件仅用于启用新功能，并且提供了两份更改后的头文件副本——一份使用旧名称，一份使用新名称。仅在 FreeRTOS 内核代码内部使用 stack_macros.h。

引入流缓冲区和消息缓冲区

FreeRTOS V10 包含两个重要的新功能：流缓冲区和消息缓冲区。

流缓冲区是一种进程间通信（IPC）原语，针对只有一个读取器和一个写入器的场景进行了优化。例如，将数据流从中断服务程序（ISR）发送到 RTOS 任务，或者从一个处理器核发送到另一个处理器核。

消息缓冲区建立在流缓冲区基础之上。流缓冲区发送连续的字节流，而消息缓冲区发送不同长度的离散消息。

其他变化

有关新移植支持和其他增强功能的更多详细信息，请参阅更改历史记录。